O polegar do violinista

Sam Kean

O polegar do violinista

E outras histórias da genética sobre amor, guerra e genialidade

Tradução:
Claudio Carina

Revisão técnica:
Denise Sasaki

2ª reimpressão

Para minha mulher, Kate, e filhos, Arthur, Ned, Mary e George

Tradução autorizada da primeira edição americana, publicada em 2012 por Little, Brown and Company, uma divisão de Hachette Book de Nova York, Estados Unidos

Grafia atualizada segundo o Acordo Ortográfico da Língua Portuguesa de 1990, que entrou em vigor no Brasil em 2009.

Título original
The Violinist's Thumb: And Other Lost Tales of Love, War, and Genius, as Written by Our Genetic Code

Capa
Sérgio Campante

Preparação
Angela Ramalho Vianna

Indexação
Gabriella Russano

Revisão
Mônica Surrage
Eduardo Monteiro

CIP-Brasil. Catalogação na publicação
Sindicato Nacional dos Editores de Livros, RJ

K33p

Kean, Sam
O polegar do violinista: e outras histórias da genética sobre amor, guerra e genialidade / Sam Kean; tradução Claudio Carina; revisão técnica Denise Sasaki. – 1ª ed. – Rio de Janeiro: Zahar, 2013.
il.

Tradução de: The Violinist's Thumb: And Other Lost Tales of Love, War, and Genius, as Written By Our Genetic Code.
Inclui bibliografia e índice
ISBN 978-85-378-1096-5

1. Genética. 2. Hereditariedade. I. Carina, Claudio. II. Título.

CDD: 576.5
CDU: 575

13-01108

[2021]

EDITORA SCHWARCZ S.A.
Praça Floriano, 19, sala 3001 – Cinelândia
20031-050 – Rio de Janeiro – RJ
Telefone: (21) 3993-7510
www.companhiadasletras.com.br
www.blogdacompanhia.com.br
facebook.com/editorazahar
instagram.com/editorazahar
twitter.com/editorazahar

"A vida, portanto, pode ser considerada
uma reação em cadeia do DNA."

MAXIM D. FRANK-KAMENETSKII, *Unraveling DNA*

Sumário

Introdução

É MELHOR DIZER logo no início, no primeiro parágrafo. Este é um livro a respeito do DNA – de histórias soterradas no nosso DNA há milhares e até milhões de anos, e de como usar o DNA para resolver mistérios sobre os seres humanos cujas soluções pareciam perdidas para sempre. E, não, o fato de estar escrevendo o livro não tem nada a ver com o nome de meu pai, Gene. Nem com o nome de minha mãe: Gene e Jean. Gene e Jean Kean. Além de ser um absurdo rimado, os nomes de meus pais me causaram um bocado de encrenca ao longo dos anos. Todos os meus defeitos e erros decorriam de "meus genes"; e, quando eu fazia alguma coisa idiota, as pessoas me gozavam dizendo que "meus genes me haviam levado a cometer aquilo". O fato de o sexo estar necessariamente envolvido quando meus pais me transmitiram os genes também não ajudava. As gozações eram ainda mais cáusticas e absolutamente irrespondíveis.

Resumindo, quando eu era garoto, temia as aulas de ciências sobre genes e DNA, pois sabia que alguma gracinha viria dois segundos depois que a professora virasse as costas. Mesmo que não viesse, algum espertinho estaria *pensando* alguma coisa. Guardei comigo parte desse medo pavloviano, mesmo quando (ou principalmente quando) comecei a entender quanto era importante a substância do DNA. No ensino médio, consegui superar as gozações, mas a palavra *gene* ainda evocava um bando de reações simultâneas, algumas agradáveis, outras nem tanto.

Por um lado, o DNA me entusiasma. Não há tema mais ousado na ciência que a genética, nenhum campo que prometa impulsionar tanto o conhecimento. Não estou me referindo apenas às promessas comuns (em geral exageradas) de curas médicas. O DNA revitalizou todos os campos da biologia e reformulou o próprio estudo dos seres humanos. Ao mesmo tempo, sempre que alguém começa a escavar a biologia humana básica, nós resistimos à intrusão – não queremos ser reduzidos a um mero DNA. E quando alguém fala em remexer na biologia básica, isso pode ser muito assustador.

De forma mais ambígua, o DNA representa uma poderosa ferramenta para explorar nosso passado, e a biologia se transformou numa espécie de história. Mesmo na última década, ou algo assim, a genética abriu uma verdadeira Bíblia de histórias cujos enredos imaginávamos desaparecidos – por ter se passado muito tempo ou porque havia muito poucos fósseis ou indícios antropológicos que pudessem ser interpretados de forma coerente. Acontece que estávamos levando essas histórias conosco o tempo todo, com trilhões de textos fielmente registrados, que os pequenos monges em nossas células transcreveram durante todas essas horas e dias sobre as eras passadas do nosso DNA, esperando que acertássemos o ritmo certo da linguagem. Essas histórias incluem as grandes sagas sobre o lugar de onde viemos e como evoluímos da sopa primordial até a espécie mais dominante que o planeta já conheceu. Mas as histórias voltam para casa de forma surpreendente e específica.

Se pudesse ter um desejo realizado no tempo de estudante (além de dar nomes mais comuns aos meus pais), eu teria escolhido um instrumento diferente para tocar na banda escolar. Não só por ter sido o único clarinetista nas 4ª, 5ª, 6ª, 7ª, 8ª e 9ª séries (ou não somente por isso). Era mais por me sentir tão desajeitado com todas aquelas válvulas, alavancas e furos do clarinete. Nada a ver com falta de prática, sem dúvida. Eu punha a culpa na deficiência dos meus dedos, com as juntas duras e os polegares desajeitados. Tocar clarinete trançava tanto os meus dedos que eu vivia com vontade de estalar as juntas, e elas bambeavam um pouco. Às vezes um dos polegares chegava a ficar preso, imóvel, e eu precisava usar a outra mão para soltá-lo. Meus dedos simplesmente não faziam o mesmo que os das garotas clarinetistas. Meu problema era hereditário, pensava eu, um legado do estoque genético de meus pais.

Só dez anos depois que desisti de tocar na banda, tive bons motivos para refletir sobre minha teoria a respeito de destreza manual e habilidade musical, quando soube da história do violinista Niccolò Paganini, um homem tão talentoso que a vida inteira precisou desmentir boatos de que teria vendido a alma ao diabo em troca do talento. (A igreja de sua cidade até se recusou a enterrar seu corpo durante décadas depois de sua morte.) Acontece que Paganini tinha feito um pacto com um mestre mais sutil: com o seu DNA. É quase certo que Paganini apresentava alguma disfunção genética que lhe conferiu dedos absurdamente flexíveis. Seus tecidos conectivos eram tão elásticos que ele podia esticar o mindinho de lado até formar um ângulo reto com a mão. (Tente fazer isso.) Conseguia também abrir os dedos num ângulo anormal, vantagem incomparável para quem toca violino. Minha hipótese simples em relação a pessoas "nascidas" para tocar (ou não tocar) certos instrumentos parece justificada. Eu deveria ter desistido antes. Continuei investigando e descobri que a síndrome de Paganini pode causar graves problemas de saúde, como dor nas juntas, visão fraca, problemas respiratórios e fadiga, coisas que perseguiram o violinista por toda a vida. Eu reclamava de minhas juntas enrijecidas pelos ensaios da banda na parte da manhã, mas Paganini tinha de cancelar apresentações no auge da carreira, e nos últimos anos de vida não conseguia mais tocar em público. Em Paganini, a paixão pela música tinha se juntado a um corpo perfeitamente afinado para tirar vantagem de todos os seus defeitos, o que talvez seja o destino mais grandioso que um homem pode desejar. Mas esses defeitos apressaram sua morte. Paganini talvez não tenha escolhido esse pacto com os genes, mas estava envolvido com ele, assim como todos nós, e o pacto o fez e o desfez.

O DNA também tinha outras histórias para me contar. Alguns cientistas elaboraram um diagnóstico retrospectivo de Charles Darwin, de Abraham Lincoln e de faraós egípcios que possuíam disfunções genéticas. Outros pesquisadores sondaram o próprio DNA tentando articular suas profundas propriedades linguísticas e sua surpreendente beleza matemática. Aliás, enquanto eu ziguezagueava no colégio entre música, biologia, história, matemática e estudos sociais, as histórias sobre o DNA começaram a pulular em diversos contextos, relacionando os assuntos mais disparatados. O DNA explicava histórias de sobreviventes de bombas nucleares, o fim precoce de exploradores do Ártico. Histórias sobre a quase extinção da espécie humana, de mulheres grávidas que transmitiam câncer aos filhos ainda não nascidos. Histórias em que, como no caso de Paganini, a ciência esclarece a arte. E até histórias nas quais – como no caso de estudiosos rastreando defeitos genéticos em retratos – a arte esclarece a ciência.

Um fato que se aprende nas aulas de biologia, mas ao qual não se dá muito valor, a princípio, é a espantosa extensão da molécula de DNA. Apesar de compactada num minúsculo armário em nossas já diminutas células, o DNA pode se desenrolar até comprimentos incríveis. Existe DNA em algumas células vegetais que podem chegar a 100m; DNA num corpo humano que se estende mais ou menos de Plutão até o Sol, ida e volta; DNA na Terra que enlaça muitas e muitas vezes o Universo. E quanto mais eu ia atrás de histórias sobre o DNA, mais percebia que essa capacidade de se estender – de se desenrolar cada vez mais, até para trás, no tempo – era algo intrínseco a ele. Qualquer atividade humana deixa traços forenses no nosso DNA. Se esse DNA registrar histórias sobre música, esportes ou micróbios maquiavélicos, as narrativas, juntas, contam uma história mais intrincada sobre o surgimento dos seres humanos na Terra: por que somos uma das criaturas mais absurdas da natureza, bem como sua maior glória.

SUBJACENTE A MEU ENTUSIASMO, porém, encontra-se o outro lado dos genes: o medo. Enquanto pesquisava para escrever este livro, submeti meu DNA a um serviço de teste genético. Apesar do preço (US$ 414), fiz isso com um estado de espírito leviano. Sabia que testes de DNA apresentam sérias falhas, e, mesmo quando a ciência é sólida, em geral não ajudam muito. Pelo meu DNA, sei que tenho olhos verdes, mas para isso disponho de um espelho. Descubro que não metabolizo bem a cafeína, mas já passei muitas noites agitadas depois de uma Coca-Cola ingerida tarde da noite. Além disso, foi difícil levar o processo de teste de DNA a sério. Recebi pelo correio um frasco de plástico com uma tampa cor de laranja, e as instruções me diziam para massagear as bochechas com as juntas dos dedos para soltar algumas células na boca. Depois tive de escarrar no tubo várias vezes até encher dois terços dele com saliva. Isso demorou dez minutos, pois as instruções diziam, com toda a seriedade, que não servia qualquer saliva. Teria de ser coisa boa, espessa como um xarope; assim como cerveja tirada da torneira, não podia ter muita espuma. No dia seguinte enviei minha cusparada genética pelo correio, esperando alguma agradável surpresa a respeito de meus ancestrais. Não me envolvi em nenhuma reflexão sombria até chegar a hora de registrar meu teste on-line e ler as instruções e algumas informações assustadoras. Se sua família tiver um histórico de câncer de mama, Alzheimer ou outras doenças – ou se o simples pensamento de sofrer essas doenças o assusta –, o serviço de teste permite que você bloqueie essa informação. É possível ticar uma caixa para mantê-la em segredo até de você mesmo. O que me pegou de surpresa foi a caixa para doença de Parkinson. Uma de minhas primeiras lembranças, e certamente a pior, é de estar no corredor da casa de minha avó e enfiar a cabeça na porta do quarto onde meu avô viveu seus últimos dias, abatido pela doença de Parkinson.

Quando eu era menino, as pessoas sempre diziam quanto meu pai era parecido com meu avô – e ouvi comentários semelhantes sobre ser parecido com o meu velho. Por isso, quando espiei aquele quarto do corredor e vi uma versão de cabelos brancos do meu pai estirado numa cama com grade de segurança, enxerguei uma projeção de mim mesmo. Lembro de muitas coisas brancas – as paredes, o tapete, os lençóis, o avental aberto atrás que ele usava. Lembro de meu avô inclinado para a frente a ponto de quase cair, o avental solto como uma franja branca.

Não sei se meu avô me viu, mas, quando vacilei à porta, ele gemeu, e eu comecei a tremer, o que fez a voz dele falhar. De certa forma, meu avô teve sorte por minha avó ser enfermeira e cuidar dele em casa, e de os filhos o visitarem com regularidade. Mas ele regrediu física e mentalmente. Minha lembrança mais vívida é o fio de saliva espessa como calda pendurada de seu queixo, cheio de DNA. Eu tinha uns cinco anos, era novo demais para entender. Até hoje sinto vergonha de ter fugido às pressas.

Agora, pessoas estranhas – e pior, eu mesmo – poderiam ver se a cadeia de moléculas reprodutivas que poderiam ter disparado o Parkinson no meu avô estava à espreita nas minhas células. Havia boa chance em contrário. Os genes do meu avô foram diluídos em Gene, cujos genes por sua vez tinham sido diluídos em mim por Jean. Mas também havia uma possibilidade real. Eu poderia encarar um câncer ou outras doenças degenerativas às quais eu pudesse ser suscetível. Mas não Parkinson. Apaguei aquela informação.

Histórias pessoais como essa fazem parte da genética, tanto quanto seus empolgantes relatos – talvez até mais, pois todos temos ao menos uma dessas histórias soterradas em nós. Esta é a razão deste livro: além de relatar as narrativas históricas, refletir sobre essas narrativas e relacioná-las com o trabalho realizado hoje com o DNA e com o que será feito no futuro. Essas pesquisas genéticas e as mudanças delas decorrentes foram comparadas a uma alteração na maré oceânica, grande e inevitável. Mas suas consequências chegarão à praia onde estamos não como um tsunami, mas em minúsculas ondas. São as marolas individuais que iremos sentir, uma a uma, quando a maré chegar à praia – não importa se pensamos que ainda estamos distantes dela.

Contudo, nós podemos nos preparar para essa chegada. Como reconhecem alguns cientistas, a história do DNA substituiu as antigas aulas sobre a civilização ocidental como a grande narrativa da existência humana. A compreensão do DNA pode nos ajudar a entender de onde viemos e como nosso corpo e nossa mente funcionam; entender os limites do DNA também nos ajuda a conhecer como nosso corpo e nossa mente não funcionam. No mesmo sentido, teremos de nos preparar para tudo que o DNA disser (e não disser) sobre problemas sociais intratáveis, como relações de gênero e raça, ou se características como agressividade e inteligência são fixas ou variáveis. Também devemos decidir se confiamos em ansiosos pensadores que, mesmo reconhecendo que não entendemos completamente como o DNA funciona, já falam sobre oportunidades, ou até a obrigação, de incrementar nossos 4 bilhões de anos de biologia. Desse ponto de vista, a história mais notável sobre o DNA é que nossa espécie sobreviveu tempo suficiente para (potencialmente) dominá-lo.

A história que há neste livro ainda está sendo construída. *O polegar do violinista* foi estruturado de maneira que cada capítulo comece no remoto passado microbial, passe para nossos ancestrais animais, paire sobre primatas e concorrentes hominídeos, como o homem de Neandertal, e culmine com o surgimento dos seres humanos modernos e cultos, com sua linguagem florescente e seus cérebros hipertrofiados. Contudo, à medida que o livro avança, veremos que as questões ainda não estão totalmente resolvidas. As coisas ainda são incertas – em especial o problema de como vai acabar esse grande experimento de desenterrar tudo que há para saber sobre o nosso DNA.

PARTE I

A, C, G, T e você

Como ler uma partitura genética

1. Genes, aberrações, DNA

Como as coisas vivas transmitem características para seus filhos?

Arrepios e labaredas, frio e inferno, fogo e gelo. Os dois cientistas que realizaram as primeiras descobertas em genética tinham muito em comum – inclusive o fato de ambos terem morrido obscuros, quase não pranteados e até alegremente esquecidos por muitos. Mas enquanto o legado de um pereceu no fogo, o do outro sucumbiu no gelo.

As labaredas chegaram no inverno de 1884, num mosteiro, no local que hoje se chama República Tcheca. Os frades passaram um dia inteiro de janeiro esvaziando o escritório de um abade falecido, Gregor Mendel, expurgando seus arquivos de forma inclemente, jogando tudo numa fogueira no pátio. Embora fosse plácido e competente, no fim da vida Mendel havia se tornado um constrangimento para o mosteiro, razão para inquéritos governamentais, fofocas de jornal e até para um embate com o xerife local. (Mendel ganhou.) Nenhum parente apareceu para buscar os trastes de Mendel, e os monges queimaram seus papéis como quem cauteriza uma ferida – para esterilizar, estancar os vexames. Nenhum registro sobreviveu para mostrar como eram eles, mas entre aqueles documentos havia resmas de papel, talvez um bloco de anotações laboratoriais encapado, provavelmente empoeirado pela falta de manuseio. As páginas amareladas estariam cheias de esboços de plantas de ervilha e tabelas de números (Mendel adorava números), e não devem ter soltado mais fumaça e cinzas que outros papéis quando incinerados. Mas a queima dessas anotações – incendiadas no local exato onde Mendel manteve sua estufa durante anos – destruiu o único registro original da descoberta dos genes.

Os arrepios chegaram naquele mesmo inverno de 1884 – da mesma forma como tinham surgido muitos invernos antes, e por alguns poucos invernos depois. Johannes Friedrich Miescher, mediano professor de psicologia na Suíça, estava estudando salmões, dedicando-se, com insistente obsessão, entre outros projetos, a uma substância – uma pasta cinzenta meio felpuda – que extraíra do esperma do salmão anos atrás. Para evitar que o esperma se decompusesse ao ar livre, ele teve de abrir as janelas para refrigerar seu laboratório à maneira antiga, expondo-se dia e noite ao inverno suíço. Realizar aquele trabalho exigia uma concentração sobre-humana, e esse era um dom que ele possuía, como admitiam até as pessoas que nada viam de especial em Miescher. (No início de sua carreira, ele teve de ser arrastado da bancada do laboratório, pelos amigos, para comparecer ao próprio casamento, pois havia se esquecido da cerimônia.) Apesar de toda aquela motivação, Miescher tinha muito pouco a mostrar – a produção científica de toda sua vida era escassa. No entanto, ele manteve as janelas abertas e continuou tremendo de frio ano após ano, mesmo sabendo que aquilo o matava lentamente. Mas nem assim conseguiu chegar à essência daquela substância cinza e leitosa, o DNA.

DNA e genes, genes e DNA. Hoje as palavras se tornaram sinônimas. A mente se apressa em relacionar as duas, como Gilbert e Sullivan ou Watson e Crick.* Por isso, parece apropriado que Miescher e Mendel tenham descoberto o DNA e os genes quase ao mesmo tempo, nos anos 1860, dois homens monásticos separados apenas por 600km numa região da Europa central de fala alemã. Parecia mais que apropriado, parecia predestinado.

Para entender realmente o que são os genes e o DNA, contudo, teremos de dissociar as duas palavras. Elas não são idênticas nem nunca foram. O DNA é uma *coisa* – uma substância química que gruda nos dedos. Os genes também têm uma natureza física; aliás, são formados por longas porções de DNA. Mas, sob certos aspectos, os genes podem ser mais bem-definidos como algo conceitual, não material. Na verdade, o gene é informação, mais parecido com uma história, enquanto o DNA é a língua em que a história se escreve. DNA e genes formam estruturas maiores,

---

* Respectivamente, libretista e compositor ingleses da era vitoriana, descobridores da dupla-hélice do DNA. (N.T.)

chamadas cromossomos, as quais abrigam a maior parte dos genes das coisas vivas. Por sua vez, os cromossomos residem no núcleo das células, uma biblioteca com instruções que comandam o corpo inteiro.

Todas essas estruturas têm papel importante na genética e na hereditariedade. Mas, apesar da descoberta quase simultânea das duas, no século XIX, ninguém relacionou genes e DNA por quase um século, e seus dois descobridores morreram anônimos. A forma como os biólogos juntaram genes e DNA é a primeira história épica na ciência da hereditariedade, e até hoje o empenho para refinar a relação entre genes e DNA faz a genética progredir.

Mendel e Miescher começaram a trabalhar numa época em que teorias populares – algumas risíveis ou até bizarras, outras muito engenhosas, à sua maneira – dominavam o pensamento de quase todo mundo sobre hereditariedade. Durante séculos essas teorias populares deram cor às suas interpretações a respeito de como herdamos características diferentes.

A certa altura, todo mundo já tinha percebido que os filhos se pareciam com os pais. Cabelos vermelhos, calvície, insânia, queixo recuado, até polegares a mais, tudo podia ser seguido para cima e para baixo numa árvore genealógica. E os contos de fadas – esses codificadores do inconsciente coletivo – costumavam transformar molambos em "verdadeiros" príncipes (ou princesas) com sangue real, com um cerne biológico que nenhum andrajo ou estrutura de anfíbio podia macular.

Isso era o senso comum. Mas o mecanismo da hereditariedade – a maneira como características exatas passavam de geração a geração – espantava até os pensadores mais inteligentes, e as fantasias desse processo levaram a muitas das teorias amalucadas que circulariam antes e até durante os anos 1800. Uma teoria popular onipresente, as "impressões maternas", afirmava que, se uma mulher grávida visse alguma coisa monstruosa ou sofresse emoções intensas, a experiência iria marcar seu filho. Uma mulher que não conseguisse satisfazer seu intenso desejo de comer morangos daria à luz um bebê coberto de manchas vermelhas em forma de morango. O mesmo poderia acontecer com o toucinho. Outra mulher bateu a cabeça num saco de carvão, e a criança nasceu com metade, mas só metade, da cabeça recoberta de cabelos pretos. De forma mais direta, nos anos 1660, médicos relataram que uma mulher de Nápoles, depois de ter se assustado com monstros marinhos, gerou um filho coberto de escamas, que só comia peixe e exalava cheiro de maresia. Bispos contavam histórias de uma mulher que havia seduzido o marido nos bastidores do teatro, um ator ainda trajado para o palco. Ele interpretava Mefistófeles, e os dois tiveram um filho com cascos e chifres. Um mendigo com um braço só assustou uma mulher e fez com que ela tivesse um filho de um braço só. Mulheres grávidas que se afastavam de ruas cheias de gente para fazer xixi em pátios de igrejas invariavelmente geravam regadores de cama. Carregar lenha para fogueira no avental, perto da protuberância abdominal, produzia um menino grotescamente bem-dotado. Talvez o único registro de um acaso feliz de impressões maternas envolveu uma patriota na Paris dos anos 1790, cujo filho ganhou uma marca de nascença no peito em forma de capuz frígio – aqueles gorros de duende com tecido folgado no alto. O capuz frígio era símbolo de liberdade na nova República francesa. O governo se deixou encantar e concedeu à mulher uma pensão vitalícia.

Boa parte desse folclore misturou-se à fé religiosa, e as pessoas naturalmente passaram a interpretar graves defeitos de nascença – olhos de ciclope, coração externo, pelos cobrindo o corpo – como alertas bíblicos sobre pecado, ira e justiça divina. Um exemplo dos anos 1680 envolveu um cruel xerife escocês chamado Bell, que prendeu duas mulheres dissidentes religiosas, amarrou-as em estacas na praia e deixou que a maré as envolvesse. Bell insultou e espezinhou as mulheres, e chegou ainda a afogar a mais jovem, mais teimosa, com as próprias mãos. Depois disso, quando indagado sobre os assassinatos, Bell sempre ria, dizendo que as mulheres deviam estar se divertindo muito, brincando com os caranguejos. Mas a piada acabou se voltando contra ele. Depois de casado, seus filhos nasceram com um grave defeito que retorcia os antebraços das crianças como se fossem horrendas pinças. Essas garras de caranguejo se mostraram hereditárias também para os netos. Não era preciso ser estudioso da Bíblia para perceber que a iniquidade do pai tinha passado aos filhos, até a terceira ou quarta geração. (E mais além: ainda nos anos 1900 apareceram outros casos na Escócia.)

Enquanto as impressões maternas enfatizavam influências ambientais, outras teorias apresentavam fortes sabores congênitos. Uma delas, o pré-formismo, surgiu das tentativas dos alquimistas de criar o homúnculo, uma miniatura, às vezes microscópica, do ser humano. Os homúnculos seriam a pedra filosofal biológica, pois sua criação demonstrava que um alquimista possuía o poder dos deuses. (O processo de criação não era tão digno. A receita pedia esperma fermentado, cocô de cavalo e urina, tudo misturado dentro de uma abóbora durante seis semanas.) No final dos anos 1600, alguns protocientistas roubaram a ideia do homúnculo e argumentaram que eles existiam dentro de cada célula ovariana feminina. Isso explicava bem a questão de como o embrião vivo surgia de bolhas de matéria aparentemente morta: os bebês homúnculos já eram pré-formados, só precisavam de um gatilho, como o espermatozoide, para crescer. Essa ideia só tinha um problema: como apontaram alguns críticos, introduzia uma regressão infinita, já que uma mulher precisaria ter em seu interior todos os seus filhos futuros, e os filhos dos filhos, e os filhos dos filhos dos filhos, como as bonecas russas *matryoska*. Assim, os adeptos do "ovismo" só podiam deduzir que Deus havia apinhado a raça humana inteira dentro dos ovários de Eva no primeiro dia (ou melhor, no sexto dia do Gênese). Mas os "espermistas" eram piores ainda – Adão devia ter a humanidade inteira ensardinhada em seus minúsculos espermatozoides. Mesmo depois dos primeiros microscópios, alguns espermistas se iludiram ao ver minúsculos seres humanos se agitando em poças de sêmen. Tanto o ovismo quanto o espermismo ganharam importância em parte porque explicavam o pecado original: todos nós residíamos dentro de Adão e Eva quando eles foram banidos do Éden, portanto todos partilhamos a mesma mácula. Mas o espermismo introduziu também dilemas teológicos, pois o que acontecia com o número infinito de almas não batizadas que pereciam cada vez que um homem ejaculava?

Por mais poéticas ou deliciosamente libidinosas que fossem essas teorias, os biólogos dos tempos de Miescher as descartaram como histórias de velhas donas de casa. Eles eram homens que queriam banir anedotas estapafúrdias e vagas "forças vitais" da ciência e ancorar toda a hereditariedade e o desenvolvimento da vida na química.

Os planos originais de Miescher não incluíam a adesão a esse movimento de desmistificação da vida. Quando jovem, ele foi educado na Suíça, seu país de nascença, para a prática de um ofício familiar, a medicina. Porém, uma infecção tifoide na juventude o deixou surdo, incapaz de usar um estetoscópio ou de ouvir os sons da barriga de um inválido acamado. O pai de Miescher, proeminente ginecologista, sugeriu a carreira de pesquisador. Assim, em 1868, o jovem Miescher foi trabalhar num laboratório dirigido pelo químico Felix Hoppe-Seyler em Tübingen, na Alemanha. Apesar de instalado num impressionante castelo medieval, o laboratório de Hoppe-Seyler ocupava a lavanderia real, no porão, e Seyler arranjou um lugar para Miescher na porta ao lado, numa antiga cozinha.

Hoppe-Seyler queria catalogar as substâncias químicas presentes nas células do sangue humano. Como já tinha estudado as células vermelhas, destinou as brancas a Miescher – decisão fortuita para seu novo assistente, pois as células brancas (diferentes das vermelhas) contêm uma minúscula cápsula interna chamada núcleo. Na época, a maioria dos cientistas ignorava o núcleo – que ainda não tinha uma função conhecida –, preferindo se concentrar, com certa razão, no citoplasma, a pasta fluida que compõe a maior parte da célula. Mas a possibilidade de analisar algo desconhecido deixou Miescher animado.

Para estudar o núcleo, Miescher precisava de um fornecimento estável de células sanguíneas brancas, por isso procurou o hospital local. Segundo a lenda, o hospital cuidava de veteranos que haviam passado por terríveis amputações no campo de batalha e outros infortúnios. Mesmo assim, a clínica abrigava muitos pacientes crônicos, e todos os dias o enfermeiro do hospital reunia ataduras cheias de pus e entregava os trapos amarelados a Miescher. Em geral o pus se deteriorava ao ar livre e virava uma gosma, e Miescher tinha de cheirar todas as bandagens supuradas para jogar as pútridas (a maioria) fora. Mas o pus "fresco" restante estava cheio de células brancas.

Ansioso por causar boa impressão – e, na verdade, em dúvida quanto aos próprios talentos –, Miescher se empenhou no estudo do núcleo, como se o trabalho intenso pudesse compensar qualquer deficiência. Um colega o descreveu depois como "motivado por um demônio", e Miescher expunha-se diariamente a todos os tipos de substâncias químicas em seu trabalho. Mas sem essa concentração é provável que não tivesse achado o que descobriu, pois a substância-chave dentro do núcleo se mostrava obscura. Miescher começou estudando o pus imerso em álcool morno, depois em ácido extraído do estômago de porco, para dissolver as membranas das células. Isso permitiu que isolasse a pasta cinzenta. Supondo que fosse uma proteína, ele procedeu a testes de identificação. Mas a pasta resistia à digestão da proteína e, ao contrário de qualquer proteína conhecida, não se dissolvia em água salgada, vinagre fervente ou ácido clorídrico diluído. Tentou então uma análise elementar, queimando-a até a decomposição. Obteve os elementos esperados – carbono, hidrogênio, oxigênio e nitrogênio –, mas também descobriu 3% de fósforo, elemento que não constava das proteínas. Convencido de que tinha encontrado algo específico, Miescher chamou a substância de "nucleína" – depois os cientistas a chamaram de ácido desoxirribonucleico, ou DNA.

Miescher passou um ano finalizando o trabalho, e no outono de 1869 foi à lavanderia real para mostrar os resultados a Hoppe-Seyler. Em vez de festejar, o cientista mais velho fechou o cenho e expressou suas dúvidas de que o núcleo contivesse qualquer tipo de substância especial não proteica. Certamente Miescher teria cometido algum erro. Este protestou, mas Hoppe-Seyer pediu que o jovem repetisse seus experimentos – passo a passo, atadura por atadura – antes de liberar sua publicação. A falta de condescendência de Hoppe-Seyer não poderia ter minado mais a confiança de Miescher (ele nunca mais trabalhou com tanta rapidez). Mesmo depois que dois anos de trabalho demonstraram que Miescher estava certo, Hoppe-Seyer insistiu em escrever uma nota como patrono para acompanhar o texto de Miescher, na qual desajeitadamente enaltecia o assistente por ter "ampliado nossa compreensão sobre o pus". De qualquer forma, em 1871, Miescher conseguiu o crédito pela descoberta do DNA.

Friedrich Miescher (*no detalhe*) descobriu o DNA em seu laboratório, uma cozinha reformada no porão de um castelo em Tübingen, na Alemanha.

Alguns achados paralelos logo esclareceram melhor a molécula de Miescher. O mais importante: um *protégé* alemão de Hoppe-Seyer determinou que a nucleína continha múltiplos tipos de moléculas constituintes menores. Estas incluíam fosfatos e açúcares (os epônimos açúcares "desoxirriboses"), bem como quatro substâncias químicas relacionadas, agora chamadas "bases" nucleicas – adenina, citosina, guanina e timina. Porém, ninguém sabia como essas partes se encaixavam, e a confusão tornou o DNA ainda mais estranho, heterodoxo e incompreensível.

(Agora os cientistas sabem como essas partes contribuem para o DNA. A molécula forma uma dupla-hélice, que parece uma escada torcida na forma de um saca-rolhas. Os corrimões da escada são faixas formadas por fosfatos e açúcares alternados. Os degraus da escada – a parte mais importante – são formados por duas bases nucleicas, e essas partes se pareiam de maneiras específicas: a adenina, A, sempre se liga à timina, T; a citosina, C, sempre se liga à guanina, G. Para se lembrar disso, note que as letras curvas, C e G, fazem um par, assim como as angulares, A e T.)

Enquanto isso, a reputação do DNA era impulsionada por outras descobertas. No fim dos anos 1800, cientistas determinaram que sempre que as células se dividem em duas, elas também dividem minuciosamente seus cromossomos. Isso indicava que os cromossomos eram importantes para alguma coisa, caso contrário as células não se dariam a esse trabalho. Outro grupo de cientistas determinou que os cromossomos são transmitidos inteiros e intactos de pai para filho. Em seguida, um químico alemão descobriu que os cromossomos são formados basicamente por DNA. A partir dessa constelação de descobertas – foi preciso um pouco de imaginação para esquematizar as linhas e enxergar o quadro completo –, um pequeno grupo de cientistas percebeu que o DNA devia ter um papel direto na hereditariedade. A nucleína deixara as pessoas intrigadas.

Miescher começou a ter sorte, realmente, quando a nucleína se tornou um respeitável objeto de estudo; sem isso, sua carreira teria naufragado. Depois de seu estágio em Tübingen, ele transferiu-se para a Basileia, mas o novo instituto não permitiu que tivesse seu próprio laboratório – ele ficou num canto, numa sala comunal, e tinha de realizar suas análises químicas num velho corredor. (De repente a cozinha do castelo não parecia tão ruim.) Seu novo trabalho implicava também lecionar. Miescher tinha um temperamento reservado, até meio frio – era alguém que nunca se sentia confortável com outras pessoas –, e, embora elaborasse bem suas aulas, mostrou-se um desastre em termos pedagógicos. Os alunos se lembravam dele como alguém "inseguro, inquieto, … míope, … difícil de entender [e] nervoso". Gostamos de imaginar os heróis da ciência como personalidades magnéticas, mas Miescher não tinha o menor carisma.

Em consequência de suas desastrosas aulas, que desbastaram ainda mais sua autoestima, Miescher voltou à pesquisa. Mantendo o que um observador definiu como seu "fetiche por examinar fluidos questionáveis", ele transferiu sua dedicação ao DNA do pus para o do sêmen. Os espermatozoides do sêmen eram basicamente mísseis com pontas de nucleína e forneciam montanhas de DNA sem muito citoplasma estranho. Miescher tinha uma conveniente reserva de espermatozoides nas hordas de salmão que entupiam o rio Reno perto da universidade durante todo o outono e o inverno. Na estação da procriação, os testículos dos salmões crescem como tumores, inchando até vinte vezes o tamanho normal e chegando a cair uns em cima dos outros. Para apanhar salmões, Miescher só precisava jogar uma linha de pesca da janela de seu escritório e espremer os testículos "maduros" dos animais através de um tecido poroso para isolar milhões de estupefatos pequenos nadadores. O lado ruim é que o espermatozoide do salmão se deteriora na temperatura ambiente. Por isso, Miescher tinha de chegar à sua bancada nas primeiras horas antes do amanhecer, abrir as janelas e abaixar a temperatura para 1,5°C antes de começar a trabalhar. Em decorrência do mesquinho orçamento de que dispunha, quando algum frasco do laboratório quebrava, às vezes ele precisava surrupiar a adorada porcelana da esposa para concluir seus experimentos.

A partir desse trabalho, bem como de trabalhos de colegas com outras células, Miescher concluiu que todos os núcleos das células continham DNA. Aliás, ele propôs redefinir o núcleo das células – que têm uma grande variedade de formas e tamanhos – como simples contêineres de DNA. Embora não fosse um homem ávido pela fama, isso teria representado uma grande glória para Miescher. O DNA talvez se revelasse relativamente desimportante, e, nesse caso, ele teria ao menos descoberto o que fazia o misterioso núcleo. Mas não tinha de acontecer assim. Apesar de sabermos, hoje, que Miescher estava basicamente correto em sua definição do núcleo, outros cientistas refugaram diante de sua sugestão prematura. Simplesmente não havia provas suficientes. Mesmo que tivessem aceitado a ideia, eles não cederiam à afirmação seguinte de Miescher, mais ousada: o DNA influenciava a hereditariedade. O fato de Miescher não ter a menor ideia de como isso acontecia não ajudava em nada. A exemplo de muitos cientistas da época, ele duvidava de que o espermatozoide injetasse qualquer coisa nos óvulos, em parte por pressupor (eis aí os ecos do homúnculo) que os óvulos já continham todas as partes complementares necessárias à vida. Por isso, ele imaginava que a nucleína do espermatozoide agia como uma espécie de desfibrilador químico, que fazia os óvulos pegarem no tranco. Infelizmente, Miescher tinha pouco tempo para explorar ou defender essas ideias. Ele continuava a dar aulas, e o governo suíço empilhava tarefas "tediosas e sem retorno" à sua frente, como preparar relatórios sobre nutrição em prisões e escolas de ensino elementar. Os anos de trabalho nos invernos suíços, com as janelas abertas, também prejudicaram sua saúde, que o levou a contrair tuberculose. Miescher acabou abandonando completamente o trabalho com o DNA.

Enquanto isso, as dúvidas de outros cientistas acerca do DNA começaram a se consolidar, e seus pontos de vista passaram à oposição. Para complicar, pesquisadores descobriram que havia mais que estruturas de fosfato, açúcar e bases A-C-G-T nos cromossomos. Estes continham também caroços de proteína que pareciam os candidatos mais prováveis para explicar a hereditariedade química. Isso porque as proteínas eram compostas de vinte subunidades diferentes (chamadas aminoácidos). Cada uma dessas unidades serviria como uma "letra" para escrever instruções químicas, e parecia haver variedade suficiente dessas letras para explicar a espantosa diversidade da vida. Os componentes A, C, G e T do DNA pareciam frouxos e simplórios, um alfabeto híbrido que limitava o poder de expressão. Em consequência, a maioria dos cientistas decidiu que o DNA não estocava nada mais que fósforo nas células.

Lamentavelmente, até Miescher começou a duvidar de que o DNA contivesse variedade alfabética suficiente. Passou também a considerar a herança por proteína, desenvolvendo uma teoria segundo a qual as proteínas decodificavam informação estendendo braços e ramos moleculares em ângulos diferentes – uma espécie de semáforo químico. Mas como ainda não estava clara a forma como o espermatozoide transferia sua informação para os óvulos, a confusão de Miescher se aprofundou. Bem depois ele voltou ao DNA e argumentou que este ainda poderia responder pela hereditariedade. Porém, seu progresso se mostrou lento, em parte por ter de passar cada vez mais tempo em sanatórios para tuberculosos nos Alpes. Antes de chegar a uma conclusão, Miescher contraiu uma pneumonia e sucumbiu pouco depois, em 1895.

Trabalhos posteriores continuaram a minar a pesquisa de Miescher, ao reforçar a convicção de que, mesmo que os cromossomos controlassem a hereditariedade, as proteínas nos cromossomos, e não o DNA, é que conteriam a verdadeira informação. Depois da morte de Miescher, seu tio e também cientista reuniu a correspondência e os papéis do sobrinho num volume de "coletânea", como beletrista. O tio prefaciou o livro afirmando: "Miescher e seu trabalho não vão definhar; ao contrário, vão crescer, e suas descobertas e seus pensamentos serão sementes para um futuro fértil." Belas palavras, mas expressavam uma esperança vã. Os obituários de Miescher mal mencionavam seu trabalho com a nucleína; e o DNA, assim como o próprio Miescher, parecia definitivamente em baixa.

PELO MENOS MIESCHER morreu conhecido pela ciência no local onde tinha nascido. Gregor Mendel ficou conhecido ainda em vida, mas apenas pelo escândalo que provocou.

Como ele próprio admitiu, Mendel tornou-se frade agostiniano não por qualquer chamado da fé, mas porque a ordem pagava suas contas, inclusive sua educação universitária. Filho de camponeses, Mendel só conseguiu cursar a escola elementar porque era paga pelo tio; concluiu o curso médio só porque a irmã sacrificou parte de seu dote. Mas, com a Igreja pagando as contas, Mendel frequentou a Universidade de Viena e estudou ciência, aprendendo o projeto experimental com Christian Doppler, que deu nome ao efeito Doppler. (Embora só depois de ver rejeitada a primeira tentativa de matrícula, talvez pelo costume que Mendel tinha de sofrer colapsos nervosos durante os testes.)

O abade do mosteiro de São Tomás, a que Mendel pertencia, encorajou o interesse do rapaz pela ciência e pela estatística, em parte por motivos mercenários. Achava que uma produção científica talvez resultasse em ovelhas, árvores frutíferas e vinhas melhores, ajudando o mosteiro a pagar as dívidas. Mas Mendel tinha tempo para explorar outros interesses também, e ao longo dos anos ele mapeou manchas solares, rastreou tornados, manteve um apiário zunindo de abelhas (embora uma das espécies que desenvolveu fosse tão mal-humorada e vingativa que teve de ser destruída) e foi um dos fundadores da Sociedade Meteorológica da Áustria.

No início dos anos 1860, pouco antes de Miescher passar da escola de medicina à prática da pesquisa, Mendel começou a fazer alguns experimentos aparentemente simples com ervilhas da sementeira de São Tomás. Além de gostar do sabor das ervilhas e de dispor de um fornecimento estável, ele escolheu essas plantas porque simplificavam seu experimento. Nem o vento nem as abelhas polinizavam os botões; por conseguinte, Mendel podia controlar qual planta se cruzava com outra. Apreciava também a natureza binária "um ou outro" das ervilhas: as plantas tinham hastes altas ou baixas, casulos verdes ou amarelos, ervilhas lisas ou enrugadas, sem meio-termo. Aliás, a primeira conclusão importante a que Mendel chegou em seu trabalho foi que algumas características binárias "dominavam" outras. Por exemplo, o cruzamento entre plantas de linhagens puras com sementes verdes e plantas de linhagens puras com sementes amarelas produzia somente brotos de ervilhas amarelas: o amarelo dominava. Importante, contudo, era que a característica verde não desaparecia. Quando Mendel combinava essas plantas de ervilhas amarelas de segunda geração umas com as outras, apareciam algumas poucas ervilhas verdes furtivas – uma verde latente, "recessiva", para cada três amarelas dominantes. A proporção de 3:1 se mantinha para outras características também.[1]

Igualmente importante foi a conclusão de Mendel de que a existência de uma característica dominante ou recessiva não impedia que algum outro aspecto separado fosse dominante ou recessivo – cada característica era independente. Por exemplo, ainda que a haste alta dominasse a baixa, uma planta curta recessiva podia continuar com ervilhas dominantes amarelas. Ou uma planta alta podia ter ervilhas verdes recessivas. Na verdade, cada uma das sete características estudadas por ele – como ervilhas lisas (dominantes) versus ervilhas enrugadas (recessivas), ou flores púrpuras (dominante) versus flores brancas (recessivas) – eram herdadas independentemente das outras.

Essa atenção às características separadas e independentes permitiu que Mendel se saísse bem onde fracassaram outros horticultores concentrados na hereditariedade. Se tentasse descrever, de uma só vez, a semelhança total de uma planta com parentes suas, Mendel teria de considerar muitos aspectos. As plantas pareceriam uma colagem confusa de mamãe e papai. (Charles Darwin, que também plantou e fez experimentos com ervilhas, em parte não conseguiu entender sua hereditariedade por essa razão.) Mas, ao reduzir o escopo a uma característica por vez, Mendel percebeu que cada qual devia ser controlada por um fator à parte. Ele nunca usou a palavra, mas identificou os fatores discretos e hereditários que hoje chamamos de genes. As ervilhas de Mendel foram a maçã de Newton da biologia.

Além de suas descobertas qualitativas, Mendel colocou a genética numa sólida base quantitativa. Ele adorava as manipulações estatísticas da meteorologia e a tradução das leituras diárias do barômetro e do termômetro numa agregação de dados climáticos. Abordava a procriação da mesma maneira, abstraindo leis gerais de hereditariedade de plantas individuais. Na verdade, mesmo depois de quase um século, até hoje persistem rumores de que Mendel se deixou entusiasmar nesses casos, deixando que seu amor por dados perfeitos o induzisse à fraude.

Se você jogar uma moeda para cima mil vezes, vai obter, aproximadamente, quinhentas caras e quinhentas coroas; mas é improvável que obtenha exatamente o número quinhentos, pois cada lançamento é independente e aleatório. Da mesma forma, graças a desvios aleatórios, os dados experimentais sempre se deslocam um pouco para baixo ou para cima do que prevê a teoria. Por essa razão, Mendel teria obtido apenas o valor aproximado da proporção de 3:1 entre plantas altas e baixas (ou qualquer outra característica que medisse). No entanto, ele alegava uma perfeição quase platônica de 3:1 entre seus milhares de pés de ervilhas, afirmação que suscitou suspeita entre os geneticistas modernos. Um revisor de dados posterior calculou em menos de 1 em 10 mil a probabilidade de Mendel – um pedante em termos de precisão numérica em estatística e experimentos meteorológicos – ter chegado a esses resultados com honestidade. Muitos historiadores têm defendido Mendel ao longo dos anos, argumentando que ele manipulava seus dados de modo inconsciente, pois os padrões para registros de informação eram diferentes naquela época. (Um simpatizante chegou a inventar, baseado em prova nenhuma, um superzeloso assistente de jardinagem que sabia os números desejados por Mendel e secretamente descartava algumas plantas para agradar o mestre.) Como as anotações de laboratório originais de Mendel foram queimadas depois de sua morte, não podemos verificar se ele "cozinhou" os resultados. Honestamente, porém, se ele não roubou no jogo, seu feito é ainda mais notável. Significa que ele intuiu a resposta certa – a proporção áurea de 3:1 da genética – antes de ter uma prova real. Os supostos dados fraudulentos podem simplesmente ter sido a forma de o monge ajustar as imprecisões dos experimentos do mundo real para tornar seus dados mais convincentes, de maneira que outros pudessem ver o que ele de alguma forma sabia como que por revelação.

De qualquer forma, durante a vida de Mendel, ninguém desconfiou de que ele estivesse roubando no jogo – em parte porque ninguém prestava muita atenção. Mendel apresentou um texto sobre hereditariedade das ervilhas em uma conferência, em 1865, e, como observou um historiador, "a plateia reagiu da maneira que todas as plateias reagem quando se veem diante de uma matemática que não conseguem apreciar. Não houve debates, ninguém perguntou nada". Ele nem precisava ter tido esse trabalho, mas Mendel publicou seus resultados em 1866. Mais uma vez, silêncio.

Mendel continuou trabalhando mais alguns anos. Todavia, a chance de firmar sua reputação científica praticamente evaporou em 1868, quando foi eleito abade de seu mosteiro. Como nunca havia administrado nada até então, teve muito o que aprender, e as dores de cabeça do dia a dia em São Tomás tiraram seu tempo livre para a horticultura. Ademais, as mordomias de assumir o comando, sob a forma de boas comidas e charutos (Mendel fumava até vinte charutos por dia, e engordou tanto que seu pulso, em repouso, às vezes passava de 120 batimentos), o atrasaram, limitando o tempo passado nos jardins e nas estufas. Um de seus visitantes na época conta que Mendel o levou para um passeio pelos jardins, mostrando com deleite as flores e as ervilhas maduras; mas, à primeira menção de seus experimentos, ele mudou de assunto, quase constrangido. (Quando indagado como conseguia desenvolver somente pés de ervilha altos, Mendel objetou: "É apenas um pequeno truque, mas há uma longa história relativa a isso, e demoraria muito tempo para contar.")

A carreira científica de Mendel foi também atrofiada porque ele perdia cada vez mais tempo debatendo questões políticas, em especial a separação entre Igreja e Estado. (Ainda que não fique óbvio a partir de seu trabalho científico, Mendel podia ser fogo – em contraste com o gelo de Miescher.) Quase sozinho entre seus colegas abades, ele apoiou a política dos liberais, mas os liberais que governavam a Áustria em 1874 o traíram e revogaram a isenção de impostos dos mosteiros. O governo exigiu 7.300 florins por ano de São Tomás como pagamento, 10% do valor estimado do mosteiro. Embora tenha pagado parte da quantia, sentindo-se traído e indignado, Mendel se recusou a honrar o restante. Como resposta, o governo confiscou parte das fazendas de São Tomás. Chegou inclusive a mandar um xerife para confiscar bens dentro do próprio mosteiro. Trajado com seu hábito clerical completo, Mendel confrontou o adversário fora dos portões, onde o examinou de alto a baixo e o desafiou a tirar a chave de seu bolso. O xerife foi embora de mãos vazias.

Em geral, porém, Mendel pouco fez para rejeitar a nova lei. Chegou a se transformar num excêntrico, exigindo juros por rendimentos perdidos e escrevendo longas cartas aos legisladores sobre antigos itens de taxação eclesiástica. Um advogado sussurrou que Mendel era "muito desconfiado, vendo-se cercado por inimigos, traidores e intrigantes". O "caso Mendel" fez do tradicional cientista de Viena alguém famoso ou notável. Ele convenceu também seu sucessor em São Tomás de que seus papéis deveriam ser queimados depois de sua morte, para acabar com a disputa e livrar o mosteiro de acusações. As anotações descrevendo os experimentos com ervilhas se tornariam danos colaterais.

Mendel morreu em 1884, não muito depois do caso entre Igreja e Estado; sua enfermeira o encontrou rígido, sentado no sofá, com falência dos rins e do coração. Sabemos disso porque Mendel tinha medo de ser enterrado vivo e exigira uma autópsia. Porém, em certo sentido, o temor de Mendel de um enterro prematuro se mostrou profético. Somente onze cientistas citaram seu agora clássico trabalho sobre hereditariedade nos 35 anos que decorreram após sua morte. E os que o assim fizeram (a maioria cientistas agrônomos) viram seu experimento como pequenas lições interessantes sobre plantar ervilhas, e não como afirmações universais sobre hereditariedade. Realmente os cientistas enterraram as teorias de Mendel cedo demais.

Enquanto isso, biólogos descobriam coisas sobre as células que apoiavam as ideias de Mendel, embora não o soubessem. O mais importante foi a descoberta de proporções distintas de características entre rebentos, determinando que os cromossomos transmitiam informações hereditárias em pacotes discretos, com as características discretas que Mendel identificou. Por isso, quando três biólogos examinaram, independentemente, as notas de rodapé de Mendel, por volta de 1900, toparam com seu trabalho sobre ervilhas e perceberam quanto aquilo espelhava seus próprios trabalhos, eles se empenharam em ressuscitar o monge.

Dizem que Mendel um dia profetizou a um colega: "Meu tempo ainda há de chegar." E chegou mesmo. A partir de 1900, o "mendelismo" se expandiu tão depressa, e foi propulsado com tanto fervor ideológico, que começou a ameaçar a seleção natural de Charles Darwin como a mais preeminente teoria na biologia. Na verdade, muitos biólogos viam o darwinismo e o mendelismo como absolutamente incompatíveis – e alguns chegaram a considerar a perspectiva de banir Darwin para a mesma obscuridade histórica que Friedrich Miescher tão bem conhecera.

2. A quase morte de Darwin

Por que os geneticistas tentaram matar a seleção natural?

Não era uma boa maneira de um laureado com o Nobel passar o tempo. No final de 1933, pouco depois de ter feito jus à mais alta honraria da ciência, Thomas Hunt Morgan recebeu uma mensagem de Calvin Bridges, seu assistente de longa data, cuja libido já o havia metido em encrenca. Mais uma vez.

Uma vigarista do Harlem encontrara Bridges numa viagem de trem algumas semanas antes. Logo o convenceu não apenas de que era uma princesa indiana, como também de que seu pai, um rico marajá, havia acabado de abrir – por enorme coincidência – um instituto científico no subcontinente, exatamente no campo em que Bridges (e Morgan) trabalhava, a genética da mosca-das-frutas. Como o marajá precisasse de um homem para dirigir o instituto, ela ofereceu o cargo a Bridges. Este, um verdadeiro Casanova, gostaria de levar a mulher para a cama de qualquer forma. Mas a perspectiva do emprego a tornou irresistível. Ficou tão empolgado que começou a oferecer ocupações na Índia para os colegas, e nem notou o hábito de Sua Alteza de fazer contas extraordinariamente altas sempre que saíam para a farra. Aliás, quando ele não estava ouvindo, a suposta princesa alegava ser a sra. Bridges, pondo tudo o que podia na conta do "marido". Quando a verdade foi revelada, ela tentou extorquir mais dinheiro, ameaçando processá-lo "por transportá-la pelas divisas estaduais para propósitos imorais". Aflito e em pânico – apesar de suas atividades adultas, Bridges era bastante infantil –, ele procurou Morgan.

Morgan consultou seu outro assistente confiável, Alfred Sturtevant. Assim como Bridges, Sturtevant trabalhava com Morgan havia décadas, e o trio dividia algumas das mais importantes descobertas na história da genética. Em particular, tanto Sturtevant quanto Morgan zombavam dos namoros e escapadas de Bridges, mas, naquele caso, a lealdade triunfou sobre qualquer outro tipo de consideração. Os dois decidiram que Morgan deveria usar seu prestígio. Em resumo, ele ameaçou expor a mulher à polícia e manteve a pressão até a princesa desaparecer no trem seguinte. Depois, Morgan escondeu Bridges até a situação amainar.[1]

Quando contratara Bridges como ajudante, alguns anos antes, Morgan não esperava que um dia ele se tornasse um grande companheiro. Mas, até então, Morgan não imaginara que as coisas se passariam daquele modo na sua vida. Depois de trabalhar muito no anonimato, agora ele tinha se tornado um figurão da genética. Após trabalhar em espaços ridiculamente apertados em Manhattan, dispunha de um amplo laboratório na Califórnia. Depois de esbanjar tanta atenção e afeto ao seu "grupo das moscas" durante anos, agora ele se defendia de acusações de ex-assistentes de ter roubado os créditos de ideias alheias. E após lutar tanto e por tanto tempo contra a abrangência de ambiciosas teorias científicas, se rendia diante das duas mais ambiciosas teorias de toda a biologia, e até ajudava em sua expansão.

O Morgan jovem poderia ter desprezado sua contraparte mais velha em decorrência desse último aspecto. Ele iniciou sua carreira numa época curiosa da história da ciência, por volta de 1900, momento de eclosão de uma guerra civil pouco civilizada entre a genética de Mendel e a seleção natural de Darwin. As coisas ficaram tão feias que a maioria dos biólogos achou que uma das teorias deveria ser exterminada. Nessa guerra, Morgan tentou ser uma Suíça, de início recusando-se a aceitar as duas correntes. Achou que ambas se apoiavam demais na especulação, coisa pela qual nutria uma desconfiança quase reacionária. Se não pudesse enxergar a prova de uma teoria diante dos próprios olhos, preferia bani-la da ciência. Na verdade, se os avanços científicos em geral exigem o surgimento de um teórico brilhante para explicar sua visão com perfeita clareza, com Morgan sucedia o contrário. Ele sempre se mostrava teimoso e confuso em seu raciocínio – pois qualquer coisa que não fosse uma prova visível o confundia.

Mas foi justamente essa confusão que o tornou o guia perfeito a ser seguido no interlúdio da "Guerra das Rosas", quando darwinistas e mendelistas se fustigavam. De início, Morgan desconfiava tanto da genética quanto da seleção natural, mas seus pacientes experimentos com as moscas-das-frutas provocavam as meias-verdades de ambas as teorias. Morgan afinal conseguiu – ou melhor, ele e seus talentosos assistentes conseguiram – entrelaçar genética e evolução na grande tapeçaria da biologia moderna.

O DECLÍNIO DO DARWINISMO, agora chamado de "eclipse" do darwinismo, começou no fim dos anos 1800, e por motivos bem racionais. Acima de tudo, enquanto davam crédito a Darwin por ter demonstrado que a evolução acontecia, os biólogos consideravam seu mecanismo para explicar a evolução – seleção natural, sobrevivência do mais apto – calamitosamente inadequado para provocar as mudanças por ele alegadas.

Os críticos implicavam sobretudo com a convicção de que a seleção natural simplesmente eliminava os inaptos, sem esclarecer nada sobre o lugar de onde vinham as novas e vantajosas características. Como disse um observador espirituoso, a seleção natural era responsável pela sobrevivência, mas não pelo *surgimento* do mais apto. Darwin justificou o problema insistindo em que a seleção natural funcionava de maneira extremamente lenta, com pequenas diferenças entre indivíduos. Ninguém acreditava que essas alterações diminutas pudessem fazer qualquer diferença prática a longo prazo – acreditava-se numa evolução aos trancos e barrancos. Até o mais fiel adepto de Darwin, Thomas Henry Huxley, lembra-se de ter tentado, "para total contrariedade de Darwin", convencer seu mentor de que as espécies às vezes avançavam aos saltos. O mestre não cedia – só aceitava passos infinitesimais.

Novos argumentos contra a seleção natural ganharam força depois da morte de Darwin, em 1882. Como as estatísticas haviam demonstrado, a maioria das características das espécies formava uma curva de sino: ⁀. A maioria das pessoas tem altura média, por exemplo, e o número de pessoas altas ou baixas cai suavemente para valores menores dos dois lados. Características animais, como velocidade (força ou esperteza), também formavam curvas de sino, com maior número de criaturas medianas. Por certo a seleção natural ceifava os mais lerdos e idiotas quando os predadores os apanhavam. Para a evolução ocorrer, porém, a maioria dos cientistas argumentava que a média tinha de mudar; a criatura mediana tinha de se tornar mais veloz, mais forte ou mais esperta. Caso contrário, as espécies continuariam basicamente as mesmas. Mas a eliminação das criaturas mais lentas não tornava mais velozes os que escapavam – e o resultado é que os fugitivos continuariam tendo filhos na média. E mais: a maioria dos cientistas achava que a velocidade de qualquer criatura mais veloz seria diluída ao procriar com as mais lentas, produzindo mais criaturas medianas. De acordo com essa lógica, as espécies estavam atreladas a um conjunto de características medianas, e o empurrão da seleção natural não melhoraria essa tendência. Portanto, a verdadeira evolução – dos macacos aos homens – teria acontecido aos saltos.[2]

Além dos visíveis problemas estatísticos, o darwinismo tinha outra coisa contra ele: a emoção. As pessoas odiavam a seleção natural. A matança impiedosa reinava suprema, com os tipos superiores sempre esmagando os mais fracos. Intelectuais, como o dramaturgo George Bernard Shaw, chegavam a se sentir traídos por Darwin. No começo Shaw adorou Darwin por destruir dogmas religiosos. Porém, quanto mais ouvia a respeito, menos gostava da seleção natural. "Quando entendemos todo o seu significado", lamentou depois Shaw, "o coração afunda numa pilha de areia dentro de nós. Há um fatalismo horrendo nisso, uma assustadora e abominável redução da beleza e da inteligência." "A natureza governada por essas leis", afirmou, seria "uma luta universal pela porcaria."

A tríplice redescoberta de Mendel em 1900 galvanizou ainda mais o antidarwinismo ao propor uma alternativa científica – que logo se tornou rival direta do evolucionismo. O trabalho de Mendel enfatizava não a matança e a inanição, mas o crescimento e a geração. Ademais, as ervilhas de Mendel mostravam sinais de saltos – ervilhas altas ou baixas, verdes ou amarelas, nada no meio. Já em 1902 o biólogo inglês William Bateson tinha ajudado um médico a identificar o primeiro gene em seres humanos (por uma alarmante porém benigna disfunção, a alcaptonúria, que pode tornar escura a urina das crianças). Bateson logo mudou o termo "mendelismo" para "genética" e se tornou o grande defensor de Mendel na Europa, incansável em sua luta pelo reconhecimento do trabalho do monge, tendo começado a jogar xadrez e a fumar charutos somente porque Mendel adorava as duas coisas. Outros apoiavam o fantasmagórico zelo de Bateson porque Darwin violava o ethos progressivo do século que se iniciava. Já em 1904, o cientista alemão Eberhard Dennert podia tagarelar: "Estamos à cabeceira do leito mortuário do darwinismo, nos preparando para enviar um pouco de dinheiro aos amigos do paciente, para assegurar um enterro decente" (pensamento que se aplica ao criacionismo atual). É verdade que uma minoria de biólogos defendia a visão de Darwin sobre a evolução gradual, contra os Dennert e Bateson do mundo, defendendo-a com ferocidade – um historiador comentou que havia nos dois lados "um incrível grau de maldade". Mas esses poucos teimosos não conseguiram evitar que o eclipse de Darwin se tornasse cada vez mais completo.

Se, por um lado, Mendel galvanizava os antidarwinistas, seu trabalho nunca chegou a uni-los. No início dos anos 1900, os cientistas descobriram diversos fatos importantes sobre genes e cromossomos que ainda servem de base para a genética atual. Determinaram que todas as criaturas têm genes; que os genes podem mudar, ou sofrer mutações; que todos os cromossomos das células vêm em pares; e que todas as criaturas herdam um número igual de cromossomos da mãe e do pai. Mas não havia uma compreensão abrangente de como essas descobertas se combinavam; os pixels individuais não formavam um quadro coerente. Isso deu margem a uma série de teorias, como a "teoria do cromossomo", a "teoria da mutação", a "teoria do gene", e assim por diante. Cada qual defendia um aspecto restrito da hereditariedade, e cada uma extraía diferenciações que hoje parecem confusas; alguns cientistas acreditavam (erroneamente) que os genes não residiam nos cromossomos; outros acreditavam que cada cromossomo abrigava apenas um gene; e outros, ainda, que os cromossomos não tinham papel nenhum na hereditariedade. Parece injusto dizer, mas ler aquelas teorias sobrepostas hoje pode ser muito frustrante. Dá vontade de gritar com os cientistas, como para um bobalhão num programa de perguntas e respostas: "Pense! Está na sua cara!" Mas cada feudo descartava as descobertas rivais, e todos se bicavam o tempo todo, quase da mesma maneira como bicavam o darwinismo.

Enquanto esses revolucionários e contrarrevolucionários se fustigavam pela Europa, o cientista que acabou encerrando o alvoroço em torno de genética e Darwin trabalhava no anonimato, nos Estados Unidos. Embora desconfiasse tanto dos darwinistas quanto dos geneticistas – falatórios demais sobre a teoria em toda parte –, Thomas Hunt Morgan começou a se interessar pela hereditariedade depois de uma visita a um botânico na Holanda, em 1900. Hugo de Vries fazia parte do trio que redescobrira Mendel naquele ano, e a fama de De Vries na Europa se comparava à de Darwin, em parte por ele ter desenvolvido uma teoria rival para a origem das espécies. A "teoria da mutação" de De Vries argumentava que as espécies passam por raros, porém intensos, períodos de mutação, durante os quais os pais produziam crias "destacadas", com características marcantes e diferentes. De Vries desenvolveu a teoria da mutação quando avistou algumas prímulas anômalas em um campo de batatas abandonado, perto de Amsterdam. Algumas das prímulas diferentes mostram folhas lisas, caules longos, ou flores amarelas maiores e com mais pétalas. Mais crucial ainda, essas prímulas não se enxertavam com as prímulas velhas e normais; pareciam ter dado um salto e se tornado uma nova espécie. Darwin rejeitava saltos evolutivos por acreditar que qualquer diferença que surgisse teria de se misturar com indivíduos normais, diluindo suas boas qualidades. O período de mutação de De Vries eliminava essa objeção de um só golpe: muitas das espécies diferentes surgiam de uma vez e só podiam se misturar umas com as outras.

Os resultados com as prímulas marcaram o pensamento de Morgan. O fato de De Vries não ter ideia de como ou por que as mutações apareciam não fez a menor diferença. Ao menos Morgan viu uma prova do surgimento de uma nova espécie, e não uma especulação. Depois de aceitar um cargo na Universidade Columbia, em Nova York, Morgan resolveu estudar períodos de mutação em animais. Começou com experimentos em camundongos, porquinhos-da-índia e pombos, mas quando percebeu quanto a procriação era lenta, aceitou a sugestão de um colega e tentou a drosófila (*Drosophila*), a mosca-das-frutas.

A exemplo de muitos nova-iorquinos da época, as moscas-das-frutas tinham imigrado há pouco tempo, nesse caso, chegando em barcos carregados com os primeiros cachos de banana, nos anos 1870. Aquelas exóticas frutas amarelas, em geral acondicionadas uma a uma, eram vendidas a US$ 0,10 cada, e os guardas de Nova York mantinham vigilância constante para evitar que multidões ansiosas roubassem as frutas. Mas, em 1907, bananas e moscas já eram tão comuns em Nova York que o assistente de Morgan podia recolher grandes enxames de insetos só de fatiar uma banana e deixar apodrecer no beiral da janela.

A mosca-das-frutas se mostrou perfeita para o trabalho de Morgan. Ela reproduzia-se depressa – uma geração a cada doze dias – e sobrevivia com comida mais barata que amendoim. Também era tolerante nas claustrofóbicas casas de Nova York. O laboratório de Morgan – a "sala das moscas", no número 613 da Shermerhorn Hall, em Columbia – media 5 × 7m e precisava acomodar oito mesas. Porém, mil moscas viviam felizes numa garrafa de leite de ¼ de litro, e as prateleiras de Morgan logo estavam enfileiradas com dezenas de garrafas que (diz a lenda) seus assistentes tomavam "emprestadas" da cafeteria ou dos pórticos locais.

Morgan ocupava a mesa central da sala das moscas. Baratas passeavam pelas gavetas mordiscando frutas apodrecidas, e a sala era uma cacofonia de zumbidos. Contudo, Morgan mostrava-se imperturbável, observando tudo através de uma lupa de joalheiro, escrutinando uma garrafa após outra em busca dos mutantes de De Vries. Quando uma garrafa não produzia nenhum espécime interessante, Morgan esmagava as moscas com o polegar e esfregava suas entranhas em qualquer lugar, em geral no caderno de anotações do laboratório. Infelizmente, para a saúde geral, Morgan tinha muitas e muitas moscas para esmagar. Embora a drosófila não parasse de procriar, ele não encontrou sinal de diferenciação.

Enquanto isso, Morgan teve sorte numa arena diferente. No outono de 1909, ele substituiu um colega numa sabatina e deu o único curso de introdução em sua carreira, na Universidade Columbia. Durante aquele semestre, segundo um observador, Morgan fez "sua grande descoberta": dois assistentes brilhantes. Alfred Sturtevant ouviu falar das aulas de Morgan enquanto escrevia para uma publicação independente de pesquisa sobre cavalos e hereditariedade da cor da pelagem. (Morgan era original do Kentucky, seu pai e seu tio haviam sido ladrões de cavalos famosos, por trás das linhas da União, durante a Guerra Civil, liderando um bando conhecido como Morgan's Raiders. Morgan desprezava seu passado confederado, mas entendia de cavalos.) A partir daquele momento, Sturtevant tornou-se o xodó de Morgan e acabou ganhando uma cobiçada mesa na sala das moscas. Sturtevant cultivava um ar erudito, era muito versado em literatura e afeito às complicadas palavras cruzadas britânicas – alguém descobriu, no meio da bagunça da sala, um camundongo mumificado em sua mesa. Mas ele tinha uma deficiência como cientista, era daltônico. Passou a tratar os cavalos na fazenda frutígera da família, no Alabama, basicamente por ter se provado inútil durante a colheita, lutando para localizar morangos vermelhos nos arbustos verdes.

O outro estudante, Calvin Bridges, compensava a deficiência visual e a obtusidade de Sturtevant. No início, Morgan sentia apenas pena de Bridges, que era órfão, e o contratou para limpar a sujeira das garrafas de leite. Mas logo Bridges começou a prestar atenção nas discussões de Morgan sobre sua pesquisa. Quando ele começou a localizar moscas interessantes a olho nu (apesar da sujeira das garrafas), Morgan o contratou como pesquisador. Foi praticamente o único emprego que Bridges teve na vida. Homem atraente e sensual, de penteado estiloso, ele praticava o amor livre *avant la lettre*. Acabou abandonando a esposa e os filhos, fez uma vasectomia e começou a destilar uísque de milho em seu novo apartamento de solteiro, em Manhattan. Sua tática era abordar – ou fazer propostas ostensivas – qualquer coisa que usasse saia, inclusive esposas de colegas. Seu charme ingênuo seduzia muitas mulheres. No entanto, mesmo depois que a sala das moscas se tornou lendária, nenhuma outra universidade arriscaria sua reputação contratando Bridges para um cargo que não fosse de assistente.

O encontro com Bridges e Sturtevant deve ter estimulado Morgan, pois até então seus experimentos só tinham fracassado. Incapaz de encontrar qualquer mutante natural, ele expunha as moscas ao calor e ao frio

A atulhada e confusa sala das moscas de Thomas Hunt Morgan na Universidade Columbia. Centenas de moscas-das-frutas enxameavam nas garrafas, sobrevivendo de bananas apodrecidas.

excessivos, injetava ácidos, sais, bases e outros mutagênicos potenciais nos órgãos genitais delas (que não são fáceis de achar). Mesmo assim, nada. Já quase desistindo, em janeiro de 1910 ele finalmente localizou uma mosca com um estranho tridente tatuado no tórax, não exatamente uma supermutação como a de De Vries, mas já era alguma coisa. Em março, apareceram duas novas mutantes, uma com verrugas irregulares perto das asas, parecendo "axilas peludas", outra com o corpo cor de oliva (em vez do tom âmbar normal). Em maio de 1910 surgiu a mutante mais radical, uma mosca com olhos brancos (e não vermelhos).

Ansioso por uma nova descoberta – talvez aquele fosse um período de mutação –, Morgan empregava um método tedioso para isolar a mosca de olhos brancos. Destampava a garrafa de leite, encaixava nela outra garrafa de cabeça para baixo e acendia uma luz no alto, a fim de atrair a mosca de olhos brancos para o recipiente de cima. Claro que centenas de outras moscas acompanhavam a de olhos brancos para a garrafa de cima, por isso Morgan logo tinha de fechar a garrafa, arrumar outra e repetir o processo inúmeras vezes, reduzindo o número de moscas a cada passo, e rezando para que a bendita mosca de olhos brancos não escapasse. Quando finalmente separou a mosquinha, fez com que cruzasse com fêmeas de olhos vermelhos. Depois acasalou as descendentes umas com as outras de várias maneiras. Os resultados foram complexos, mas um deles deixou Morgan muito entusiasmado: depois de cruzar algumas moscas descendentes de olhos vermelhos, descobriu entre as proles uma proporção de 3:1 de moscas com olhos brancos.

Um ano antes, em 1909, Morgan tinha ouvido em Columbia uma palestra do botânico dinamarquês Wilhelm Johannsen sobre as proporções mendelianas. Johannsen usou a ocasião para promover sua palavra recém-cunhada, *gene*, uma proposta de unificação da hereditariedade. Johannsen e outros admitiam que o gene era uma ficção conveniente, um substituto linguístico para, bem, para alguma coisa. Mas insistiam que sua ignorância sobre os detalhes bioquímicos dos genes não deveria invalidar a utilidade do conceito de gene para o estudo da hereditariedade (da mesma forma

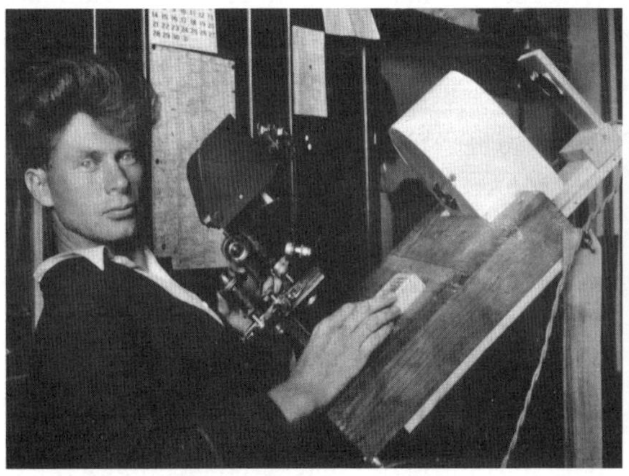

O playboy Calvin Bridges (*esquerda*) e uma rara foto de Thomas Hunt Morgan (*direita*). Morgan de tal modo detestava ser fotografado que um assistente, desejoso de fazer uma foto sua, teve de esconder a câmera num móvel no laboratório das moscas e tirar a fotografia por controle remoto, puxando de longe uma cordinha.

que os psicólogos de hoje podem estudar a euforia e a depressão sem entender o cérebro em detalhes). Morgan considerou a palestra especulativa demais, mas seus resultados experimentais – 3:1 – logo diminuíram o preconceito em relação a Mendel.

Foi uma virada e tanto para Morgan, mas ainda era só o começo. As proporções de cores de olhos convenceram-no de que a teoria do gene não era uma bobagem. Mas onde, na verdade, estavam localizados os genes? Talvez nos cromossomos. Porém, as moscas-das-frutas tinham centenas de características hereditárias e apenas quatro cromossomos. Supondo que houvesse uma característica por cromossomo, como imaginavam muitos cientistas, a quantidade não era suficiente. Morgan não queria se deixar arrastar por debates sobre a chamada teoria dos cromossomos; contudo, uma descoberta subsequente o deixou sem escolha: quando ele analisou as moscas de olhos brancos, descobriu que todos os mutantes eram machos. Os cientistas já sabiam que um dos cromossomos determinava o gênero das moscas. (Assim como nos mamíferos, as moscas fêmeas têm dois cromossomos X, enquanto os machos só têm um.) Agora o gene de olhos brancos estava relacionado a esse cromossomo também – conferindo-lhe duas características. Logo o grupo de estudo das moscas descobriu outros genes – asas curtas, corpos amarelos –, todos relacionados exclusivamente aos machos. A conclusão era inescapável: eles provaram que múltiplos genes se reuniam em um único cromossomo.[3] O fato de Morgan ter provado isso a despeito de si mesmo pouco importava, pois ele começou a defender a teoria do cromossomo.

Descartar antigas convicções dessa forma se tornou um hábito para Morgan, e ao mesmo tempo seu traço mais admirável e enlouquecedor. Embora estimulasse discussões teóricas em sua sala das moscas, ele considerava novas teorias algo vulgar e amorfo – nada valiam até ser examinadas no laboratório. Não parecia entender que cientistas precisam de novas teorias como guias, para decidir quais delas são relevantes e quais não são, a fim de estruturar seus resultados e evitar raciocínios confusos. Mesmo estudantes como Bridges e Sturtevant – e sobretudo um estudante que entrou para o laboratório mais tarde, o causticamente brilhante e brilhantemente cáustico Hermann Muller – ficavam frustrados a ponto de arrancar os cabelos nas muitas disputas que tiveram com Morgan sobre os genes e a hereditariedade. Além do mais, e de forma bem exasperante, quando alguém colocava Morgan num beco sem saída e o convencia de que estava errado, ele enterrava suas velhas ideias e absorvia as novas como se fossem óbvias, sem nenhum constrangimento.

Para Morgan, esse quase plágio não significava nada. Todo mundo estava trabalhando com o mesmo objetivo (*certo*, amigos?). De todo modo, só os experimentos contavam. Para seu crédito, essa flexibilidade demonstrava que Morgan ouvia seus assistentes, ao contrário dos cientistas europeus em relação a seus auxiliares. Por essa razão, Bridges e Sturtevant sempre professaram publicamente sua lealdade a Morgan. No entanto, alguns visitantes às vezes percebiam rivalidades fraternas entre os assistentes, bem como secretas combustões. Morgan não ignorava nem manipulava nada intencionalmente; simplesmente o crédito pelas ideias não significava muito para ele.

De qualquer forma, as ideias continuavam a emboscar Morgan, ideias que ele detestava. Pouco depois, o surgimento da teoria unificada do gene-cromossomo significou uma elucidação quase completa, e somente uma ideia radical poderia salvá-la. Mais uma vez, Morgan tinha determinado que múltiplos genes se aglomeravam num único cromossomo. E ele sabia, a partir do trabalho de outro cientista, que os pais transmitiam cromossomos inteiros aos filhos. Portanto, todas as características genéticas de cada cromossomo deveriam ser herdadas juntas – pois estariam sempre ligadas. Para elaborar um exemplo hipotético, se um conjunto de genes de um cromossomo der origem a cerdas verdes, asas serrilhadas e antenas grossas, qualquer mosca com uma dessas características deve apresentar as três. Esses conjuntos de características realmente existem nas moscas; todavia, para surpresa de Morgan, sua equipe descobriu que certos aspectos relacionados às vezes podiam se tornar não relacionados – cerdas verdes e asas serrilhadas, que deveriam sempre aparecer juntas, por alguma razão surgiam separadamente, em moscas diferentes. Essa falta de relação não era comum – características relacionadas podiam aparecer em separado em 2% das vezes, ou até em 4% –, mas era tão persistente que parecia contradizer toda a teoria, se Morgan não tivesse se permitido um de seus raros voos de fantasia.

Morgan lembrou-se de ter lido o trabalho de um padre biólogo belga que usara um microscópio para estudar como o espermatozoide e o óvulo se formavam. Um fator-chave da biologia – que vive se repetindo – é que todos os cromossomos vêm em pares, pares de gêmeos quase idênticos. (Os seres humanos têm 46 cromossomos arranjados em 23 pares.) Quando o espermatozoide e os óvulos se formam, esses cromossomos quase gêmeos se alinham no meio da célula-mãe. Durante a divisão, um dos gêmeos é puxado para um lado, o outro para outro lado, dando origem a duas células separadas.

No entanto, o padre biólogo percebeu que os cromossomos gêmeos às vezes interagem pouco antes de se dividir, enrolando suas pontas uns nos outros. Ele não sabia por quê. Morgan sugeriu que talvez as pontas se rompessem durante esse cruzamento e trocassem de lugar. Isso explicava por que características relacionadas às vezes se separavam: os cromossomos haviam se rompido em algum lugar entre os dois genes, deslocando-os. Mais ainda, especulou Morgan – ele estava embalado –, essas características que se separavam em 4% das vezes provavelmente estavam mais afastadas nos cromossomos do que as que se separavam em 2% das vezes, já que a distância extra entre o primeiro par aumentaria a probabilidade ao longo daquela distância.

O esperto palpite de Morgan mostrou-se correto. Sturtevant e Bridges acrescentaram algumas sugestões durante os anos seguintes, e o grupo das moscas começou a esboçar um novo modelo de hereditariedade – o modelo que tornou a equipe de Morgan superimportante historicamente. O modelo dizia que todas as características eram controladas por genes, e que esses genes residiam nos cromossomos em locais fixos, alinhados como pérolas em um colar. Como as criaturas herdavam uma cópia de cada cromossomo de cada genitor, os cromossomos passavam características genéticas do genitor ao filho. Os cruzamentos (e as mutações) mudam um pouco os cromossomos, o que ajuda a tornar cada criatura singular. Porém, os cromossomos (e os genes) permanecem basicamente intactos, o que explica por que as características circulam pelas famílias. *Voilà*: a primeira visão coerente de como funciona a hereditariedade.

Na verdade, pouco dessa teoria se originou no laboratório de Morgan, pois biólogos do mundo todo já tinham descoberto vários de seus aspectos. Mas foi a equipe de Morgan que afinal ligou essas ideias vagamente relacionadas, e as moscas-das-frutas se mostraram uma incontestável prova experimental. Ninguém podia negar que ocorria uma ligação do cromossomo sexual, por exemplo, quando Morgan tinha 10 mil mutantes zumbindo numa prateleira, sem uma só fêmea entre eles.

Embora tenha sido aclamado pela união dessas teorias, Morgan não havia feito nada para conciliá-las com a seleção natural de Darwin. Essa conciliação também surgiu do trabalho dentro da sala das moscas, porém, mais uma vez, Morgan acabou tomando "emprestada" a ideia de seus assistentes – dessa vez de um que não aceitava isso com a mesma docilidade que Bridges e Sturtevant.

Hermann Muller começou a pesquisar na sala das moscas em 1910, ainda que apenas ocasionalmente. Por ter de sustentar sua mãe idosa, ele tinha uma vida incerta, trabalhando como auxiliar em hotéis e bancos, ensinando inglês para imigrantes à noite, engolindo sanduíches no metrô entre um emprego e outro. Ainda assim, conseguiu arrumar tempo para ficar amigo do escritor Theodore Dreiser, em Greenwich Village, mergulhar na política socialista e percorrer o trajeto de 300km até a Universidade Cornell para concluir seu mestrado. Mas, não importa quanto estivesse atribulado, Muller usava seu dia livre, a quinta-feira, para frequentar Morgan e a turma das moscas, e trocar figurinhas sobre ideias em genética. Com um intelecto ágil, Muller brilhava naquelas sessões, e Morgan lhe garantiu uma mesa no laboratório quando ele se formou em Cornell, em 1912. O problema foi que se recusou a pagar a Muller, o que fez com que ele mantivesse uma rotina que logo o levou a um colapso nervoso.

Desde então, e décadas depois, Muller não se conformava com seu papel na sala das moscas. Não aceitava que Morgan favorecesse abertamente o burguês Sturtevant e passasse tarefas banais, como preparar as bananas, para o proletário Bridges. Não tolerava que os outros dois fossem pagos para fazer experimentos com as ideias dele, enquanto continuava perambulando por cinco bairros diferentes para ganhar dinheiro. Não se conformava de Morgan tratar a sala das moscas como um clube, e às vezes fazer os amigos de Muller trabalharem no corredor. Acima de tudo, não se conformava de Morgan não reconhecer suas contribuições, em parte porque Muller se mostrava lento em fazer a coisa que Morgan mais valorizava – na verdade, realizar o experimento com que ele (Muller) sonhava. Realmente, talvez Muller não pudesse encontrar pior mentor que Morgan. Apesar de toda sua tendência socialista, Muller era bastante cioso de sua propriedade intelectual e sentia que a natureza comunitária da sala das moscas ao mesmo tempo explorava e ignorava seu talento. Ele também não era muito afável. Costumava espezinhar Morgan, Bridges e Sturtevant com críticas grosseiras, sentindo-se quase pessoalmente ofendido diante de qualquer lógica cristalina. A descuidada contestação de Morgan à evolução por seleção natural irritava Muller de forma específica, pois ele a considerava o fundamento da biologia.

Apesar do choque de personalidades que provocava, Muller estimulou o grupo das moscas a realizar um trabalho mais amplo. Aliás, enquanto Morgan pouco contribuiu para o surgimento da teoria da hereditariedade depois de 1911, Muller, Bridges e Sturtevant continuaram a fazer descobertas fundamentais. Infelizmente, hoje é difícil separar quem descobriu o quê, e não só por causa das constantes mudanças de ideia. Morgan e Muller, em geral, rascunhavam seus pensamentos em rabiscos desorganizados, e Morgan limpava seus arquivos a cada cinco anos, talvez para abrir mais espaço em seu atulhado laboratório. Muller guardava seus papéis; contudo, muitos anos depois, outro colega que se sentiu excluído jogou fora essas anotações enquanto Muller estava fora do país. Morgan (assim como os frades colegas de Mendel) também destruiu os arquivos de Bridges quando o grande conquistador de corações morreu de problemas cardíacos, em 1938. O discípulo costumava anotar suas conquistas, e quando Morgan encontrou um detalhado catálogo de fornicações, achou mais prudente queimar todos os papéis para proteger o mundo na genética.

Mas os historiadores conseguiram atribuir créditos a algumas coisas. Todos na turma das moscas ajudaram a determinar quais conjuntos de hereditariedade eram herdados em conjunto. Mais importante, descobriram a existência de quatro aglomerados diferentes nas moscas – exatamente o número de pares de cromossomos. Este foi um grande progresso na teoria dos cromossomos, pois mostrou que todos eles abrigavam múltiplos genes.

Sturtevant elaborou sua ideia da relação entre gene e cromossomo. Morgan tinha adivinhado que genes separados em 2% das vezes deviam estar mais próximos nos cromossomos que genes que se separavam em 4% das vezes. Caraminholando durante uma noite, Sturtevant percebeu que poderia traduzir essas porcentagens em distâncias reais. Especificamente, genes que se separavam em 2% das vezes deveriam estar duas vezes mais próximos que o outro par; a mesma lógica se manteve para outras porcentagens de ligações. Sturtevant não fez seu dever de casa da faculdade naquela noite; no entanto, na manhã seguinte, aquele rapaz de dezenove anos tinha esboçado o primeiro mapa de um cromossomo. Quando viu o mapa, Muller "literalmente pulou de alegria" – e logo depois indicou formas de melhorá-lo.

Bridges descobriu "não disjunções" – ocasiões em que os cromossomos não se separam depois do cruzamento e entrelaçamento dos braços. (O excesso de material genético resultante pode causar problemas, como a síndrome de Down.) Além das descobertas individuais, Bridges, um fuçador nato, industrializou a sala das moscas. Em vez de separar tediosamente as moscas virando garrafas e mais garrafas de ponta-cabeça, inventou um atomizador para pulverizar minúsculas doses de éter de forma a deixar as moscas tontas. Também substituiu lupas por microscópios binoculares; distribuía pratos de louça brancos e pincéis de ponta fina para que as pessoas pudessem ver e manipular as moscas com mais facilidade; substituiu as bananas apodrecidas por um xarope nutriente e pasta de milho; e construiu gabinetes climatizados para que as moscas, que ficavam preguiçosas no inverno, pudessem se reproduzir no verão e no inverno. Chegou a fazer um necrotério de moscas para depositar os cadáveres com dignidade. Nem sempre Morgan apreciava essas contribuições – continuava a esmagar as moscas onde pousassem, apesar do necrotério. Mas Bridges sabia que mutantes só apareciam raramente, e, quando apareciam, sua fábrica biológica permitia que todos se desenvolvessem e produzissem milhões de descendentes.[4]

Muller contribuiu com sacações e ideias, dissolvendo aparentes contradições e apoiando teorias mal-equilibradas com uma lógica firme. Embora precisasse argumentar com Morgan até a língua sangrar, finalmente fez o cientista mais velho ver como genes, mutações e seleção natural funcionavam juntos. Como Muller (entre outros) enunciou, os genes conferem características às criaturas, por isso mutações nos genes alteram as características, tornando as criaturas diferentes em cor, altura, velocidade etc. Mas, ao contrário do que pensava De Vries – que via mutações como coisas grandes, produzindo exemplares e espécies instantâneas –, a maior parte das mutações simplesmente faz pequenos ajustes nas criaturas. Depois a seleção natural permite que as mais bem-adaptadas dessas criaturas sobrevivam e se reproduzam com mais frequência. Os cruzamentos entram em cena porque embaralham os genes entre os cromossomos, juntando assim novas versões dos genes, e dando ainda mais variedade ao trabalho da seleção natural. (O cruzamento é tão importante que hoje alguns cientistas acham que o espermatozoide e o óvulo se recusam a se formar, a não ser que os cromossomos se cruzem um número mínimo de vezes.)

Muller também ajudou a expandir as próprias ideias dos cientistas sobre o que os genes podiam fazer. Mais importante, ele argumentou que características como as que Mendel estudara– características binárias, controladas por um gene – não contavam a história toda. Muitas características importantes são controladas por múltiplos genes, até dezenas de genes. Por isso, esses aspectos mostram gradações, dependendo de quais genes uma criatura herda. Certos genes podem ainda aumentar ou diminuir o volume de outros genes, com aumentos e reduções que produzem gradações ainda mais sutis. Mais crucial, no entanto, pelo fato de os genes serem discretos e particulados, uma mutação benéfica *não* será diluída entre gerações. O gene permanece inteiro e intacto, de forma que genitores superiores podem se reproduzir com tipos inferiores, e ainda assim passar o gene adiante.

Para Muller, o darwinismo e o mendelismo se reforçavam lindamente um ao outro. E quando afinal convenceu Morgan disso, este se tornou darwinista. É fácil rir desse fato – mais uma conversão do cientista –, e, em seus últimos textos, Morgan ainda enfatiza a genética como algo mais importante que a seleção natural. Mas o endosso de Morgan foi fundamental em sentido mais amplo. Na época, a biologia era dominada por teorias grandiloquentes (inclusive a de Darwin), e Morgan ajudou a manter uma base sólida, ao exigir sempre provas concretas. Por isso, outros biólogos sabiam que, se alguma teoria convencesse até Thomas Hunt Morgan, era porque continha alguma verdade. Mais ainda, até Muller reconhecia a influência pessoal de Morgan. "Não devemos nos esquecer", admitiu certa vez, "que a personalidade orientadora de Morgan contagiou todos os outros com seu próprio exemplo – sua infatigável atividade, sua deliberação, vivacidade e coragem." No fim, a bonomia de Morgan fez o que o contundente brilhantismo de Muller não conseguiu: convencer os geneticistas a reexaminar seus preconceitos contra Darwin e levar a sério a síntese proposta por Darwin e Mendel – seleção natural e genética.

Muitos outros cientistas retomaram o trabalho da equipe de Morgan nos anos 1920, disseminando a despretensiosa mosca-das-frutas em laboratórios do mundo inteiro. O inseto logo se tornou padrão na genética, permitindo que cientistas em qualquer lugar comparassem suas descobertas em condições semelhantes. Partindo desse trabalho, nos anos 1930 e 1940, uma geração de biólogos fundamentados na matemática começou a investigar como as mutações se disseminavam em populações naturais, fora dos laboratórios. E demonstraram que, se um gene fornecer a algumas criaturas qualquer pequena vantagem de sobrevivência, esse impulso, dado o tempo necessário para sua composição, poderia orientar as espécies em novas direções. Mais ainda, a maioria das mudanças se daria em minúsculos passos, exatamente como dizia Darwin. Depois que a turma das moscas conseguiu afinal relacionar Mendel e Darwin, os biólogos transformaram os experimentos em casos tão rigorosos quanto uma prova euclidiana. Darwin resmungou certa vez quanto matemática era "repugnante" para ele, gabando-se de não fazer qualquer coisa além de medições simples. Mas, na verdade, a matemática embasou a teoria de Darwin e garantiu que sua reputação jamais declinasse.[5] Assim, o chamado eclipse do darwinismo, no início dos anos 1900, não foi mais que isso: um período de trevas e confusão, mas que acabou passando.

Além dos ganhos científicos, a difusão da mosca-das-frutas pelo mundo inspirou outro legado, uma ramificação direta da "leveza de espírito" de Morgan. Na genética, os nomes da maioria dos genes são feias abreviaturas, representando palavras aberrantes e monstruosas que talvez seis pessoas no mundo todo consigam entender. Por essa razão, quando debatemos, digamos, o gene *ALOX12B*, não faz sentido soletrar seu nome (araquidônico 12-lioxigenase, tipo 12R), já que essa pronúncia mais confunde que esclarece, a meu ver. (Para evitar enxaquecas a todos, doravante vou apenas citar os acrônimos dos genes e fazer de conta que não representam nada.) Em comparação, enquanto os nomes dos genes são complexos e intimidantes, os nomes dos cromossomos são incrivelmente banais. Os nomes dos planetas foram homenagens a deuses, os elementos químicos referem-se a mitos, heróis e grandes cidades. Os cromossomos foram batizados com a criatividade da numeração do tamanho dos sapatos. O cromossomo 1 é o mais longo, o cromossomo 2 é o segundo mais longo, e (bocejo) assim por diante. O cromossomo humano 21 é, na verdade, mais curto que o cromossomo 22, no entanto, quando os cientistas perceberam isso, o cromossomo 21 já era famoso, pois esse número 21 provoca a síndrome de Down. Realmente, com nomes tão chatos, não faz sentido brigar por causa disso e se dar ao luxo de mudar.

Os cientistas que trabalham com moscas-das-frutas, que Deus os abençoe, foram as grandes exceções. A equipe de Morgan sempre escolheu nomes descritivos para genes mutantes, como *speck* (espeto), *beaded* (miçanga), *rudimentary* (rudimentar), *white* (branco) e *abnormal* (anormal). Essa tradição continua até hoje, pois o nome da maioria dos genes das moscas-das-frutas dispensa o jargão e até soa esquisito. Diferentes genes das moscas-das-frutas incluem *groucho*, *smurf*, *fear of intimacy* (medo de intimidade), *lost in space* (perdido no espaço), *smellblind* (sem faro), *faint sausage* (salsicha desmaiada), *tribble* (as bolas felpudas multiplicativas de *Star Trek*) e *tiggywinkle* (inspirado em Mrs. Tiggy-winkle, personagem de Beatrix Potter). O gene *armadillo*, quando alterado, dá à mosca-das-frutas um exoesqueleto em placa. O gene *turnip* torna as moscas estúpidas. O *tudor* deixa os machos (como aconteceu com Henrique VIII) sem descendência. O *cleopatra* pode matar a mosca se interagir com outro gene, o *asp* (víbora). O *cheap date* deixa as moscas excepcionalmente embriagadas depois de uma pequena ingestão de álcool. O sexo das moscas-das-frutas inspiraram nomes espertos. Os mutantes *ken e barbie* não têm genitália. O mutante masculino *coitus interruptus* passa apenas dez minutos fazendo sexo (o normal são vinte), enquanto os mutantes *stuck* não conseguem se desengatar depois do coito. Nas fêmeas, os mutantes *dissatisfaction* nunca fazem sexo – pois gastam toda a energia estalando as asas para espantar os pretendentes. Ainda bem que esses nomes cômicos inspiraram esse mesmo tom irônico em outras áreas da genética. Um gene que dá aos mamíferos mamilos extras ganhou o nome de *scaramanga*, por causa do vilão de James Bond, cheio de mamas. Um gene que remove células sanguíneas da circulação dos peixes tornou-se o pândego *vlad tepes*, em homenagem a Vlad, o Empalador, a inspiração histórica de Drácula. A abreviatura do gene "POK eritroide mieloide ontogênico" dos camundongos – *pokemon* – quase deu origem a um processo legal, pois o gene *pokemon* (agora conhecido – suspiro – como *zbtb7*) contribui para a disseminação do câncer, e os advogados do império da mídia Pokémon não queriam que seus lindos monstrinhos fossem associados a tumores. Mas, para mim, o nome de gene vencedor, o melhor e mais esquisito, vai para *medea*, do besouro da farinha, numa referência à mãe da Grécia antiga que cometeu infanticídio. O *medea* decodifica uma proteína com a curiosa propriedade de ser ao mesmo tempo um veneno e seu antídoto. Por isso, quando uma mãe tem esse gene, mas não o transmite ao embrião, seu corpo extermina o feto – e não há nada que ela possa fazer a respeito. Só se tiver o gene o feto será capaz de criar o antídoto e sobreviver. (O *medea* é um "elemento genético egoísta", um gene que exige sua própria propagação acima de tudo, mesmo que em detrimento da criatura como um todo.) Se conseguirmos superar o horror, é um nome que merece a tradição das moscas-das-frutas de Columbia, e faz sentido que os mais importantes trabalhos clínicos com o *medea* – que levou a inseticidas muito inteligentes – tenham surgido quando os cientistas o introduziram na drosófila para estudá-lo melhor.

Mas muito antes do surgimento desses lindos nomes, e mesmo antes de as moscas-das-frutas colonizarem laboratórios de genética no mundo todo, o grupo das moscas de Columbia já tinha debandado. Morgan mudou-se para o Instituto de Tecnologia da Califórnia em 1928, levando consigo Bridges e Sturtevant, para suas novas pesquisas na ensolarada Pasadena. Cinco anos depois, Morgan tornou-se o primeiro geneticista a receber um Prêmio Nobel, "por estabelecer", segundo um historiador, "os próprios princípios da genética que de início tinha refutado". O comitê do Nobel premiou apenas Morgan, não dividiu (como deveria ter feito) o prêmio entre ele, Bridges, Sturtevant e Muller. Alguns historiadores argumentam que Sturtevant realizou trabalhos importantes, que lhe dariam jus ao seu próprio Nobel, mas que sua dedicação a Morgan e sua falta de apreço pelos créditos das ideias reduziram suas chances. Talvez por isso, num reconhecimento tácito desse fato, Morgan tenha dividido o prêmio em dinheiro do Nobel com Sturtevant e Bridges, abrindo uma poupança para os filhos destes. Mas nada deu a Muller.

Àquela altura, Muller já tinha trocado Columbia pelo Texas. Começou em 1915, como professor da Universidade Rice (cujo Departamento de Biologia era dirigido por Julian Huxley, neto do grande defensor de Darwin), e acabou lecionando na Universidade do Texas. Embora a cálida recomendação de Morgan tenha obtido para ele o cargo na Rice, Muller promoveu ativamente a rivalidade entre sua estrela solitária e o grupo de Morgan; sempre que o grupo do Texas fazia algum avanço significativo, aquilo era motivo de júbilo e trombeteado como um "gol". Num desses episódios, o biólogo Theophilus Painter descobriu o primeiro cromossomo – dentro da glândula salivar da mosca-das-frutas[6] –, grande o suficiente para ser examinado visualmente, permitindo que cientistas estudassem a base física dos genes. Por mais importante que tenha sido o trabalho de Painter,

Muller arrasou em 1927, ao descobrir que um fluxo de radiação aumentava em 150 vezes a proporção de mutação das moscas. A descoberta não teve só implicações sobre a saúde; agora os pesquisadores não precisavam mais ficar à espera de mutações. Elas podiam ser produzidas em massa. A descoberta conferia a Muller a projeção científica que merecia – e ele sabia disso.

Porém, era inevitável que Muller desenvolvesse com Painter e outros colegas um atrito que depois se transformou em disputa e fez com que o grupo do Texas azedasse. E o Texas azedou com ele também. Os jornais locais acusaram Muller de subversivo político, e uma agência precursora do FBI o pôs sob vigilância. Para animar a história, seu casamento desmoronou; certa noite, em 1932, sua esposa comunicou o desaparecimento dele. Um grupo de colegas encontrou-o enlameado e desgrenhado na mata, ensopado, depois de uma noite de chuva, a cabeça ainda zonza por causa dos barbitúricos que havia tomado para se matar.

Furioso e humilhado, Muller trocou o Texas pela Europa, onde fez uma excursão no estilo de Forrest Gump* pelos Estados totalitários. Estudou genética na Alemanha, até os brucutus nazistas vandalizarem seu instituto. Fugiu para a União Soviética, onde realizou palestras para o próprio Stálin sobre eugenia (a busca científica de gerar seres humanos superiores). Stálin não se deixou impressionar, e Muller saiu depressa. Para não ficar marcado como "desertor burguês reacionário", alistou-se na facção comunista da Guerra Civil Espanhola, trabalhando num banco de sangue. Seu lado perdeu, e o fascismo se implantou.

Mais uma vez desiludido, em 1940 Muller voltou para os Estados Unidos, instalando-se em Indiana. Seu interesse pela genética aumentou; mais tarde ele ajudou a estabelecer na Califórnia o que se tornou o Repository for Germinal Choice, um "banco de esperma de gênios". Para coroar sua carreira, Muller recebeu seu Prêmio Nobel em 1946, por ter descoberto que a radiação provocava mutações genéticas. Decerto o comitê de premiação quis compensar sua exclusão da premiação de 1933. Mas ele também ga-

---

* Personagem do filme *Forrest Gump, o contador de histórias*, de Robert Zemeckis, de 1994. (N.T.)

nhou porque os ataques com bombas atômicas a Hiroshima e Nagasaki, em 1945 – que fez chover radiação nuclear no Japão –, tornaram seu trabalho de uma relevância macabra. Se a pesquisa da turma das moscas em Columbia demonstrara a existência dos genes, os cientistas agora tinham de descobrir como os genes funcionavam e, sob a luz mortal da bomba, como eles, com certa frequência, deixavam de funcionar.

3. A ruptura do DNA

Como a natureza lê, e às vezes interpreta mal, o DNA?

O DIA 6 DE AGOSTO DE 1945 começou bem para aquele que talvez tenha sido o homem mais azarado do século XX. Quando Tsutomu Yamaguchi desceu do ônibus perto da sede da Mitsubishi, em Hiroshima, ele percebeu que tinha esquecido seu *inkan*, o selo que os funcionários japoneses molhavam em tinta vermelha para carimbar documentos. O esquecimento o aborreceu – pois agora teria de voltar todo o caminho até seu dormitório –, mas nada poderia estragar seu humor naquele dia. Yamaguchi tinha acabado de projetar um navio-tanque de 5 mil toneladas para a Mitsubishi, e a empresa finalmente o enviaria para casa no dia seguinte, ao encontro da esposa e do filho que o esperavam no sudoeste do Japão. A guerra tinha desequilibrado sua vida, mas no dia 7 de agosto as coisas voltariam ao normal.

Enquanto tirava os sapatos à porta da pensão, os proprietários mais velhos o cercaram para convidá-lo a tomar chá. Ele não podia recusar o convite daquelas pessoas solitárias, e o inesperado encontro o atrasou ainda mais. Contudo, depois de se calçar de novo, *inkan* na mão, apressou-se para tomar um ônibus, desembarcou próximo ao trabalho e estava caminhando perto de uma plantação de batatas quando ouviu o zunido de um bombardeiro inimigo no alto. Conseguiu até divisar uma lasca prateada saindo da aeronave. Eram 8h15 da manhã.

Muitos sobreviventes relembram a mesma curiosa defasagem. Em vez do simultâneo lampejo e explosão de uma bomba normal, aquela piscou e inchou em silêncio, e foi ficando cada vez mais quente. Yamaguchi estava perto do epicentro e não perdeu muito tempo. Treinado em táticas de defesa de ataques aéreos, mergulhou no solo, cobriu os olhos e tapou os ouvidos com os polegares. Meio segundo depois da luz veio o estrondo, e com ele a onda de choque. Um instante depois Yamaguchi sentiu uma ventania *embaixo* do corpo, revolvendo seu estômago. Em seguida foi jogado para o alto, e depois de um curto voo caiu no chão, desacordado.

Yamaguchi acordou segundos ou talvez uma hora depois, numa cidade escura. A nuvem em forma de cogumelo tinha sugado toneladas de pó e cinza, e pequenos anéis de fogo fumegavam nas ressecadas folhas de batata ali perto. Sua pele também ardia. Tinha arregaçado as mangas da camisa depois da xícara de chá, e os braços pareciam gravemente queimados pelo sol. Levantou-se e cambaleou pela plantação de batatas, parando para descansar a cada meia dúzia de passos, passando por outras vítimas queimadas, sangrando e feridas. Por uma estranha compulsão, voltou à Mitsubishi. Encontrou uma pilha de escombros com pequenos focos de incêndio e muitos colegas mortos – teve sorte de se atrasar. Ele seguiu em frente. As horas passaram. Bebeu água de canos rompidos e, num posto de socorro de emergência, mordiscou um biscoito e vomitou. Dormiu aquela noite embaixo de um bote emborcado na praia. Seu braço esquerdo, totalmente exposto ao grande lampejo branco, estava enegrecido.

Enquanto isso, debaixo de sua pele incinerada, o DNA de Yamaguchi assimilava ferimentos ainda mais graves. A bomba nuclear de Hiroshima liberou (entre outras radioatividades) montanhas de raios X supercarregados, chamados raios gama. Como quase toda forma de radioatividade, esses raios separam e danificam o DNA de forma seletiva, perfurando o DNA e as moléculas de água ao seu redor e fazendo os elétrons voarem como lâminas cortantes. A súbita perda de elétrons forma radicais livres, átomos altamente reativos que mastigam as ligações químicas. Tem início uma reação em cadeia que fende o DNA e às vezes corta cromossomos em pedaços.

Em meados dos anos 1940, os cientistas estavam começando a entender por que o despedaçamento ou ruptura do DNA podia causar tanta ruína no interior das células. Primeiro, cientistas trabalhando em Nova York produziram fortes evidências de que os genes eram formados pelo

DNA. Isso derrubava a persistente convicção na hereditariedade proteica. Mas, como mostrou um segundo estudo, o DNA e as proteínas ainda partilhavam uma relação especial: o DNA *fazia* proteínas, cada gene de DNA armazenava a receita para uma proteína. Produzir proteínas, em outras palavras, era o que os genes faziam – era como os genes criavam as características no corpo.

Associadas, essas duas ideias explicavam os danos da radioatividade. A fratura do DNA rompe os genes; o rompimento dos genes cessa a produção de proteínas; a cessação de produção de proteínas mata as células. Os cientistas não perceberam isso de imediato – o crucial texto "um gene/uma proteína" foi publicado poucos dias depois do ataque a Hiroshima –, mas já sabiam o bastante para se horrorizar ao pensar em armas nucleares. Quando ganhou o Prêmio Nobel em 1946, Hermann Muller profetizou para o *New York Times* que, se os sobreviventes da bomba atômica "pudessem prever os resultados mil anos à frente, ... talvez eles se considerassem mais afortunados se a bomba os tivesse matado".

Apesar do pessimismo de Muller, Yamaguchi queria sobreviver, e muito, pela sua família. Seus sentimentos em relação à guerra eram complexos – primeiro se opôs, depois apoiou-a, durante o esforço, depois voltou a se opor, quando o Japão começou a fraquejar, por temer que a ilha fosse invadida por inimigos que pudessem fazer mal à esposa e ao filho. (Se fosse o caso, tinha considerado dar aos dois uma overdose de soníferos, para poupá-los de alguma crueldade.) Nas horas seguintes ao ataque a Hiroshima, ele ansiava por encontrá-los, e assim, quando ouviu boatos sobre trens partindo da cidade, reuniu suas forças e resolveu pegar um deles.

Hiroshima é uma coleção de ilhas, e Yamaguchi precisava atravessar um rio para chegar à estação ferroviária. Todas as pontes tinham ruído ou sido queimadas, por isso reuniu toda sua determinação e começou a atravessar uma apocalíptica "ponte de cadáveres" que coalhava o rio, engatinhando sobre pernas e rostos derretidos. Porém, um vão impossível de ultrapassar o forçou a retroceder. Seguindo rio acima, encontrou um suporte de trilho com uma barra de aço intacta estendendo-se por 50m. Fez a escalada, atravessou a corda bamba de ferro e desceu. Abriu caminho pela multidão na gare e se jogou no banco de um trem. Milagrosamente, o trem partiu pouco depois – ele estava a salvo. A viagem demoraria a noite toda, mas, afinal, ele estava indo para casa, para Nagasaki.

Um físico que estivesse em Hiroshima poderia ter dito que os raios gama terminariam o serviço no DNA de Yamaguchi em um milionésimo de bilionésimo de segundo. Para um químico, a parte mais interessante – como os radicais livres devoram o DNA – estaria encerrada em um milissegundo. Um biólogo celular talvez precisasse esperar algumas horas para verificar como as células remendavam o DNA rasgado. Um médico poderia ter diagnosticado uma doença por radiação – dores de cabeça, vômito, sangramento interno, pele descascando, anemia – em uma semana. Os geneticistas precisavam de mais paciência. Os danos sofridos pelos sobreviventes só apareceram anos ou até décadas depois. E, numa coincidência sinistra, os cientistas começaram a entender exatamente como os genes funcionam (e deixam de funcionar) durante essas mesmas décadas – como que fornecendo um prolongado comentário sobre a devastação do DNA.

Por mais que sejam definitivos, em retrospecto, os experimentos com DNA e proteínas nos anos 1940 convenceram apenas alguns cientistas de que o DNA era o meio genético. Melhores provas surgiram em 1952, com os virologistas Alfred Hershey e Martha Chase. Eles sabiam que os vírus controlavam células injetando material genético. E como os vírus que eles estudavam consistiam somente em DNA e proteínas, os genes teriam de ser uma coisa ou outra. A dupla determinou o que eles eram marcando vírus com enxofre e fósforo radioativos e depois soltando os elementos nas células. Proteínas contêm enxofre, mas não fósforo, por isso, se os genes fossem proteínas, o enxofre radioativo deveria estar presente nas células após a infecção. Mas quando Hershey e Chase filtraram as células infectadas, só restava o fósforo radioativo: apenas o DNA tinha sido injetado.

Hershey e Chase publicaram esses resultados em abril de 1952, e concluíram o texto com um aviso de cautela: "Não se devem extrair desses experimentos outras inferências químicas." Sim, certo. Todos os cientistas do mundo que ainda trabalhavam na hereditariedade das proteínas jogaram suas pesquisas pelo ralo e embarcaram no DNA. Teve início uma furiosa corrida para compreender a estrutura do DNA. Exatamente um ano depois, em abril de 1953, dois desajeitados cientistas da Universidade de Cambridge, na Inglaterra, Francis Crick e James Watson (ex-aluno de Hermann Muller) tornaram lendário o termo "dupla-hélice".

A dupla-hélice de Watson e Crick eram duas longuíssimas tiras de DNA enroladas uma na outra numa espiral para a direita. (Aponte o polegar direito para o teto; o DNA espirala para cima ao longo do dedo, na direção anti-horária.) Cada fita consistia em duas colunas dorsais, e as colunas eram mantidas juntas por pares de bases que se encaixavam como peças de um quebra-cabeça – as angulares A com T, as curvilíneas C com G. A grande sacada de Watson e Crick foi que, graças a essa complementaridade dos pares de bases A-T e C-G, uma fita de DNA pode servir como modelo para copiar a outra. Assim, se um dos lados escrever CCGAGT, o outro vai escrever GGCTCA. É com esse sistema simples que as células podem copiar centenas de bases de DNA por segundo.

Porém, por mais que fosse bem-bolada, a dupla-hélice não dizia nada sobre como os genes de DNA na verdade produziam proteínas – o que, afinal, é a parte importante. Para entender esse processo, os cientistas tiveram de examinar o primo químico do DNA, o RNA. Embora semelhante ao DNA, o RNA tem uma só fita, que apresenta a letra U (uracila) no lugar do T. Os bioquímicos dedicaram toda a atenção ao RNA porque sua concentração aumentava extraordinariamente sempre que as células começavam a produzir proteínas. Mas quando começaram a rastrear o RNA pela célula, perceberam que ele era tão esquivo quanto um pássaro ameaçado de extinção; só conseguiam alguns vislumbres antes que desaparecesse. Passaram-se anos de pacientes experimentos para determinar o que acontecia ali – exatamente como as células transformavam fileiras de letras de DNA em instruções de RNA e instruções de RNA em proteínas.

Primeiro, as células "transcrevem" DNA em RNA. Esse processo se assemelha a uma cópia do DNA, em que uma fita de DNA serve como modelo. Assim, a fita de DNA CCGAGT se tornaria a fita de RNA GGCUCA (com o U substituindo o T). Uma vez produzido, esse cordão de RNA deixa os confins do núcleo e eclode em aparatos especiais de formação de proteína chamados ribossomos. Por transportar a mensagem de um lugar a outro, ele é chamado de RNA mensageiro.

A produção da proteína, ou tradução, começa nos ribossomos. Assim que o RNA mensageiro chega, o ribossomo o agarra perto da ponta e expõe apenas três letras da fileira, um códon. No nosso exemplo, seriam expostas GGC. A essa altura, se aproxima um segundo tipo de RNA, chamado RNA transportador. Cada RNA transportador tem duas partes-chave: um aminoácido atrelado atrás (a carga a ser transferida) e um códon do RNA estendendo-se na frente, como um mastro. Vários RNAs transportadores podem tentar aportar com o códon do RNA exposto, mas somente um, com uma base complementar, vai conseguir. Assim, ao códon GGC, somente um RNA transportador com CCG vai se engatar. E quando acontece esse engate, o ribossomo libera sua carga de aminoácido.

A essa altura, o RNA transportador sai de cena, o RNA mensageiro desce três casas e o processo se repete. Uma trinca diferente é exposta, e se aproxima um RNA transportador diferente, com um aminoácido diferente. Isso coloca o aminoácido número dois no lugar. Finalmente, depois de muitas interações, esse processo cria uma fileira de aminoácidos – uma proteína. E como cada códon de RNA faz com que um, e apenas um, aminoácido seja acrescentado, a informação deve ser traduzida perfeitamente do DNA para a proteína do RNA. Esse mesmo processo acontece em todas as coisas vivas na Terra. Ao injetar o mesmo DNA em porquinhos-da-índia, sapos, tulipas, musgo, no centeio ou num congressista dos Estados Unidos, seja o que for, obtemos cadeias de aminoácido idênticas. Não surpreende que, em 1958, Francis Crick tenha promovido o processo DNA → RNA → proteína como o "dogma central" da biologia molecular.[1]

Ainda assim, o dogma de Crick não explica tudo sobre a produção de proteínas. Uma das razões é que com quatro letras de DNA são possíveis 64 diferentes códons ($4 \times 4 \times 4 = 64$). Mas todos esses códons decodificam apenas vinte aminoácidos no nosso corpo. Por quê?

Em 1954, um físico chamado George Gamow fundou o RNA Tie Club, em parte para resolver essa questão. Parece estranho um físico dedicar suas horas vagas à biologia – durante o dia, Gamow estudava radioatividade e teoria do big bang –, porém, outros cientistas atrevidos, como Richard Feynman, também entraram para o clube. O RNA não apenas apresentava um desafio intelectual. Muitos cientistas sentiam-se atraídos pelo papel que haviam desempenhado na criação de bombas nucleares. A impressão era de que a física destruía a vida, enquanto a biologia a restaurava. Ao todo, 24 físicos e biólogos ingressaram no Tie Club – um para cada aminoácido, mais quatro membros honorários, para cada base do DNA. Watson e Crick também entraram (Watson como o sócio "otimista", Crick como o "pessimista"), e todos os membros usavam uma gravata de lã verde feita sob medida, que custava US$ 4, com uma fita de RNA bordada em seda dourada, desenhada por um alfaiate de Los Angeles. A inscrição dizia "Do or die, or don't try" ("Fazer ou morrer, ou nem sequer tentar").

Membros do RNA Tie Club usando gravatas de lã verde com o RNA bordado em seda dourada. Da esquerda para a direita, Francis Crick, Alexander Rich, Leslie E. Orgel e James Watson.

Apesar de todo esse poder intelectual coletivo, de certa forma o clube parecia uma pequena tolice histórica. Cruéis problemas de complexidade costumam atrair os físicos, e alguns felizes membros do clube (inclusive Crick, físico com doutorado) se lançaram ao trabalho com o DNA e o RNA antes que alguém percebesse quanto era simples o processo DNA → RNA → proteína. Eles se concentraram sobretudo em saber como o DNA armazena suas instruções, e por alguma razão logo decidiram que ele devia escondê-las num código complicado – um criptograma biológico. Nada melhor para entusiasmar um clube de rapazes que mensagens codificadas. Gamow, Crick e outros partiram para decifrar a mensagem cifrada como garotos de dez anos. Logo rabiscavam nas mesas, as folhas de papel se empilhavam, a imaginação viajava nos experimentos. Encontraram soluções tão inteligentes que provocariam risos em Will Shortz* – "códigos diamante", "códigos triangulares", "códigos em vírgula", e muitos outros já esquecidos. Códigos dignos da agência de informações NSA, com mensagens reversíveis, mecanismos de correção de erros embutidos, que maximizavam a densidade de armazenamento usando códons sobrepostos. Os garotos do RNA em especial adoravam códigos que usavam anagramas equivalentes (CAG = ACG = GCA etc.). A abordagem tornou-se popular porque, quando eles eliminavam todas as redundâncias combinatórias, o número de códons específicos era exatamente vinte. Em outras palavras, parecia que eles tinham encontrado uma relação entre vinte e 64 – uma razão para que a natureza *tivesse* de usar vinte aminoácidos.

Na verdade, tudo aquilo estava mais para numerologia. Dados bioquímicos concretos logo desanimavam os decifradores de códigos e demonstravam que não havia razões profundas para o DNA decodificar vinte aminoácidos, e não dezenove ou 21. Nem havia qualquer razão profunda (como alguns imaginavam) para que um dado códon correspondesse a determinado aminoácido. O sistema todo era acidental, uma coisa congelada nas células bilhões de anos atrás, agora arraigada demais para ser

* Americano criador de enigmas, atual editor da seção de quebra-cabeças do *New York Times*. (N.T.)

substituída – o teclado QWERTY da biologia.* Ademais, o RNA não usa anagramas bacanas ou algoritmos corretores de erros, nem luta para maximizar espaço de armazenagem. Nosso código, na verdade, se afoga num desperdício de redundâncias: dois, quatro, até seis códons de RNA podem representar o mesmo aminoácido.[2] Alguns biocriptógrafos depois admitiram se sentir envergonhados ao comparar os códigos da natureza aos melhores códigos do Tie Club. A evolução não parecia tão inteligente.

Mas o desapontamento não durou muito. A solução do código DNA/RNA afinal permitiu que os cientistas integrassem dois reinos separados da genética, o "gene como informação" e o "gene como substância química", casando Miescher e Mendel pela primeira vez. De alguma forma, foi melhor que nosso código DNA tenha se mostrado tão malcombinado. Códigos fantasiosos exibem belos aspectos. Contudo, quanto mais fantasioso o código, mais provável que falhe. E, por mais que seja tosco, nosso código faz uma coisa muito bem: mantém a vida com um mínimo de prejuízos causados pelas mutações. Era exatamente com esse tipo de talento que Tsutomu Yamaguchi e muitos outros tinham de contar em agosto de 1945.

Doente e à beira do desfalecimento, Yamaguchi chegou a Nagasaki na manhã de 8 de agosto e entrou cambaleando em casa. (A família já o dava como perdido; ele precisou convencer a mulher de que não era um fantasma mostrando os pés, pois na tradição japonesa fantasmas não têm pés.) Yamaguchi descansou naquele dia, alternando estado de consciência e de inconsciência, mas no dia seguinte obedeceu à ordem de se apresentar aos escritórios da Mitsubishi em Nagasaki.

Chegou lá pouco depois das 11h. Com o rosto e o braço enfaixados, teve de lutar para relatar a magnitude da guerra atômica aos colegas. Mas seu chefe, cético, o repreendeu e descartou a história como fantasiosa. "Você é um engenheiro", vociferou. "Faça os cálculos. Como uma bomba

---

* QWERTY é a ordem das seis primeiras letras na primeira linha dos usuais teclados de máquinas de escrever e computadores. (N.T.)

pode destruir a cidade inteira?" Famosas últimas palavras. Assim que esse Nostradamus acabou de falar, uma luz branca lampejou no recinto. O calor pinicou a pele de Yamaguchi, e ele se atirou ao chão do escritório.

Depois ele diria: "Achei que a nuvem de cogumelo tinha me seguido desde Hiroshima."

Oitenta mil pessoas morreram em Hiroshima, e outras 70 mil em Nagasaki. Das centenas de milhares de vítimas que sobreviveram, as evidências indicam que cerca de 150 foram atingidas perto das duas cidades nos dois dias, e que um punhado foi atingido dentro da zona de explosão, um círculo de intensa radiação de mais ou menos 2,3km de diâmetro. Alguns desses *nijyuu hibakusha*, sobreviventes de dupla exposição, tinham histórias que fariam qualquer pedra chorar. (Um deles escavou sua casa destruída em Hiroshima, conseguiu retirar os ossos calcinados da esposa e guardou-os numa pia, para devolver aos pais dela em Nagasaki. Quando andava pela rua em direção à casa dos sogros, com a pia debaixo do braço, de repente o ar matinal se imobilizou e o céu foi mais uma vez tingido de branco.) Porém, de todos os relatos de duplas vítimas, o governo japonês só reconheceu oficialmente um *nijyuu hibakusha*, Tsutomu Yamaguchi.

Pouco depois da explosão em Nagasaki, Yamaguchi deixou seu trêmulo chefe e os colegas de escritório e subiu em um mirante numa colina próxima. Além de uma mortalha de nuvens sujas, viu sua cidade natal esburacada e em combustão, inclusive sua casa. Uma chuva negra e radioativa começou a cair, e ele cambaleou colina abaixo, temendo o pior. Mas encontrou a esposa, Hisako, e o filho, Katsutoshi, a salvo num abrigo antiaéreo.

Depois que passou a alegria de rever os dois, Yamaguchi começou a se sentir mais doente que antes. Aliás, durante a semana seguinte, ele fez pouco mais que ficar deitado no abrigo e sofrer como Jó. Os cabelos caíram. Bolhas irromperam. Ele vomitava sem parar. O rosto inchou. Perdeu a audição de um ouvido. A pele queimada duas vezes escamou, e a pele embaixo dela era de um vermelho bruxuleante, "como carne de baleia", e ele tinha pontadas de dor. Por pior que se sentissem Yamaguchi e os outros sobreviventes durante aqueles meses, os geneticistas temiam que a agonia de longo prazo fosse igualmente ruim, quando as mutações começassem a surgir.

Àquela altura os cientistas já sabiam da existência de mutações havia meio século, mas foi só o trabalho sobre o processo DNA → RNA → proteína feito pelo Tie Club e outros pesquisadores que revelou exatamente em que consistiam essas mutações. A maioria delas envolve "erros de digitação", a substituição aleatória de uma letra errada durante a replicação do DNA: CAG pode se transformar em CCG, por exemplo. As mutações "silenciosas" não fazem mal algum, por causa da redundância do código do DNA: os códons anteriores e posteriores requisitam o mesmo aminoácido, por isso o efeito geral é como errar na grafia de *conserto* por *concerto*. Mas se CAG e CCG requisitarem aminoácidos diferentes – uma mutação de sentido alterado (ou *missense*) –, o erro pode mudar a forma da proteína e desabilitá-la.

Pior ainda são as mutações "sem sentido". Ao produzir proteínas, as células continuam a traduzir o RNA em aminoácidos até encontrar um dos três códons "de parada" (por exemplo, UGA), que termina o processo. Uma mutação sem sentido transforma acidentalmente um códon normal num desses sinais de parada, que truncam a proteína e em geral a desfiguram. (Mutações podem também desfazer sinais de parada, e a proteína continua em frente.) A grande vilã das mutações, a mutação "*frameshift*", não envolve erros tipográficos. Nesse caso, uma base desaparece, ou uma base extra se espreme em seu lugar. Como as células leem o RNA em grupos consecutivos de três, uma inserção ou rasura prejudica não apenas aquele códon, mas também todos os códons até o fim da linha, provocando uma catástrofe em cascata.

Em geral as células corrigem erros tipográficos imediatamente, mas, se algo der errado (e pode dar), o estrago se fixa de forma permanente no DNA. Todos os seres humanos vivos, hoje, na verdade nasceram com dezenas de mutações não presentes em seus pais, e algumas dessas mutações seriam provavelmente letais se não tivéssemos duas cópias de cada gene, uma para cada genitor, de modo que uma possa corrigir as disfunções da outra. Mesmo assim, todos os organismos vivos continuam acumulando mutações à medida que envelhecem. Criaturas menores, que vivem em altas temperaturas, são especialmente afetadas: o calor gera um movimento vigoroso no plano molecular, e, quanto mais movimento molecular, mais provável que alguma coisa esbarre no cotovelo do DNA durante a cópia. Os mamíferos são relativamente robustos e mantêm uma temperatura corporal constante. Ainda bem, mas somos vítimas de outras mutações. Sempre que dois Ts aparecem juntos numa fileira no DNA, a luz ultravioleta pode fundir os dois num ângulo estranho, o que distorce o DNA. Esses acidentes podem matar ou irritar as células. Virtualmente, todos os animais (e plantas) dispõem de prestativas enzimas para consertar essas distorções T-T, mas os mamíferos as perderam durante a evolução, por isso são vítimas de queimaduras de sol.

Além de mutações espontâneas, agentes externos, chamados mutagênicos, também podem danificar o DNA, e alguns mutagênicos são mais nocivos que a radioatividade. Mais uma vez, os raios gama provocam a formação de radicais livres, que fendem a estrutura de fosfato e açúcar do DNA. Os cientistas agora sabem que se apenas uma fita da dupla-hélice se romper as células podem consertar o estrago com facilidade, em geral no período de uma hora. As células dispõem de tesouras moleculares para amputar DNA lacerado, podendo transmitir enzimas pelo caminho da fita não danificada para acrescentar A, C, G ou T em cada ponto. O processo de reparação é rápido, simples e preciso.

Rupturas nas duas fitas, embora raras, causam problemas mais graves. Muitas rupturas duplas, à primeira vista, parecem membros amputados, como abas esfarrapadas de DNA penduradas dos dois lados. As células têm duas cópias quase gêmeas de todos os cromossomos; se um deles sofrer uma ruptura nas duas fitas, as células podem comparar as fitas rompidas com outros cromossomos (talvez não danificados) e fazer os reparos. Todavia, esse processo é laborioso; se as células sentirem que um dano abrangente precisa de um rápido conserto, o mais comum é que juntem as duas abas onde as poucas bases se alinham (mesmo que as restantes não se alinhem), e logo preenchem as letras que faltam. Adivinhações erradas, nesse caso, levam a uma temível mutação estrutural – e há muitas formas de adivinhar errado. As células que consertam rompimentos de duas fitas têm 3 mil vezes mais probabilidade de fazer as coisas erradas do que quando as células simplesmente copiam o DNA.

O que é ainda pior, a radioatividade pode apagar porções de DNA. Criaturas mais evoluídas precisam empacotar muitos filamentos de DNA em minúsculos núcleos; nos seres humanos, 2m lineares se atulham num espaço menor que 2,5 milésimos de centímetro de largura. Esse grande emaranhamento faz com que o DNA pareça um fio de telefone enrolado, com as fitas se cruzando e dobrando sobre si mesmas muitas vezes. Se os raios gama por acaso romperem o DNA perto de um desses pontos de cruzamento, haverá muitas pontas soltas bem próximas umas das outras. As células não "sabem" como as fitas originais estavam alinhadas (elas não têm memória), e na pressa de consertar a catástrofe às vezes soldam fitas que deviam estar separadas. Isso interrompe e, na verdade, apaga o DNA entre elas.

Mas o que acontece com essas mutações? Células vítimas de danos no DNA podem sentir o problema e preferir se matar a viver em desfunção. Em pequenas doses, esse sacrifício poupa o corpo de problemas; porém, se células demais morrem de uma só vez, sistemas inteiros de órgãos podem parar. Combinados com queimaduras intensas, essas paradas provocaram muitas mortes no Japão, e é provável que algumas das vítimas que não sucumbiram na hora tenham desejado a morte. Sobreviventes se lembram de ver pessoas perdendo unhas inteiras, que caíam dos dedos como uma concha seca. Lembram-se de "bonecos de carvão" em tamanho natural amontoados em becos. Um deles se recorda de um homem cambaleando sobre dois tocos de pernas, segurando um bebê carbonizado de ponta-cabeça. Outro recorda-se de uma mulher sem blusa, cujos seios tinham explodido "como romãs".

Durante seu tormento no abrigo antiaéreo de Nagasaki, Yamaguchi – careca, cheio de bolhas, febril e meio surdo – quase se juntou a essa lista de baixas. Mas a dedicação e os cuidados da família conseguiram fazer com que ele se recuperasse. Alguns ferimentos exigiam cuidados, e ainda iriam exigir por muitos anos. Mas ele trocou a vida de Jó por algo como a vida de Sansão: a maioria das feridas se curou, a força voltou, os cabelos cresceram. E Yamaguchi começou a trabalhar de novo, primeiro na Mitsubishi, depois como professor.

Porém, longe de ter escapado ileso, Yamaguchi agora enfrentava uma ameaça mais insidiosa e lenta, pois mesmo quando a radiação não mata as células de imediato, ela pode levar a mutações que provocam câncer. Essa relação talvez pareça contraintuitiva, já que mutações costumam danificar as células, e as células cancerosas fervilham, crescem e se multiplicam em proporções alarmantes. Na verdade, todas as células saudáveis têm genes que atuam como o diferencial de um motor, reduzindo suas rotações por minuto e verificando o metabolismo. Se por acaso uma mutação desabilitar um desses diferenciais, a célula não se sente tão danificada a ponto de se matar, mas começa a consumir recursos e sufoca as vizinhas – principalmente se outros genes, como os que controlam a frequência com que as células se dividem, também forem atingidos.

Muitos sobreviventes de Hiroshima e Nagasaki absorveram doses de radiação cem vezes mais altas – e num golpe só – que a radiação de fundo normal que uma pessoa absorve durante um ano. Quanto mais perto do epicentro os sobreviventes estavam no momento da explosão, mais supressões e mutações apareceram em seus DNAs. Como é possível prever, células que se dividem mais depressa disseminam seus danos ao DNA de forma mais rápida, e o Japão testemunhou uma imediata elevação dos casos de leucemia, câncer que multiplica os glóbulos brancos do sangue. A epidemia começou a diminuir em uma década, mas outros tipos de câncer ganharam impulso nesse período – de estômago, cólon, ovário, pulmão, bexiga, tireoide, mama.

Se as coisas já estavam ruins para os adultos, os fetos se mostraram ainda mais vulneráveis, porque qualquer mutação ou supressão no útero se multiplica em suas células. Muitos fetos com menos de quatro semanas sofreram abortos espontâneos, e alguns sobreviventes apresentaram diversos defeitos de nascença, inclusive cabeças pequenas e cérebros malformados, surgidos no fim de 1945 e começo de 1946. (O QI mais alto entre os deficientes era de 68.) Além de tudo isso, no fim dos anos 1940, muitos dos 250 mil *hibakusha* no Japão começaram a ter filhos, transmitindo, assim, seus DNAs avariados.

Peritos em radiação não tinham como dar muitos conselhos sobre a sensatez de os *hibakushas* terem filhos. Apesar da alta incidência de câncer de fígado, mama e sangue, nenhum DNA canceroso dos pais seria transmitido para os filhos, pois estes só herdam o DNA do espermatozoide e dos óvulos. Mas este também pode sofrer mutações, claro, e por vezes horríveis. No entanto, ninguém tinha avaliado os danos de radiação nos seres humanos como aqueles ocorridos em Hiroshima. Por isso os cientistas tiveram de trabalhar com hipóteses. O físico iconoclasta Edward Teller, pai da bomba de hidrogênio (e membro do Tie Club do RNA), sugeriu que pequenas pulsações de radiação até beneficiariam a humanidade – pelo que sabemos, as mutações estimulam nossos genomas. Mesmo entre cientistas menos descuidados, nem todos previram as monstruosidades ou os bebês de duas cabeças profetizados por Hermann Muller, no *New York Times*, sobre as futuras gerações de infelizes japoneses, mas a oposição ideológica que assumiu contra Teller e outros deu certas cores a seu comentário. (Em 2011, depois de ler atentamente algumas cartas, agora reveladas, entre Muller e um colega, um toxicólogo acusou os dois de mentir para o governo sobre a ameaça representada por doses baixas de radioatividade no DNA, e depois de manipular dados e pesquisas posteriores para se proteger. Outros historiadores contestam essa interpretação.) Mesmo com as altas doses de radioatividade, Muller acabou recuando em relação às suas funestas previsões. A maior parte das mutações, segundo seu raciocínio, se mostraria recessiva. E a probabilidade de os dois genitores terem o mesmo gene prejudicado era remota. Então, pelo menos entre os filhos dos sobreviventes, os genes saudáveis da mamãe mascarariam os defeitos que estavam à espreita nos do papai, e vice-versa.

Porém, mais uma vez, ninguém sabia nada, e durante décadas uma espada pendeu sobre cada nascimento em Hiroshima e Nagasaki, aumentando toda ansiedade natural de ser pai e mãe. Isso deve ter se aplicado também a Yamaguchi e sua mulher, Hisako. Os dois recuperaram a saúde e, no início dos anos 1950, quiseram ter outro filho, independentemente dos prognósticos de longo prazo. O nascimento da primeira filha, Naoko, de início confirmou o raciocínio de Muller, pois ela não apresentava defeitos ou deformidades visíveis. Outra filha se seguiu, Toshiko, também saudável. Embora gozando de perfeita saúde quando nasceram, as duas filhas de Yamaguchi passaram a adolescência e a idade adulta adoentadas. Elas desconfiavam de que teriam herdado o sistema imunológico geneticamente comprometido do pai, duas vezes exposto à bomba, e da mãe, exposta uma vez.

Ainda assim, de maneira geral, a temida epidemia de câncer e de defeitos de nascença entre filhos de *hibakushas* nunca se materializou no Japão. Na verdade, nenhum estudo em larga escala jamais demonstrou provas significativas de que essas crianças tivessem taxas mais altas de qualquer doença ou de alguma mutação. Naoko e Toshiko podem ter herdado defeitos genéticos, é impossível descartar essa hipótese. Mas na grande maioria dos casos a precipitação radioativa genética não se manifestou na geração seguinte.[3]

Mesmo pessoas diretamente expostas à radiação atômica se mostraram mais resistentes do que os cientistas esperavam. O filho de Yamaguchi, Katsutoshi, sobreviveu por mais de cinquenta anos depois de Nagasaki, antes de morrer de câncer aos 58 anos. Hisako viveu mais ainda, tendo morrido em 2008, de câncer no fígado e no rim, aos 88 anos. A bomba de plutônio de Nagasaki deve ter causado os cânceres, mas, na idade em que eles morreram, é concebível que tivessem contraído a doença de qualquer forma, por motivos não relacionados à explosão. Quanto ao próprio Yamaguchi, apesar da dupla exposição em Hiroshima e Nagasaki, em 1945, ele viveu mais 65 anos, até 2010, e morreu de câncer no estômago aos 93 anos.

Ninguém pode dizer ao certo o que diferenciou Yamaguchi – por que viveu tanto tempo depois de ser exposto duas vezes, enquanto outros morreram com um borrifo de radioatividade. Ele nunca passou por testes genéticos (pelo menos, não testes exaustivos); mesmo que tivesse passado, a ciência médica não saberia o suficiente para discernir algo. Ainda assim, podemos conjeturar um pouco a respeito. Primeiro, as células de Yamaguchi fizeram um grande trabalho de reparação no DNA, tanto nos rompimentos de uma só fita quanto nos mortais rompimentos duplos. É possível até que ele tivesse proteínas de reparo superiores, que funcionaram mais depressa ou com mais eficiência; ou certas combinações de genes reparadores que funcionaram especialmente bem. Podemos também supor que, embora ele mal conseguisse evitar algumas mutações, elas não desabilitaram circuitos-chave em suas células. Talvez as mutações tenham recaído em trechos do DNA que não decodificam proteínas. Ou talvez as mutações tenham sido, em sua maioria, "silenciosas", quando se alteram os códons de DNA, mas não os aminoácidos, por causa da redundância. (Se for isso, o intrincado código DNA/RNA que tanto frustrou o Tie Club na verdade salvou Yamaguchi.) Finalmente, ele evitou até bem tarde qualquer dano grave aos maquinistas genéticos do DNA, que mantêm sob vigilância os potenciais tumores. Um desses fatores, ou todos eles, pode ter poupado Yamaguchi.

Ou talvez – e isso parece igualmente provável – ele não fosse tão especial assim em termos biológicos. Quem sabe muitos outros sobrevivessem o mesmo tempo que ele? Ouso dizer que há uma pequena esperança nisso. Nem as armas mais mortais já utilizadas, que mataram dezenas de milhares de pessoas de uma só vez, que atacaram e embaralharam a essência biológica dos seres, seu DNA, conseguiram aniquilar um país. Nem envenenaram a geração seguinte. Milhares de filhos de sobreviventes da bomba atômica continuam aí até hoje, vivos e saudáveis. Depois de mais de 3 bilhões de anos de exposição aos raios cósmicos e à radiação solar, e aguentando várias formas de dano ao DNA, a natureza tem suas salvaguardas, seus métodos de corrigir e preservar a integridade do DNA. E não só o dogmático DNA, cujas mensagens são transcritas no RNA e traduzidas em proteínas, mas todo o DNA, inclusive o DNA cuja linguística mais sutil e cujos padrões matemáticos os cientistas só agora começam a explorar.[4]

4. A partitura musical do DNA

Que tipo de informação o DNA armazena?

Embora sem intenção, um trocadilho de *Alice no País das Maravilhas*, nos últimos anos, ganhou curiosa ressonância com o DNA. Na vida real, o autor de *Alice*, Lewis Carroll, ensinava matemática na Universidade de Oxford, com o nome de Charles Lutwidge Dodgson. Um famoso trecho de *Alice* (pelo menos famoso entre os *geeks*) mostra a Tartaruga Falsa resmungando sobre "diferentes áreas da aritmética" – ambição, subversão, desembelezação e distração. Mas, pouco antes dessa frase de efeito, a Tartaruga Falsa diz algo peculiar. Alega que, quando estava na escola, não estudava escrita e leitura, mas "giro e contorção". Talvez seja apenas um resmungo, mas a segunda palavra, "contorção", atraiu o interesse de alguns cientistas conhecedores de matemática que estudavam o DNA.

Há décadas os cientistas sabem que o DNA, uma molécula longa e ativa, pode se enroscar num incrível emaranhado. O que não entendiam é por que esses emaranhados não sufocam nossas células. Nos últimos anos, os biólogos, atrás de uma resposta, recorreram a um ramo obscuro da matemática chamado teoria dos nós. Marinheiros e costureiras dominam o aspecto prático dos nós há milhares de anos, e tradições religiosas muito antigas, como a celta e a budista, acham que alguns nós são sagrados. Mas o estudo sistemático dos nós só teve início no fim do século XIX, na Inglaterra vitoriana de Carroll/Dodgson. Naquela época, o polímata William Thomson, Lord Kelvin, propôs que os elementos da tabela periódica eram na verdade nós microscópicos de diferentes formas. Para ser exato, Kelvin definiu esses nós atômicos como laçadas fechadas. (Nós com pontas soltas, mais ou menos como cadarços, formam "emaranhados".) Ele definiu um nó "específico" como um padrão particular de fios passando por cima e por baixo uns dos outros. Dessa forma, se você alterar os contornos de um nó e mudar os fios de baixo para cima, e vice-versa, de modo a fazer com que se pareça com outro, ambos são na realidade o mesmo nó. Kelvin sugeriu que a forma peculiar de cada nó deu origem às propriedades específicas de determinado elemento químico. Físicos atômicos logo provaram a falsidade dessa engenhosa teoria. No entanto, Kelvin inspirou o físico escocês P.G. Tait a elaborar uma tabela de nós "específicos". A partir de então, uma teoria dos nós se desenvolveu de forma independente.

Boa parte do período inicial da teoria dos nós envolvia brincadeiras com barbantes e registro dos resultados. De maneira um tanto pedante, os adeptos da teoria definiram o nó mais trivial – O, ou aquilo que um leigo chamaria de círculo – como *unknot*. Também classificaram outros nós pelo número de passagens por cima e por baixo da linha, e em julho de 2003 já tinham conseguido identificar 6.217.553.258 diferentes tipos de nós, com até 22 passagens por cima/por baixo – cerca de um nó para cada pessoa no mundo. Enquanto isso, outros adeptos da teoria dos nós já tinham ido além dos recenseamentos desenvolvendo formas de transformar um nó em outro. Isso envolvia cortar o fio num cruzamento por cima e por baixo, passar o fio de cima para baixo e atar as duas pontas cortadas – o que às vezes tornava os nós mais complicados, mas em geral os simplificava. Embora tenha sido estudada por matemáticos de respeito, a teoria dos nós sempre foi marcada por uma conotação jocosa. Quase ninguém levou a sério a possibilidade de haver aplicações para essa teoria até os cientistas descobrirem o DNA enodado, em 1976.

Nós e emaranhados se formam no DNA por algumas razões: comprimento, atividade constante e limitação de espaço. Os cientistas fizeram simulações do comportamento do DNA dentro de um núcleo congestionado inserindo um cordão longo e fino numa caixa e agitando-a. As pontas do fio conseguem se enfiar muito bem pelas laçadas, formando nós surpreendentemente complicados, com até onze cruzamentos em poucos segundos. (Você já deve ter notado isso se já guardou fones de ouvido numa sacola e tentou desembaraçar os fios depois.) Esses entrelaçamentos podem ser letais, pois a maquinaria celular que copia e transcreve o DNA necessita de uma pista para seguir; os nós podem provocar descarrilamentos. Infelizmente, o próprio processo de cópia e transcrição do DNA cria nós e emaranhados mortais. Copiar o DNA implica separar as duas fitas, mas duas hélices entrelaçadas não podem simplesmente ser separadas como tranças de cabelo. Mais ainda, quando as células começam a copiar o DNA, as longas e pegajosas fitas penduradas podem se embaraçar. Se os fios não conseguirem se desembaraçar com um bom puxão, as células se suicidam – é algo drástico assim.

Além dos nós em si, o DNA pode enfrentar diversos tipos de predicamentos topológicos. As fitas podem se soldar umas às outras como elos de uma corrente; ficar muito enroscadas, como uma roupa torcida; formar anéis mais tensos que os de uma cascavel. É essa última configuração, os anéis, que nos remete de volta a Lewis Carroll e sua Tartaruga Falsa. Com muita imaginação, os teóricos da teoria dos nós se referem a esses anéis como "contorção" e ao ato de se anelar como "contorcimento", como se as cordas ou o DNA partilhassem essa aflição. Então, será que a Tartaruga Falsa, de acordo com boatos recentes, se referia furtivamente à teoria dos nós com as palavras "giro e contorção"?

Por um lado, Carroll trabalhava em uma prestigiada universidade quando Kelvin e Tait começaram a estudar a teoria dos nós. Seria fácil ter contato com o trabalho dos dois, e esse tipo de jogo matemático teria atraído Carroll. Ademais, ele escreveu outro livro, chamado *Uma história emaranhada,* em que cada seção – que ele chamou de "nó", e não de "capítulo" – consistia em um enigma a ser resolvido. Portanto, decerto ele incorporou temas relacionados aos nós em sua escrita. Contudo, como era um desmancha-prazeres, há boas razões para pensar que a Tartaruga Falsa não sabia nada sobre a teoria dos nós. Carroll lançou *Alice* em 1865, cerca de dois anos antes de Kelvin ter aplicado a teoria dos nós à tabela periódica, ao menos publicamente. Mais ainda: talvez a palavra *contorção* tenha sido usada informalmente na teoria dos nós antes disso, mas só apareceu em termos técnicos nos anos 1970. Então, afinal, a Tartaruga Falsa não foi muito além de subversão, desembelezação e distração.

No entanto, mesmo que o trocadilho tenha sido criado depois de Carroll, não há razão para não continuar curtindo o jogo de palavras.

A Tartaruga Falsa de Lewis Carroll chora ao relembrar seus estudos de "giro e contorção" na escola, queixa que encontra base na atual pesquisa de DNA sobre nós e emaranhados.

Grandes livros continuam grandes quando dizem coisas novas para novas gerações; de qualquer forma, as circunvoluções de um nó são um belo paralelo com os meandros e desenvolvimentos do enredo de Carroll. Além do mais, Carroll se sentiria deliciado ao ver como esse ramo excêntrico da matemática invadiu o mundo e se tornou crucial para a compreensão da nossa biologia.

Diferentes combinações de torções, contorções e nós são a prova de que o DNA pode ser formado por um número quase ilimitado de anéis; o que salva nosso DNA dessa tortura são as proteínas versadas em matemática, chamadas topoisomerases. Cada uma dessas proteínas se apoia em um ou dois teoremas da teoria dos nós para aliviar a tensão no DNA. Algumas topoisomerases desprendem cadeias de DNA. Outros tipos pinçam uma fita de DNA e fazem uma rotação em torno de outra para eliminar torções e contorções. Outras, ainda, seccionam o DNA onde quer que ele se entrecruze, passam a fita de cima por baixo da fita de baixo e as liga outra vez, desfazendo o nó. Inúmeras vezes, todos os anos, diferentes topoisomerases salvam o nosso DNA de uma maldição de Torquemada. Não conseguiríamos sobreviver sem essas aficionadas da matemática. Se a teoria dos nós saltou dos retorcidos átomos de Lord Kelvin para ganhar vida própria, ela agora voltou às suas raízes moleculares de bilhões de anos do DNA.

A TEORIA DOS NÓS não foi a única matemática inesperada a surgir durante as pesquisas sobre o DNA. Cientistas já usaram diagramas de Venn para estudar o DNA, bem como o princípio da incerteza de Heisenberg. A arquitetura do DNA mostra traços do "segmento áureo" entre comprimento e largura, encontrados em edifícios clássicos como o Partenon. Entusiastas da geometria torceram o DNA em superfícies de Moebius e construíram os cinco sólidos de Platão. Biólogos celulares percebem agora que, até para caber dentro do núcleo, o longo e fibroso DNA precisa se dobrar e redobrar num padrão fractal de anéis dentro de anéis dentro de anéis, em que se torna quase impossível determinar em que escala – nano, micro ou milimétrica – o examinamos. Talvez o fato mais inacreditável: em 2011, cientistas japoneses usaram um código semelhante aos do Tie Club para atribuir combinações de A, C, G e T a números e letras, depois inseriram o código para "$E = mc^2$ 1905!" no DNA de bactérias comuns de solo.

O DNA tem ligações muito íntimas com uma ramificação esquisita da matemática chamada lei de Zipf, fenômeno descoberto por um linguista. George Kingsley Zipf tinha origem solidamente alemã – de uma família de cervejeiros – e acabou se tornando professor de alemão na Universidade Harvard. Apesar de seu amor pela língua, Zipf não gostava de possuir livros, e, ao contrário de seus colegas, morava fora de Boston, numa fazenda de 28 hectares, com um vinhedo, porcos e galinhas, onde cortava uma árvore de Natal para a família Zipf todos os meses de dezembro. Mas, por uma questão de temperamento, ele não trabalhava muito na fazenda. Dormia até tarde, pois ficava acordado até a madrugada estudando (em livros da biblioteca) as propriedades estatísticas das linguagens.

Certa vez, um colega definiu Zipf como alguém "que desfolharia rosas só para contar as pétalas"; e se relacionava com a literatura da mesma maneira. Como jovem professor, se metera a decodificar *Ulisses*, de James Joyce; a única coisa que concluiu da leitura foi que o livro continha 29.899 palavras diferentes, num total de 260.430 palavras. Depois disso, ele dissecou *Beowulf*, Homero, textos chineses e a obra do dramaturgo romano Plauto. Foi assim, contando as palavras de cada livro que lia, que ele descobriu a lei de Zipf. A lei diz que a palavra mais comum num idioma aparece cerca de duas vezes mais que a segunda palavra mais comum, mais ou menos três vezes mais que a terceira mais comum e cem vezes mais vezes que a centésima mais comum, e assim por diante. Em inglês, *the* responde por 7% das palavras, *of* por metade disso, e *and* por ⅓, até chegar a obscuridades como *grawlix* ou *boustrophedon*. Essas distribuições se aplicam tanto a sânscrito, etrusco e hieróglifos quanto a hindi, espanhol e russo modernos. (Zipf também observou isso nos preços dos catálogos de encomendas postais da Sears Roebuck.) Mesmo quando alguém inventa uma língua, sempre surge algo como a lei de Zipf.

Depois da morte de Zipf, em 1950, estudiosos encontraram evidências de sua lei numa surpreendente variedade de outros lugares – música (voltarei ao assunto adiante), classificação da população das cidades, distribuição de rendimentos, extinções em massa, magnitude de terremotos, proporções de cores diferentes em pinturas e desenhos etc. Em todos os casos, o item maior ou mais comum em cada categoria era duas vezes maior ou mais comum que o segundo item, três vezes maior ou mais comum que o terceiro, e assim por diante. Como era inevitável, a súbita popularidade da teoria teve seu revertério, sobretudo entre linguistas, que questionaram o que dizia a lei de Zipf, se é que dizia alguma coisa.[1] Ainda assim, muitos cientistas defendem a lei de Zipf por parecer correta – a frequência de palavras não parece aleatória. Em termos empíricos, ela define as linguagens de modo surpreendentemente acurado. Mesmo a "linguagem" do DNA.

À primeira vista não fica claro que o DNA seja algo zipfiano, principalmente para os que falam línguas ocidentais. Ao contrário de muitas linguagens, o DNA não apresenta espaços óbvios para distinguir uma palavra da outra, está mais para aqueles antigos textos sem pausas, interrupções ou pontuação de qualquer tipo, apenas inexoráveis fileiras de letras. Você poderia pensar que os códons de A-C-G-T que codificam os aminoácidos funcionam como "palavras", mas suas frequências individuais não parecem zipfianas. Para encontrar a lei de Zipf, os cientistas tiveram de procurar grupos de códons, e alguns deles se revelaram uma inesperada fonte de ajuda: os mecanismos de busca chineses. O idioma chinês cria palavras compostas ligando símbolos adjacentes. Assim, se um texto chinês diz ABCD, os mecanismos de busca examinam uma "janela deslizante" para encontrar pedaços significativos, primeiro AB, BC e CD, depois ABC e BCD. O uso de uma janela deslizante também se mostrou boa estratégia para encontrar pedaços significativos de DNA. Acabou se revelando que, até certo ponto, o DNA é bem zipfiano, como uma língua em grupos de mais ou menos doze bases. Em geral, então, a unidade mais significativa do DNA pode não ser um códon, mas quatro códons que operam juntos – um tema dodecaédrico.

A *expressão* do DNA, sua tradução em proteínas, também obedece à lei de Zipf. Assim como nas palavras comuns, alguns genes em cada célula são expressos diversas vezes, enquanto a maioria dos genes mal chega à conversão. Ao longo de muitos e muitos milênios, as células aprenderam a contar cada vez mais com essas proteínas comuns; e as mais comuns entre elas costumam aparecer com frequência duas, três e quatro vezes maior que as segundas proteínas mais comuns. Deve-se dizer que muitos cientistas estrilam e dizem que esses números zipfianos não significam nada; mas outros alegam que chegou o momento de reconhecer que o DNA não é apenas análogo, ele realmente funciona como uma linguagem.

E não só como linguagem: o DNA apresenta também propriedades zipfianas musicais. Numa peça musical em certo tom, como dó maior, certas notas aparecem com mais frequência que outras. Aliás, Zipf chegou a investigar a prevalência de notas em Mozart, Chopin, Irving Berlin e Jerome Kern – e, vejam só, ele identificou uma distribuição zipfiana. Depois, pesquisadores confirmaram essa descoberta em outros gêneros, de Rossini aos Ramones, e também perceberam distribuições zipfianas no timbre, no volume e na duração das notas.

Então, se o DNA também mostra tendências zipfianas, será que o DNA pode ser organizado numa espécie de partitura musical? Na verdade, músicos chegaram a traduzir a sequência A-C-G-T da serotonina, substância química presente no cérebro, em cançonetas, atribuindo as quatro letras do DNA às notas A, C, G e, bem, E.* Outros músicos criaram melodias de DNA atribuindo notas harmônicas aos aminoácidos que aparecem com mais frequência, e descobriram que isso produz sons mais complexos e eufônicos. Esse segundo método reforça a ideia de que, assim como a música, o DNA é só parcialmente uma sequência estrita de "notas". Ele também é definido por temas e motivos, pela forma como ocorrem certas sequências e como funcionam juntas. Um biólogo chegou a argumentar que a música é o meio natural para estudar como as partes genéticas se combinam, já que os seres humanos têm ouvido sensível à maneira como as frases "se agrupam" na música.

Algo ainda mais interessante aconteceu quando dois cientistas inverteram o processo e, em vez de transformar DNA em música, traduziram as notas de um noturno de Chopin em DNA. Eles descobriram uma sequência "surpreendentemente semelhante" à parte do gene da RNA polimerase. Essa polimerase, uma proteína universal presente em todas as formas de vida, é o que forma o RNA a partir do DNA. Quer dizer, se você olhar de perto, verá que o noturno na verdade decodifica um ciclo de vida inteiro. Considere o seguinte: a polimerase usa o DNA para formar RNA. Por sua

* Lá, dó, sol e mi, de acordo com a representação por cifras. O E substitui o T porque este não representa nenhuma nota musical. (N.T.)

vez, o RNA produz complicadas proteínas. Essas proteínas, por sua vez, formam células, que formam pessoas, como Chopin, que, por sua vez, compôs músicas harmoniosas – que completaram o ciclo decodificando o DNA para formar polimerase. (A musicologia reproduz a ontologia.)

Então a descoberta estava furada? Não inteiramente. Alguns cientistas argumentam que, quando apareceram pela primeira vez no DNA, os genes não surgiram de forma aleatória, juntamente com um velho trecho de cromossomos. Eles começaram como frases repetitivas, uma ou duas dezenas de bases de DNA duplicadas muitas vezes. Esses trechos funcionam como um tema musical básico, que um compositor burila e afina (isto é, provoca mutações) para criar variações agradáveis do original. Nesse sentido, portanto, os genes tinham melodias embutidas desde o início.

Há muito tempo os seres humanos vêm desejando relacionar a música a temas mais amplos e mais profundos da natureza. Os astrônomos mais notáveis, desde a Grécia antiga até Kepler, acreditavam que, ao percorrer seu trajeto pelo céu, os planetas criavam uma linda e comovente *musica universalis*, um hino em louvor à Criação. O que acontece é que a música universal existe mesmo, e mais perto do que jamais imaginamos – no nosso DNA.

Genética e linguística têm ligações mais profundas, que vão além da lei de Zipf. O próprio Mendel, já mais velho e mais gordo, andou xeretando a linguística, inclusive numa tentativa de derivar uma lei matemática exata de como os sufixos de sobrenomes alemães (como *mann* e *bauer*) hibridizavam com outros nomes e se reproduziam a cada geração. (Soa familiar.) E, que diabos, hoje os geneticistas nem conseguem falar sobre seu trabalho sem usar os termos que extraíram do estudo das línguas. O DNA tem sinônimos, traduções, pontuação, prefixos e sufixos. Mutações *missense* (a substituição de aminoácidos) e mutações sem sentido (interferência com códons de parada) são basicamente erros tipográficos, enquanto mutações *frameshift* (pisar na bola na preparação dos códons) são erros de composição tipográfica da velha guarda. A genética tem até gramática e sintaxe – regras de combinação de "palavras" de aminoácidos e cláusulas em "sentenças" de proteínas que as células podem ler.

De forma mais específica, a gramática e a sintaxe genéticas delineiam as regras de como uma célula deve dobrar uma cadeia de aminoácidos para formar uma proteína funcional. (As proteínas precisam ser dobradas em formas compactas para funcionar, e em geral não operam se a forma estiver errada.) A dobradura sintática e gramatical é algo importantíssimo para se comunicar na linguagem do DNA. Contudo, a comunicação exige mais que sintaxe e gramática adequadas; uma sentença de proteína precisa *significar* alguma coisa para uma célula também. E, estranhamente, as sentenças de proteína podem ser sintática e gramaticalmente perfeitas, mas sem significado biológico. Para entender o que isso quer dizer, ajuda refletir sobre algo que o linguista Noam Chomsky disse certa vez. Ele estava tentando demonstrar a independência entre sintaxe e significado no discurso humano. Seu exemplo foi "Ideias verdes sem cor dormem furiosamente". Independentemente do que se achar de Chomsky, essa sentença é uma das coisas mais notáveis já proferidas. Não tem um sentido literal. Mas como contém palavras reais, e sua sintaxe e gramática estão corretas, conseguimos mais ou menos seguir em frente. Ela não é totalmente desprovida de significado.

Da mesma maneira, as mutações do DNA podem introduzir palavras ou frases de aminoácidos aleatórias, e as células automaticamente dobram a cadeia resultante de maneira perfeitamente sintática, baseadas na física e na química. Mas qualquer mudança de palavra pode alterar toda a forma e o significado da sentença; se o resultado continua a fazer sentido, isso vai depender das circunstâncias. Às vezes a nova sentença da proteína contém um simples ajuste, uma pequena licença poética que a célula consegue analisar gramaticalmente com algum trabalho. Às vezes uma mudança (como uma mutação *frameshift*) pode deturpar uma sentença até que ela pareça imprecações de personagens de quadrinhos – os #$%^&@! A célula sofre e morre. Mas, com certa frequência, ela lê a sentença da proteína cheia de *missense* e sem sentido... Porém, depois de refletir, de algum modo consegue entender o sentido. Podem surgir, inesperadamente, coisas maravilhosas, como "*mimsy borogoves*" de Lewis Carroll ou "*runcible spoon*" de Edward Lear.* Trata-se de uma rara mutação benéfica, e é nesses momentos de sorte que a evolução avança um pouco mais.[2]

Graças aos paralelos entre DNA e linguagem, os cientistas podem até analisar literalmente textos e "textos" genômicos com as mesmas ferramentas. Estas parecem promissoras em especial para analisar textos contestados, cuja autoria ou origem biológica permanece duvidosa. Em controvérsias literárias, os peritos costumavam comparar uma peça a outras de conhecida proveniência e julgavam se o tom ou o estilo eram similares. Os estudiosos às vezes também catalogam e contam quais palavras são utilizadas em um texto. Nenhuma dessas abordagens é totalmente satisfatória – a primeira é subjetiva demais, a segunda, estéril. Em se tratando do DNA, comparar genomas contestados em geral envolve comparar algumas dezenas de genes-chave em busca de pequenas diferenças. Mas essa técnica não funciona com espécies muito distintas, porque as diferenças são grandes demais, e não fica claro quais delas são importantes. Ao se concentrar exclusivamente nos genes, essa técnica também ignora os trechos de DNA regulador que não estão nos genes.

Para contornar esses problemas, em 2009, cientistas da Universidade da Califórnia, Berkeley, inventaram um aplicativo que, mais uma vez, desliza "janelas" ao longo da fileira de letras de um texto em busca de padrões e semelhanças. Num dos testes, os cientistas analisaram os genomas de mamíferos e os textos de dezenas de livros como *Peter Pan*, o Livro dos Mórmons e *República* de Platão. E descobriram que o mesmo aplicativo, numa única tentativa, poderia classificar o DNA em diferentes gêneros de mamíferos, e, em outra tentativa, classificar livros em diferentes gêneros de literatura, tudo com perfeita acuidade. Numa análise de textos contestados, os cientistas abordaram o mundo controverso dos estudiosos de Shakespeare, e o aplicativo concluiu que o Bardo escreveu *The Two Noble Kinsmen* – peça que se equilibra nos limites de aceitação de sua autoria –,

* No caso de Carroll, "mimsicais as pintalouvas", na tradução de Augusto de Campos; já a palavra criada por Edward Lear jamais foi traduzida nem explicada em inglês. (N.T.)

mas que não produziu *Péricles*, outro trabalho duvidoso. Em seguida a equipe de Berkeley estudou os genomas de vírus e de arqueobactérias, as formas de vida mais antigas e (para nós) as mais alienígenas. A análise revelou novas ligações entre estes e outros micróbios, e apresentou novas sugestões para classificá-los. Em decorrência da grande quantidade de dados envolvida, a análise de genomas pode se tornar intensiva; o escaneamento de vírus e arqueobactérias monopolizou 320 computadores durante um ano. Mas a análise do genoma permite aos cientistas ir além das simples comparações ponto a ponto de alguns genes e ler a história natural inteira de uma espécie.

A LEITURA DE UMA HISTÓRIA genômica completa requer mais destreza que a de outros textos. O DNA exige uma leitura da esquerda para a direita e da direita para a esquerda – leitura bustrofedônica. Sem isso, os cientistas perderiam os palíndromos e anagramas, que são lidos de trás para a frente e de frente para trás.

Um dos mais antigos palíndromos conhecidos é um incrível quadrado com leituras horizontais e verticais, gravado nas muralhas de Pompeia e em outros lugares:

S-A-T-O-R
A-R-E-P-O
T-E-N-E-T
O-P-E-R-A
R-O-T-A-S

Com dois milênios de idade, contudo, *sator ... rotas*[3] segue ordens de magnitude da era dos verdadeiros palíndromos ancestrais no DNA. O DNA já chegou a inventar dois tipos de palíndromo. Há o tradicional, do tipo "Roma me tem amor" – GATTACATTAG. Mas, por conta dos pares de base A-T e C-G, o DNA apresenta outro tipo, mais sutil, que se lê para adiante numa fita e para trás em outra. Vamos considerar a fita CTAGC-

TAG, depois imaginar quais bases aparecem na outra fita, GATCGATC. São palíndromos perfeitos.

Por mais inofensivo que possa parecer, esse segundo tipo de palíndromo provocaria um frisson de medo em qualquer micróbio. Muito tempo atrás, inúmeros micróbios desenvolveram proteínas especiais (chamadas "enzimas de restrição") que podem cortar o DNA como alicates de arame. Por alguma razão, essas enzimas só podem cortar o DNA em trechos altamente simétricos, como palíndromos. Cortar o DNA tem alguns propósitos úteis, como eliminar bases danificadas por radiação ou aliviar tensões no DNA enodado. Mas os micróbios malvados costumam utilizar essas proteínas para estabelecer rixas entre Montecchio e Capuleto e dilacerar o material genético do outro. Em consequência, os micróbios aprenderam a duras penas a evitar até os mais modestos palíndromos.

Isso não quer dizer que criaturas superiores como nós tenhamos muita tolerância a palíndromos. Mais uma vez, vamos considerar CTAGCTAG e GATCGATC. Note que a metade inicial dos dois segmentos do palíndromo pode formar pares de base com a segunda metade: a primeira letra com a última (C...G), a segunda com a penúltima (T...A), e assim por diante. Mas, para essas ligações internas se formarem, a fita de DNA de um lado teria de se desatar do outro e se curvar para cima, produzindo uma saliência. Essa estrutura, chamada "grampo de cabelo", pode se formar ao longo de qualquer palíndromo do DNA de comprimento razoável, pela simetria que lhe é inerente. Como é de se esperar, os grampos podem destruir o DNA e, pela mesma razão, os nós – descarrilando a maquinaria celular.

Palíndromos podem surgir no DNA de duas maneiras. Os palíndromos mais curtos do DNA, que provocam grampos de cabelo, aparecem aleatoriamente quando As, Cs, Gs e Ts por acaso se organizam de forma simétrica. Palíndromos mais longos também sujam nossos cromossomos, e muitos deles – principalmente os que provocam devastação no atarracado cromossomo Y – devem ter surgido por um processo específico em dois estágios. Por diversas razões, os cromossomos às vezes por acaso duplicam pedaços de DNA e depois colam a segunda cópia em algum lugar na sequência. Eles também podem (às vezes depois de rupturas de dupla fita) rebater um pedaço de DNA em 180 graus e colá-lo ao contrário. Uma após a outra, uma duplicação e uma inversão criam um palíndromo.

A maioria dos cromossomos, contudo, desestimula longos palíndromos, ou pelo menos desestimula as inversões que os criam. Inversões podem romper ou desabilitar genes, deixando o cromossomo sem efeito. As inversões também podem reduzir as chances de o cromossomo se recombinar – uma grande perda. A recombinação (quando cromossomos gêmeos cruzam filamentos e fazem uma troca de segmentos) permite que os cromossomos troquem genes e adquiram versões melhores, ou versões que funcionam melhor juntas e tornam o cromossomo mais apto. Igualmente importante, os cromossomos tiram vantagem da recombinação para realizar verificações de controle de qualidade: podem se alinhar lado a lado, medir um ao outro dos pés à cabeça e reescrever genes alterados com genes não alterados. Mas um cromossomo só se recombina com um parceiro semelhante. Se o parceiro for muito diferente, ele tem medo de adquirir um DNA maligno e se recusa a fazer trocas. Inversões parecem altamente suspeitas; nessas circunstâncias, cromossomos com palíndromos são evitados.

O cromossomo Y já se mostrou intolerante aos palíndromos. Lá atrás, antes de os mamíferos se separarem dos répteis, os cromossomos X e Y eram gêmeos que se recombinavam com frequência, Depois, 300 milhões de anos atrás, um gene de Y se transformou numa chave geral que dispara o desenvolvimento de testículos. (Antes disso, o sexo provavelmente era determinado pela temperatura com que a mãe incubava os ovos, o mesmo sistema não genético que determina o sexo de tartarugas e crocodilos.) Graças a essa mudança, o Y se tornou o cromossomo "masculino" e, por vários processos, acumulou outros genes varonis, sobretudo a produção de espermatozoides. Em consequência, X e Y começam a se tornar dissimilares e a evitar a recombinação. Y não queria arriscar que seus genes fossem sobrescritos pelo rabugento X, enquanto X não queria adquirir os genes idiotas de Y, que poderiam prejudicar as fêmeas XX.

Quando o ritmo da recombinação diminuiu, Y ficou mais tolerante às inversões grandes e pequenas. Na verdade, ele passou por grandes inversões em sua história, por grandes sacudidelas de DNA. Cada uma delas criou muitos palíndromos bacanas – um deles chega a 3 milhões de letras –, mas tornava a recombinação com X progressivamente mais difícil. Isso não seria um grande negócio; contudo, outra vez, a recombinação permite que os cromossomos sobrescrevam mutações malignas. Os cromossomos X podiam continuar fazendo isso em fêmeas XX, mas quando Y perdeu seu parceiro, as mutações malignas começaram a se acumular. Toda vez que surgia uma delas, as células não tinham escolha a não ser amputar o Y e excisar o DNA alterado. Os resultados não eram bonitos. Assim que se tornou um cromossomo grande, Y perdeu quase duas dúzias de seus 1.400 genes originais. Nesse ritmo, os biólogos chegaram a supor que Y estava liquidado. Parecia destinado a continuar catando mutações disfuncionais e a ficar cada vez mais curto, até a evolução acabar de vez com ele – e talvez acabar com os machos também.

Os palíndromos, porém, parecem ter perdoado Y. Os grampos na fita de DNA são ruins, porém, se Y *se dobrar* num grampo gigante, pode entrar em contato com dois de seus palíndromos – que são os mesmos genes, um correndo para a frente, outro para trás. Isso permite que Y verifique as mutações e as sobrescreva. É como escrever "A man, a plan, a cat, a ham, a yak, a yam, a hat, a canal:* Panamá!" num pedaço de papel, dobrar a folha e corrigir qualquer discrepância, letra por letra – algo que acontece seiscentas vezes em cada macho recém-nascido. Essa dobradura permite também que o Y compense sua falta de um cromossomo sexual parceiro e "recombine" consigo mesmo, trocando genes em algum ponto, ao longo de sua extensão, por genes de outro.

Esse reparo com base em palíndromo é engenhoso. Aliás, muito inteligente, mas capenga. O sistema que Y usa para comparar palíndromos infelizmente não "sabe" qual palíndromo mudou e qual não mudou; só sabe que existe uma diferença. Por isso, com certa frequência, Y sobrescreve um gene bom com um ruim. Essa recombinação consigo mesmo, acidentalmente, tende a – opa! – apagar o DNA entre os palíndromos. Tais

* Em português: "um homem, um plano, um gato, um presunto, um iaque, um inhame, um chapéu, um canal". (N.T.)

enganos raramente matam um homem, mas podem tornar o espermatozoide impotente. Em termos gerais, o cromossomo Y desapareceria se não conseguisse corrigir mutações como essa; mas o próprio fator que permite que ele faça isso, seus palíndromos, pode emasculá-lo.

Tanto as propriedades linguísticas quanto as matemáticas do DNA contribuem para seu propósito final: a administração de dados. As células armazenam, reúnem e transmitem mensagens através do DNA e do RNA, e os cientistas falam rotineiramente de ácidos nucleicos que decodificam e processam informação, como se a genética fosse um ramo da criptografia ou da ciência de computação.

Na verdade, a criptografia moderna tem algumas raízes na genética. Depois de estudar na Universidade Cornell, um jovem geneticista chamado William Friedman entrou, em 1915, para um excêntrico grupo de estudos de ciência na zona rural de Illinois. (O local ostentava um moinho holandês, um urso chamado Hamlet como mascote e um farol, apesar de estar a mais de 1.000km da costa.) Como primeiro trabalho, o chefe de Friedman pediu que estudasse os efeitos da luz da Lua sobre os genes. Mas a formação estatística de Friedman logo o atraiu para outro projeto lunático de seu chefe:[4] provar que Francis Bacon não só havia escrito as peças de Shakespeare, como também deixara pistas no Primeiro Fólio que trombeteavam sua autoria. (As pistas envolviam a mudança nas formas de certas letras.) Embora entusiasmado – ele adorava decifrar códigos desde que lera "O escaravelho de ouro", de Edgar Allan Poe, quando criança –, Friedman determinou que as supostas referências a Bacon eram conversa fiada. Alguém poderia usar os mesmos esquemas decodificadores, segundo ele, para "provar" que Teddy Roosevelt escreveu *Júlio César*. Mesmo assim, ele tinha pressentido a genética como uma forma de decifração de códigos biológicos, e depois de se entusiasmar com a quebra de códigos, arranjou um emprego como criptógrafo no governo dos Estados Unidos. Baseado nos conhecimentos estatísticos adquiridos na genética, logo desvendou os telegramas secretos que produziram o escândalo de suborno do Teapot Dome,* em 1923. No início dos anos 1940, ele começou a decifrar códigos diplomáticos japoneses, inclusive uma dúzia de cabogramas infames, interceptados no dia 6 de dezembro de 1941, do Japão para sua embaixada em Washington, delineando uma iminente ameaça.

Friedman abandonou a genética porque, nas primeiras décadas do século XX (pelo menos nas fazendas), a genética envolvia ficar sentado e esperar os estúpidos animais procriarem, sendo mais criação de animais que análise de dados. Tivesse nascido uma ou duas gerações depois, ele teria uma visão diferente das coisas. Nos anos 1950, os biólogos referiam-se regularmente aos pares de base A-C-G-T como "pedaços" biológicos e à genética como "código" a ser decifrado. A genética se *transformou* em análise de dados e continuou a se desenvolver ao longo dessa linha, em parte graças ao trabalho de um jovem contemporâneo de Friedman, um engenheiro cujo trabalho abrangia a criptografia e a genética, Claude Shannon.

É comum cientistas citarem a tese de Shannon no Instituto de Tecnologia de Massachusetts (MIT), escrita em 1937, quando ele tinha 21 anos, como a dissertação de mestrado mais importante de todos os tempos. Nela, Shannon delineava um método para combinar circuitos eletrônicos e lógica elementar, a fim de realizar operações matemáticas. Como resultado, ele podia agora projetar circuitos para fazer cálculos complexos – a base de todos os circuitos digitais. Uma década depois, Shannon produziu um trabalho sobre o uso de circuitos digitais para decodificar mensagens e transmiti-las com mais eficácia. Não chega a ser uma hipérbole afirmar que essas duas descobertas criaram as comunicações digitais modernas a partir do zero.

Enquanto fazia essas descobertas seminais, Shannon se dedicava a outros interesses pessoais. No escritório, ele adorava fazer malabarismos, andar de monociclo e fazer malabarismos andando de monociclo pelo corredor. Em casa, não parava de mexer com ferro-velho no porão; suas

---

* Em 1929, o secretário do Interior do presidente Warren G. Harding, Albert Fall, foi subornado por empresas petrolíferas, produzindo o que ficou conhecido como escândalo do Teapot Dome. (N.T.)

invenções incluem frisbee a jato, pula-pula motorizado, máquinas para resolver o Cubo de Rubik, um camundongo mecânico (batizado de Teseu) para resolver labirintos, um programa (chamado Throbac) para fazer cálculos com números romanos e um "computador portátil", do tamanho de um maço de cigarros, para trapacear em roletas de cassinos.[5]

Shannon também abordou a genética em sua tese de doutorado, em 1940. Na época, biólogos confirmavam a relação entre genes e seleção natural, mas o peso das estatísticas envolvidas nisso amedrontou muita gente. Embora tenha admitido depois que não sabia nada de genética, Shannon empenhou-se, tentando fazer pela genética o que já fizera pelos circuitos eletrônicos: reduzir as complexidades a uma álgebra simples, de forma que, a partir de qualquer dado (genes numa população), qualquer um calculasse rapidamente o resultado (quais genes prosperariam ou desapareceriam). Shannon passou somente alguns meses escrevendo sua tese, e, depois de concluir o doutorado, se deixou seduzir pela eletrônica, nunca mais voltando à genética. Nem era preciso. Seu novo trabalho tornou-se a base da teoria da informação, campo com tantas aplicações que seguiu seu percurso para a genética independentemente de seu criador.

Com a teoria da informação, Shannon determinou como transmitir mensagens com um mínimo de erros possível – meta que os biólogos desde então perceberam ser equivalente a desenhar o melhor código genético para minimizar erros numa célula. Os biólogos adotaram também o trabalho de Shannon sobre eficiência e redundância nas linguagens. No inglês, segundo os cálculos de Shannon, a redundância era de pelo menos 50%. (Um romance policial que analisou, de Raymond Chandler, chegou a 75%.) Os biólogos estudaram também o conceito de eficiência porque, pela seleção natural, criaturas eficientes deveriam ser mais aptas. Quanto menos redundância no DNA, pensavam eles, mais informação as células armazenariam, e mais depressa poderiam processá-la, o que era uma grande vantagem. Mas, como o Tie Club já sabia, o DNA está muito abaixo do ideal nesse quesito. Mais de seis códons A-C-G-T decodificam apenas um aminoácido, redundância totalmente supérflua. Se economizassem e usassem menos códons por aminoácido, as células incorporariam mais que somente o canônico número de vinte, o que abriria novas perspectivas para a evolução molecular. Na verdade, os cientistas já demonstraram que, se estimuladas, células num laboratório podem usar cinquenta aminoácidos.

No entanto, se a redundância implica custos, ela tem também seus benefícios, segundo Shannon. Um pouco de redundância na linguagem garante que sigamos uma conversa mesmo que algumas sílabas ou palavras se confundam. Mria ds psoas csge entdr sta msgem d ltrs. Em outras palavras, se, por um lado, o excesso de redundância é perda de tempo e energia, um pouco de redundância é garantia contra erros. Aplicada ao DNA, podemos ver agora a razão da redundância: ela reduz a probabilidade de introdução de um aminoácido errado. Além do mais, os biólogos calcularam que, embora uma mutação substituísse um aminoácido errado, a mãe natureza dera um jeito nas coisas para que, depois de qualquer mudança, as probabilidades fossem de que o novo aminoácido tivesse características químicas e físicas que se desdobrariam da maneira adequada. Trata-se de um aminoácido sinônimo, por isso as células ainda continuaram a entender o significado da sentença.

(A redundância pode ter utilidade fora dos genes também. O DNA não codificado – os longos trechos de DNA entre os genes – contém algumas fileiras tediosamente redundantes de letras, locais onde parece que alguém apertou várias teclas de uma vez no teclado da natureza. Embora esse e outros trechos pareçam apenas lixo, os cientistas não sabem se são realmente descartáveis. Como conjeturou um cientista: "Será o genoma como um romance medíocre, de que se podem remover cem páginas sem fazer diferença; ou será como um romance de Hemingway, do qual se removermos uma página a história se perde?" Porém, estudos aplicados nos teoremas de Shannon sobre o DNA-lixo descobriram que sua redundância se assemelha mais à da linguagem – e isso pode significar que o DNA não codificado ainda tem propriedades linguísticas não descobertas.)

Tudo isso teria empolgado Shannon e Friedman. Contudo, o ângulo mais fascinante talvez seja que, além de seus aspectos inteligentes, o DNA nos levou às nossas mais poderosas ferramentas de processamento de informação. Nos anos 1920, o influente matemático David Hilbert tentava determinar se havia algum processo mecânico de quebra-galho (um algoritmo) para resolver teoremas automaticamente, quase sem pensar. Hilbert imaginou que os seres humanos usariam lápis e papel nesse processo. Mas, em 1936, o matemático (e aficionado da teoria dos nós) Alan Turing elaborou uma máquina para fazer o serviço. A máquina de Turing parecia simples – uma longa fita de gravação com um dispositivo para movê-la e marcá-la –, mas, em princípio, podia processar a resposta de qualquer problema solúvel, não importa quão complexo fosse, reduzindo-o a pequenos passos lógicos. A máquina de Turing inspirou muitos pensadores, entre eles Shannon. Engenheiros logo construíram modelos funcionais – o que chamamos de computadores – com longas fitas magnéticas e cabeças de gravação, bem parecidos com o que Turing havia imaginado.

Mas os biólogos sabem que as máquinas de Turing são muito semelhantes à maquinaria usada pelas células para copiar, marcar e ler longas fitas de DNA e RNA. Essas biomáquinas de Turing funcionam em todas as células vivas, resolvendo qualquer tipo de problema intricado, a cada segundo. Aliás, o DNA tem uma vantagem sobre as máquinas de Turing: os componentes do computador ainda precisam de aplicativos para funcionar; o DNA age como componente e como aplicativo, armazenando informação e executando comandos. Contém inclusive instruções para se aperfeiçoar.

E não só isso. Se o DNA só pudesse realizar as coisas que vimos até agora – fazer cópias perfeitas de si mesmo muitas e muitas vezes, gerar RNA e proteínas, suportar a irradiação de bombas nucleares, decodificar palavras e frases, e até assobiar algumas melodias – já seria uma molécula fantástica, uma das mais incríveis. No entanto, o que destaca o DNA é sua capacidade de produzir coisas bilhões de vezes maiores que ele mesmo – e colocá-las em movimento pelo planeta. O DNA guardou inclusive diários de bordo de tudo que sua criação já viu ou fez desde o início dos tempos. Agora, afinal, depois de dominar os elementos básicos do trabalho do DNA, algumas criaturas de sorte podem ler essas histórias para si mesmas.

PARTE II

Nosso passado animal

Criando coisas que rastejam, brincam e matam

5. A defesa do DNA

Por que a vida evoluiu tão devagar e depois explodiu em complexidade?

Logo depois de ler o texto, a irmã Miriam Michael Stimson deve ter percebido que uma década de esforços, o trabalho de sua vida, havia desmoronado. Durante os anos 1940, essa freira dominicana – que sempre usava o hábito preto e branco completo (inclusive a touca e o véu) – trilhou uma produtiva e promissora carreira de pesquisa. Em pequenas escolas religiosas de Michigan e Ohio, fez experimentos com hormônios curativos e até ajudou a criar um notável creme para hemorroidas (Preparação H), antes de encontrar sua vocação para o estudo das formas de base do DNA.

Irmã Miriam progrediu rapidamente nesse estudo, publicando provas de que as bases do DNA eram mutáveis – mudavam de forma – e pareciam bem diferentes de um momento para outro. A ideia era simples e acolhedora, mas acarretava profundas consequências para a maneira como o DNA funcionava. Em 1951, contudo, dois cientistas rivais ofuscaram essa teoria com um único trabalho, descartando a pesquisa da freira como algo "desimportante" e malconduzido. Foi um momento constrangedor. Como mulher cientista, irmã Miriam suportava um enorme fardo; era comum ouvir discursos paternalistas proferidos por colegas do sexo masculino, até de pessoas de sua especialidade. Com aquela contestação pública, sua reputação, adquirida a duras penas, se fragilizava tão rápida e completamente quanto duas fitas de DNA.

Não teria servido muito de consolo perceber, ao longo dos anos seguintes, que a refutação de seu trabalho, na verdade, era um passo necessário na mais importante descoberta biológica do século, a dupla-hélice de Watson e Crick. James Watson e Francis Crick eram biólogos atípicos para a época, pois costumavam apenas sumarizar estudos alheios, raramente se dando ao trabalho de realizar experimentos. (Até o superteórico Darwin acabou adotando uma bancada experimental e se aperfeiçoando como perito em percevejos, inclusive no sexo desses animais.) Algumas vezes, o hábito de "tomar emprestado" colocava Watson e Crick em maus lençóis, em especial com relação a Rosalind Franklin, responsável por tirar a importantíssima chapa de raios X que pôs em evidência a dupla-hélice. Mas eles se basearam no trabalho fundamental de dezenas de outros cientistas menos conhecidos, entre eles a irmã Miriam. É preciso admitir que o trabalho dela não figurava entre os mais destacados da área. Na verdade, seus equívocos perpetuaram boa parte da confusão inicial sobre o DNA. Mas, a exemplo de Thomas Hunt Morgan, vale a pena seguir seus passos para ver como alguém como ela enfrentava os próprios erros. Ao contrário de muitos cientistas derrotados, irmã Miriam teve a humildade, ou a energia, de reunir forças para voltar ao laboratório e afinal dar sua contribuição para a história da dupla-hélice.

Os biólogos de meados do século XX debatiam-se com o mesmo problema básico – qual a aparência do DNA? –, de várias maneiras, desde a época de Friedrich Miescher, quando foi descoberta a anômala mistura de açúcares, fosfatos e bases aneladas. O mais embaraçoso de tudo é que ninguém conseguia entender como as longas fitas de DNA se entrosavam tão bem. Hoje sabemos que elas se entrosam automaticamente porque A se encaixa em T, e C em G, mas ninguém desconfiava disso em 1950. Todo mundo imaginava que o pareamento das letras era aleatório. Por isso, os cientistas tiveram de acomodar todas as desajeitadas combinações de letras dentro de seus modelos de DNA: as volumosas A e G precisavam se encaixar algumas vezes, assim como as esguias C e T. Os pesquisadores logo perceberam que, por mais que fossem rotados ou juntados, esses pares de bases mal-encaixados produziam reentrâncias e calombos, e não o aspecto elegante que esperavam do DNA. A certa altura, Watson e Crick mandaram ao inferno esse jogo de Tetris biomolecular e passaram meses fuxicando um modelo de DNA ao avesso (e de fita tripla[1]), com as bases viradas para fora, só para que elas não ficassem no caminho.

Irmã Miriam estudou um importante subproblema da estrutura do DNA, as formas exatas das bases. Pode parecer estranho hoje uma freira trabalhar num campo técnico como esse, mas irmã Miriam recordou depois que a maioria das mulheres cientistas que conheceu em encontros e conferências eram freiras como ela. As mulheres da época costumavam desistir de suas carreiras para se casar, enquanto as solteiras (como Rosalind Franklin) provocam desconfiança ou escárnio, e às vezes eram tão malpagas que não conseguiam se sustentar. As freiras católicas, por outro lado, eram solteiras respeitáveis, viviam em conventos administrados pela Igreja, tinham apoio financeiro e independência para se dedicar à ciência.

Isso não quer dizer que o fato de ser freira não complicasse as coisas, tanto profissional quanto pessoalmente. Assim como Mendel – nascido Johann, mas transformado em Gregor no mosteiro –, Miriam Michael Stimson e suas colegas noviças receberam novos nomes ao entrar para o convento em Michigan, em 1934. Miriam escolheu Maria, mas, na cerimônia de crisma, o arcebispo e seu assistente pularam um nome da lista, por isso, boa parte das mulheres foi consagrada com o nome errado. Ninguém disse nada, e, como não restava nenhum nome para Miriam, a última da lista, o esperto arcebispo usou o primeiro nome que veio à sua cabeça, um nome de homem. A irmandade era considerada um matrimônio com Cristo, e como Deus (ou os arcebispos) unia meros seres humanos e não podia separá-los, os nomes errados se tornaram definitivos.

Essa imposição de obediência se tornou mais onerosa quando irmã Miriam começou a trabalhar, atrapalhando sua carreira científica. No lugar de um laboratório completo, suas superioras na pequena faculdade católica ofereceram-lhe somente um banheiro reformado para os experimentos. Não que ela tivesse muito tempo para trabalhar. Irmã Miriam precisava prestar serviços como "freira de ala", responsável por um dormitório de estudantes, e tinha de cumprir uma grande carga horária como professora. Devia também usar o hábito e o enorme véu até no laboratório, o que não tornava mais fáceis os complicados experimentos. (Também não podia dirigir automóvel, pois o véu prejudicava a visão periférica.) De qualquer forma, irmã Miriam era muito inteligente – as amigas a apelidaram de "M^2" –, e, assim como Mendel, a disposição de M^2 promovia e estimulava seu amor pela ciência. Deve-se dizer que faziam isso em parte para combater

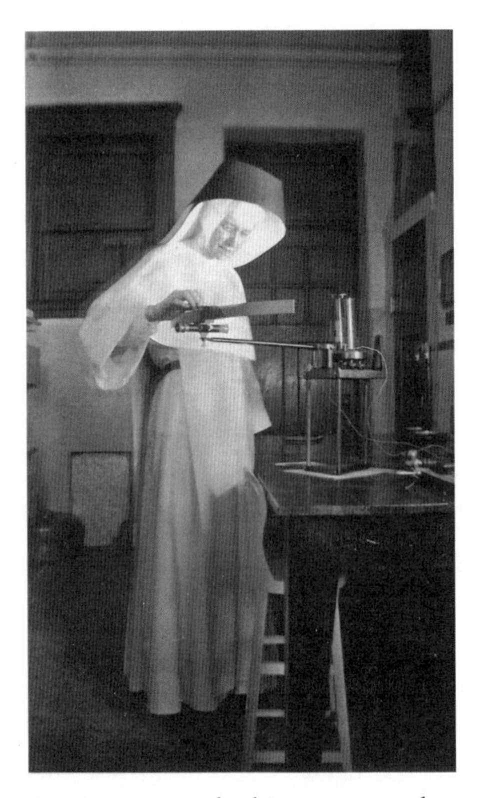

Irmã Miriam Michael Stimson, uma das pioneiras no estudo do DNA, usava seu amplo hábito com véu até no laboratório.

os comunistas ateus na Ásia, mas também para compreender a Criação de Deus e cuidar de suas criaturas. Realmente, Miriam e suas colegas contribuíram para muitas áreas da química medicinal (daí o estudo da Preparação H). O trabalho com o DNA era uma extensão natural disso, e, no final dos anos 1940, ela parecia fazer avanços quanto ao formato das bases de DNA a partir do estudo de suas partes constituintes.

Átomos de carbono, nitrogênio e oxigênio formam o cerne de A, C, G e T, mas as bases ainda contêm hidrogênio, o que complica as coisas. O hidrogênio fica na periferia das moléculas; sendo o elemento mais leve e mais sujeito à pressão, seus átomos podem se mover para diferentes posições, conferindo às bases formatos ligeiramente diversos. Essas mudanças não são um fator muito importante – as moléculas são as mesmas, antes e depois –, mas a posição do hidrogênio é fundamental para manter coesa a dupla fita do DNA.

Os átomos de hidrogênio consistem em um elétron que circula em torno de um próton. Mas o hidrogênio costuma partilhar esse elétron negativo com a parte interna e anelada da base do DNA. Isso expõe o "traseiro" de seu próton positivamente carregado. As fitas do DNA se unem alinhando partes de hidrogênio positivo nas bases de uma das fitas com partes negativas das bases da outra fita. (As partes negativas costumam centrar-se em oxigênio e nitrogênio, que acumulam elétrons.) Essas ligações do hidrogênio não são tão fortes quanto as ligações químicas normais, mas na verdade isso é ótimo, pois as células podem abrir o zíper do DNA quando necessário.

Embora comum na natureza, a ligação do hidrogênio com o DNA parecia impossível no início dos anos 1950. As ligações com o hidrogênio exigiam que as partes positivas e negativas se alinhassem perfeitamente – como acontece em A e T e em C e G. Mas ninguém sabia que certas letras eram pareadas – e, em outras combinações de letras, as mudanças não se alinhavam tão bem. A pesquisa de M² e outros complicou ainda mais esse quadro. Seu trabalho envolvia a dissolução de bases do DNA com acidez alta ou baixa. (Acidez alta aumenta a população de íons de hidrogênio numa solução; a baixa acidez a reduz.) Irmã Miriam sabia que as bases dissolvidas e o hidrogênio interagiam de alguma forma na solução; quando ela a submetia à luz ultravioleta, as bases absorviam a luz de maneira diferente, sinal comum de alguma coisa que muda de forma. Mas ela supôs (sempre um risco) que a mudança envolvesse hidrogênios se movendo, e sugeriu que isso acontecia naturalmente no DNA.

Se isso fosse verdade, os estudiosos do DNA agora tinham de considerar as ligações de hidrogênio não apenas nas bases que não se encaixavam, mas nas múltiplas formas de cada base não encaixada. Watson e Crick lembraram depois, com exasperação, que mesmo os textos da época mostravam bases com átomos de hidrogênio em diferentes posições, dependendo dos caprichos e dos vieses do autor. Isso praticamente impossibilitava a construção de um modelo.

Quando publicou trabalhos sobre essa desafiadora teoria do DNA, no fim dos anos 1940, irmã Miriam viu seu status de cientista subir. Depois do orgulho, a queda. Em 1951, dois cientistas em Londres determinaram que as soluções ácidas e não ácidas não movimentavam hidrogênio ao redor das bases do DNA, elas firmavam hidrogênios extras em locais estranhos ou removiam hidrogênio vulnerável. Em outras palavras, os experimentos de irmã Miriam criaram bases artificiais, não naturais. Seu trabalho tornou-se inútil para determinar qualquer coisa sobre o DNA. Portanto, o formato das bases do DNA continuava um enigma.

Por mais equivocadas que fossem as conclusões de irmã Miriam, algumas técnicas experimentais que ela introduziu em sua pesquisa se mostraram imensamente úteis. Em 1949, Erwin Chargaff, biólogo estudioso de DNA, adaptou o método de análise com ultravioleta em que irmã Miriam fora pioneira. Com essa técnica, ele determinou que o DNA contém iguais quantidades de A e T e de C e G. Chargaff jamais capitalizou essa descoberta, mas contava vantagens a todos os cientistas que conseguia encurralar. Ele tentou transmitir a descoberta a Linus Pauling – o principal rival de Watson e Crick – durante um cruzeiro, mas este aborreceu-se com a interrupção de suas férias e dispensou Chargaff. Mais cuidadosos, Watson e Crick prestaram atenção nele (embora Chargaff os considerasse dois jovens tolos). A partir dessa grande sacada, os dois determinaram, finalmente, que A pareava com T, e C com G. Era a última peça de que precisavam. Assim nascia a dupla-hélice, com alguns poucos graus de distância de irmã Miriam.

Só que... E aquelas ligações do hidrogênio? A pergunta se perdeu depois de meio século de aclamações, mas o modelo de Watson e Crick apoiava-se numa suposição injustificada, até oscilante. As bases se encaixavam bem dentro da dupla-hélice – e se encaixavam com as ligações de hidrogênio apropriadas –, mas só se cada base tivesse um formato específico, e não outro. Porém, depois que o trabalho de Miriam fora descartado, ninguém sabia qual o formato das bases dentro dos seres vivos.

Dessa vez determinada a ajudar, irmã Miriam voltou à bancada do laboratório. Depois do fiasco do ultravioleta com a acidez, ela começou a pesquisar o DNA do lado oposto do espectro, o infravermelho. A fórmula-padrão para sondar uma substância com luz infravermelha envolvia misturá-la com um líquido, mas as bases do DNA nem sempre se misturavam do modo apropriado. Por isso irmã Miriam inventou uma forma de misturar o DNA com um pó branco, brometo de potássio. Para produzir amostras diluídas o bastante para o estudo, a equipe do laboratório teve de tomar emprestado um molde da corporação Chrysler, que ficava ali perto, a fim de transformar o pó em "pílulas" do diâmetro de uma aspirina, que depois viajariam até a máquina de uma loja local para se transformar em discos de 1mm de espessura, numa prensa industrial. A imagem de um táxi cheio de freiras em hábitos tradicionais desembarcando numa loja de máquinas provocou risos nos homens sujos de graxa, mas irmã Miriam disse que foi tratada com cortesia e cavalheirismo. Afinal, a Força Aérea acabou doando uma prensa para o laboratório, a fim de que a freira fizesse os próprios comprimidos. (As alunas se lembram de que ela precisava segurar a prensa durante o tempo de duas ave-marias.) Como as finas camadas de brometo de potássio eram invisíveis ao infravermelho, a luz incidia somente nos As, Cs, Gs e Ts. Ao longo da década seguinte, estudos infravermelhos com esses discos (e mais outros trabalhos) demonstraram que Watson e Crick estavam certos: as bases de DNA tinham apenas um formato natural, o único capaz de produzir ligações de hidrogênio perfeitas. A essa altura, e somente a essa altura, os cientistas podiam dizer que tinham compreendido a estrutura do DNA.

Claro que a compreensão da estrutura não era o objetivo final; os cientistas ainda tinham muita pesquisa pela frente. No entanto, apesar de M^2 continuar realizando um trabalho fantástico – em 1953 ela proferiu uma palestra na Sorbonne, a primeira cientista a fazer isso desde Madame Curie –, e de ter vivido até os 89 anos, morrendo em 2002, suas ambições científicas exauriram-se no caminho. Nos fervilhantes anos 1960, ela abandonou o hábito e o véu para sempre (e aprendeu a dirigir). Mas, apesar da desobediência, dedicou-se à ordem dominicana nas últimas décadas de vida e parou de fazer experimentos. Deixou que outros cientistas, inclusive outras mulheres pioneiras, desvendassem como o DNA realmente produz a vida linda e complexa.[2]

A HISTÓRIA DA CIÊNCIA é cheia de descobertas simultâneas. Seleção natural, oxigênio, Netuno, manchas solares – dois, três, até quatro cientistas fizeram essas descobertas de forma independente. Historiadores continuam a debater por que isso acontece. Talvez cada caso seja uma gigantesca coincidência; talvez um suposto descobridor tenha roubado ideias de outro; talvez as descobertas fossem impossíveis antes que as circunstâncias as favorecessem, e era inevitável que um dia isso ocorresse. Mas, independentemente do que se acredite, a simultaneidade científica é um fato. Muitas equipes foram conferir a dupla-hélice, e em 1963 dois grupos descobriram outro importante aspecto do DNA. Uma das equipes usava microscópios para mapear as mitocôndrias, órgãos em forma de feijão que produzem energia dentro das células. O outro grupo fazia purê de mitocôndrias e remexia em entranhas. Ambos encontraram evidências de que as mitocôndrias têm seu próprio DNA. Ao tentar dar um lustro em sua reputação, no fim dos anos 1800, Friedrich Miescher definiu o núcleo como o lar exclusivo do DNA. Mais uma vez a história o contrariou.

Mesmo que as circunstâncias históricas favoreçam algumas descobertas, a ciência precisa de dissidentes, esses tipos que andam contra o relógio e enxergam o que as circunstâncias escondem de todos nós. Às vezes necessitamos até de dissidentes antipáticos – pois se eles não forem rudes suas teorias jamais chamarão nossa atenção. Esse foi o caso de Lynn Margulis. Em meados dos anos 1960, a maioria dos cientistas explicava com simplicidade a origem do DNA mitocondrial, argumentando que as células pegavam um pedaço de DNA emprestado e não o devolviam. No entanto, durante duas décadas, desde sua tese de doutorado, em 1965, Lynn Margulis propôs a ideia de que o DNA mitocondrial não era apenas uma curiosidade. Ela via aquilo como prova de algo maior, de que a vida tinha outras formas de se misturar e evoluir com as quais os biólogos convencionais jamais sonharam.

A teoria de Lynn Margulis, a endossimbiose, dizia o seguinte: todos descendemos do primeiro micróbio da Terra, e todos os organismos vivos hoje partilham certos genes, na ordem de uma centena, como parte de seu legado; com o tempo, porém, esses primeiros micróbios começaram a divergir; alguns cresceram até se tornar bolhas gigantes, outros encolheram e viraram partículas, e essa diferença de tamanho criou oportunidades. Mais importante que isso, alguns micróbios começaram a engolir e digerir outros micróbios, enquanto outros, ainda, infectavam e matavam os grandalhões mais descuidados. Por um desses motivos, argumentava Lynn Margulis, muito, muito tempo atrás, um grande micróbio ingeriu um bicho, numa tarde, e aconteceu uma coisa estranha: nada. O pequeno Jonas pode ter lutado para não ser digerido, ou seu hospedeiro pode ter impedido um pequeno golpe interno. Seguiu-se um impasse, e ainda que os dois tenham continuado a luta, nenhum conseguiu se livrar do outro. Depois de incontáveis gerações, esse encontro inicialmente hostil se transformou num empreendimento cooperativo. Aos poucos o carinha menor ficou muito bom em sintetizar combustível de alta octanagem a partir do oxigênio; aos poucos a célula-baleia perdeu a capacidade de produzir energia e se especializou em prover nutrientes brutos e um ambiente de abrigo. Como Adam Smith teria previsto, essa divisão de trabalho beneficiou as duas partes, e logo uma não podia deixar a outra. Nós chamamos esses bichos microscópicos de mitocôndrias.

Em princípio, era uma bela teoria, mas apenas isso. Infelizmente, quando Lynn Margulis a apresentou, os cientistas não reagiram muito bem. Quinze publicações especializadas rejeitaram o primeiro trabalho dela sobre a endossimbiose; pior, muitos cientistas se manifestaram contra aquelas especulações. Porém, sempre que faziam isso, Lynn reunia novas evidências e se tornava mais combativa e enfática quanto ao comportamento independente das mitocôndrias – afirmando que elas nadavam dentro das células, que se reproduziam num cronograma específico, com membranas próprias, semelhantes às células. Seu DNA vestigial fechava a questão: raramente as células deixavam escapar DNA do núcleo para a periferia celular, e o DNA dificilmente sobrevive se tentar fazer isso. Nós também herdamos esse DNA de forma diferente do DNA cromossômico – exclusivamente de nossas mães, pois a mãe fornece ao filho todas as mitocôndrias. Lynn Margulis concluiu que o chamado mtDNA (DNA mitocondrial) só poderia ter vindo de células outrora soberanas.

Seus oponentes contestaram (corretamente), afirmando que as mitocôndrias não funcionam sozinhas, que precisam de genes cromossômicos, portanto não são independentes. Lynn Margulis se esquivou, dizendo que, depois de 3 bilhões de anos, não surpreende que muitos dos genes necessários para uma vida independente tenham desaparecido, até restar apenas o sorriso do gato de Alice do velho genoma mitocondrial. Seus oponentes não aceitaram isso – por falta de provas etc. –, mas, ao contrário de, digamos, Miescher, que não lutou para se defender, Lynn Margulis continuou arremetendo. Continuou a dar palestras e a escrever muito sobre sua teoria, e adorava chocar a plateia. (Na abertura de uma conferência, ela perguntou: "Há algum biólogo de verdade aqui? Quero dizer, biólogos moleculares?" Contou as mãos levantadas e deu uma risada. "Ótimo. Vocês vão odiar isso.")

Os biólogos realmente odiavam a endossimbiose, e a disputa se arrastou até que, nos anos 1980, uma nova tecnologia de escaneamento revelou que as mitocôndrias não armazenavam seu DNA em cromossomos longos e lineares (como os animais e as plantas), e sim em cromossomos circulares, como as bactérias. Os 37 genes densamente empacotados nas argolas também produziam proteínas como as bactérias, e a própria sequência A-C-G-T parecia muito bacteriana. Trabalhando a partir dessa evidência, cientistas chegaram a identificar parentes vivos das mitocôndrias, como a bactéria tifoide. Trabalhos similares estabeleceram que os cloroplastos – partículas esverdeadas que administram a fotossíntese nas plantas – também contêm DNA circular. Assim como no caso das mitocôndrias, Lynn Margulis havia conjeturado que os cloroplastos evoluíram quando grandes micróbios ancestrais engoliram cianobactérias fotossintetizantes, seguindo-se então uma verdadeira síndrome de Estocolmo.* Dois casos de endossimbiose eram demais para os oponentes descartarem. Lynn Margulis foi reconhecida e cantou vitória.

Além de explicar as mitocôndrias, a teoria de Margulis ajudou a resolver um profundo mistério da vida na Terra: por que a evolução quase

* Estado psicológico específico desenvolvido por algumas vítimas de sequestro que, por um mecanismo inconsciente, desenvolvem algum tipo de identificação com o sequestrador. (N.T.)

parou depois de um começo tão promissor. Sem a partida no tranco das mitocôndrias, a vida primitiva poderia jamais ter se desenvolvido em formas superiores, muito menos em seres humanos inteligentes.

Para entender quanto essa parada é enigmática, considere a facilidade com que o Universo produz vida. As primeiras moléculas orgânicas no planeta devem ter surgido espontaneamente próximas aos ventos vulcânicos, no fundo do oceano. As altas energias ali fundiram simples moléculas ricas em carbono em complexos aminoácidos e até em vesículas que serviram como membranas em estado bruto. É provável também que a Terra tenha importado substâncias orgânicas do espaço. Astrônomos descobriram aminoácidos em estado puro flutuando em nuvens de poeira interestelar, e químicos já calcularam que bases do DNA, como a adenina, também podem se formar no espaço, pois ela não passa de cinco simples moléculas de HCN (cianureto, entre outras coisas) espremidas num anel duplo. Ou, então, cometas de gelo podem ter incubado bases de DNA. Ao se formar, o gelo se mostra xenófobo; ele expulsa qualquer impureza orgânica de seu interior, na forma de bolhas concentradas, cozinhando o molho na pressão e tornando mais provável a formação de moléculas complexas. Os cientistas já desconfiavam que os cometas haviam enchido nossos mares de água quando bombardearam a Terra em formação, e podem muito bem ter semeado nossos oceanos de fragmentos biológicos.

Desse efervescente caldo orgânico, micro-organismos autônomos, com sofisticadas membranas e partes móveis substituíveis, surgiram em apenas 1 bilhão de anos. (Bem depressa, se pensarmos bem.) A partir desse início comum, muitas espécies diferentes apareceram em ritmo acelerado, espécies com meios de vida diferentes e escolhas inteligentes de subsistência. Depois desse milagre, contudo, a evolução se estabilizou; houve inúmeros tipos de criaturas vivas, mas esses micróbios não evoluíram muito por mais de 1 bilhão de anos – e poderiam nunca ter evoluído.

O grande obstáculo foi o consumo de energia. Micróbios primitivos gastam 2% de sua energia total copiando e mantendo o DNA, porém 75% de sua energia fazendo proteínas a partir do DNA. Assim, mesmo que um micróbio desenvolva o DNA para obter uma característica avançada vantajosa e evolutiva – como um núcleo fechado, uma "barriga" para digerir outros micróbios ou um aparato para se comunicar com seus pares –, isso o desgasta bastante. Juntar dois desses aspectos está fora de questão. Nessas circunstâncias, a evolução é ociosa; as células não conseguem ser muito sofisticadas. A energia barata da mitocôndria eliminou essas restrições. As mitocôndrias armazenam tanta energia por tamanho de unidade quanto os relâmpagos, e sua mobilidade permitiu que nossos ancestrais acrescentassem muitos aspectos bacanas de uma vez só e se desenvolvessem em organismos multifacetados. Na verdade, as mitocôndrias permitiram que as células expandissem seus repertórios de DNA 200 mil vezes, propiciando não só que inventassem novos genes, mas também que acrescentassem toneladas de DNA regulador, tornando-as muito mais flexíveis ao usar os genes. Isso jamais poderia ter acontecido sem as mitocôndrias, e talvez nós nunca tivéssemos lançado luz sobre essa idade das trevas evolutiva sem a teoria de Lynn Margulis.

O mtDNA abriu também novos campos da ciência, como a arqueologia genética. Como as mitocôndrias se reproduzem sozinhas, os genes do mtDNA são abundantes nas células, muito mais que nos genes cromossômicos. Por isso, quando cientistas vão escavar em busca dos homens das cavernas, múmias ou o que seja, em geral desentocam e examinam mtDNA. Os pesquisadores também usam mtDNA para rastrear genealogias com uma precisão sem precedentes. O espermatozoide transporta pouco mais que uma carga de DNA nuclear, de forma que os filhos herdam todas as suas mitocôndrias dos óvulos bem mais espaçosos das mães. Por essa razão, o mtDNA passou basicamente sem alterações pelas linhagens femininas, geração após geração, tornando-o ideal para rastrear ancestrais maternos. Mais ainda, como sabem quão rapidamente qualquer mudança rara se acumula numa linhagem mitocondrial – uma mutação a cada 3.500 anos –, os cientistas podem usar o mtDNA como um relógio: ao comparar o mtDNA de duas pessoas, quanto mais mutações encontrarem, mais anos se passaram desde que as duas partilharam um ancestral materno. Aliás, esse relógio nos diz que os 7 bilhões de pessoas vivas hoje podem ter a linhagem maternal rastreada até uma mulher que viveu na África 170 mil anos atrás, apelidada de "Eva Mitocondrial". Não que Eva fosse a única mulher viva na época, note bem. Ela é simplesmente a mais antiga ancestral matrilinear[3] de todos que hoje vivem.

Quando as mitocôndrias se revelaram tão vitais para a ciência, Lynn Margulis usou esse progresso e seu súbito prestígio para avançar com outras ideias exóticas. Começou a argumentar que micróbios também doavam vários dispositivos locomotores aos animais, como as caudas dos espermatozoides, mesmo que essas estruturas fossem desprovidas de DNA. Ela esboçou também uma teoria mais abrangente: além de as células meramente recolherem partes sobressalentes, a endossimbiose seria o motor de toda a evolução, relegando as mutações e a seleção natural a papéis secundários. Segundo essa teoria, as mutações alteram as criaturas apenas de forma modesta. As verdadeiras mudanças ocorrem quando os genes saltam de espécie para espécie, ou quando genomas inteiros se fundem, dando origem, ousadamente, a diferentes criaturas. Só depois dessa transferência "horizontal" de DNA é que começa a seleção natural, simplesmente para eliminar qualquer monstro irrecuperável que surgir. Enquanto isso, os monstros recuperáveis, os beneficiários das fusões, florescem.

Ainda que Lynn Margulis tenha definido essa ideia como revolucionária, de certa forma sua teoria da fusão apenas amplia um debate clássico entre biólogos que acreditam em saltos ousados e espécies instantâneas (sejam quais forem as razões que se queira psicanalisar) e os que acreditam em ajustes conservadores e especiação gradual. O arquigradualista Darwin via a mudança modesta e a descendência comum como lei da natureza, acreditando numa árvore da vida de lento crescimento, sem ramos superpostos. Lynn Margulis estava no extremo oposto. Ela argumentava que as fusões podem criar verdadeiras quimeras – misturas de criaturas tecnicamente não diferentes de sereias, esfinges ou centauros. A partir desse ponto de vista, a modesta árvore da vida de Darwin deveria dar lugar a uma teia de vida de surgimento célere, com radiais e linhas interligadas.

Por mais que tenha se deixado levar por ideias radicais, Lynn Margulis mereceu seu direito de discordar. Chega a ser até um pouco dúbio às vezes elogiar alguém por defender proposições científicas não convencionais e outras vezes repreendê-la por não se conformar a outros aspectos; não se pode simplesmente desligar por conveniência a parte iconoclasta do pensamento da cientista. Como admitiu certa vez o renomado biólogo John Maynard Smith: "Acho que [Lynn Margulis está] quase sempre errada, mas a maioria das pessoas que conheço acha importante ter ela por perto, pois erra das maneiras mais frutíferas." E não podemos esquecer que Lynn estava correta em sua primeira grande ideia – e isso de forma surpreendente. Acima de tudo, seu trabalho nos lembra que as lindas plantas e coisas com colunas dorsais nem sempre dominaram a história da vida. Os micróbios fizeram esse papel, e são o combustível evolutivo do qual nós, criaturas multicelulares, emergimos.

Enquanto Lynn Margulis se deliciava com os conflitos, sua contemporânea mais velha, Barbara McClintock, queria distância das contendas. Ela preferia ruminar em silêncio a enfrentar o público; suas ideias peculiares não brotaram de um caráter combativo, mas da excentricidade. Por isso, faz sentido que Barbara McClintock tenha dedicado a vida a navegar pela estranha genética de plantas como o milho. Ao se envolver com a excentricidade do milho, ela expandiu sua noção daquilo que o DNA pode fazer, fornecendo pistas vitais para a compreensão de um segundo grande mistério do nosso passado evolutivo: como o DNA produz criaturas multicelulares a partir das complexas, porém solitárias, células de Lynn Margulis.

A biografia de Barbara McClintock se divide em duas eras: a da cientista realizada, antes de 1951, e a da eremita desgostosa, depois de 1951. Não que as coisas fossem todas floridas antes de 1951. Desde cedo, ela teve intensos atritos com a mãe, que era pianista, sobretudo porque Barbara se interessava mais por ciência e esportes como patinação no gelo do que pelos juvenis passatempos femininos que a mãe julgava ampliar as perspectivas de namoro da filha. A mãe chegou a vetar o anseio de Barbara de estudar genética em Cornell (como Hermann Muller e William Friedman haviam feito), porque rapazes simpáticos não se casavam com garotas inteligentes. Felizmente para a ciência, o pai de Barbara, que era físico, interveio antes do segundo semestre de 1919 e mandou a filha para o norte de Nova York de trem.

Em Cornell, Barbara McClintock desabrochou. Tornou-se representante de sua turma de calouros e deu um show nas aulas de ciência. Mas seus colegas nem sempre apreciavam sua língua afiada, em especial as reprimendas que dirigia aos trabalhos de microscopia que eles tinham de fazer. Naquela época, o preparo de amostras microscópicas – fatiar células como se fosse presunto e montar as gelatinosas vísceras em múltiplas lâminas de vidro, sem derramar – era um trabalho intricado e exigente. Aliás, usar microscópios também envolvia vários truques: identificar quais partículas havia dentro de uma célula confundia até um bom cientista. Mas Barbara McClintock dominou a microscopia desde cedo, tornando-se uma das melhores do mundo em termos de confiabilidade. Como estudante de Cornell, ela aperfeiçoou uma técnica – "a esmagadura" – de achatar células inteiras com o polegar e ao mesmo tempo mantê-las intactas numa lâmina, facilitando o estudo. Usando esse método, ela se tornou a primeira cientista a identificar os dez cromossomos do milho. (Quem já envesgou observando a bagunça de cromossomos no interior de uma célula sabe que isso não é fácil.)

Em 1927, a Universidade Cornell pediu que Barbara McClintock se tornasse pesquisadora em tempo integral e instrutora, e ela começou a estudar como os cromossomos interagem, com a assistência de sua melhor aluna, Harriet Creighton. Mas as duas moças travessas usavam cabelos curtos e se vestiam com roupas masculinas, com tênis e meias esportivas. As pessoas também faziam piadas com as duas – qual delas teria subido pela calha, uma manhã, por ter esquecido a chave do laboratório no segundo andar? Harriet era mais extrovertida; Barbara, mais reservada, e jamais teria comprado um calhambeque, como fez a amiga, para comemorar o fim da Segunda Guerra Mundial e viajar até o México. De qualquer forma, as duas se entendiam maravilhosamente, e logo fizeram uma descoberta seminal. Os jovens pesquisadores das moscas-das-frutas de Morgan tinham demonstrado anos antes que os cromossomos provavelmente cruzavam filamentos e trocavam extremidades. Mas o argumento ainda era estatístico, baseado em padrões abstratos. Ainda que inúmeros microscopistas tivessem apresentado cromossomos emaranhados, ninguém sabia dizer se estavam mesmo trocando material. Barbara McClintock e Harriet Creighton conheciam de cor todos os calombos e protuberâncias de cada cromossomo do milho, e determinaram que os cromossomos trocavam segmentos fisicamente. Chegaram até a relacionar essas trocas com alterações no funcionamento dos genes, o que era uma confirmação importante. Barbara demorou a divulgar esses resultados, mas quando Morgan teve ciência deles, insistiu para que ela os publicasse, e depressa. Ela fez isso em 1931. Morgan recebeu o Prêmio Nobel dois anos depois.

Apesar de satisfeita com o trabalho – que valeu sua biografia e a de Harriet Creighton na, bem, *American Men of Science* –, Barbara McClintock queria mais. Desejava estudar não só os cromossomos, mas a maneira como eles mudavam e sofrem mutações, e como essas mudanças produziam organismos complexos, com diferentes raízes, cores e folhas. Infelizmente, quando ela tentou montar um laboratório, circunstâncias sociais conspiraram contra a iniciativa. Assim como no sacerdócio, naquela época as universidades só dispunham de cadeiras para professores homens (exceto em economia doméstica), e Cornell não tinha intenção de abrir exceção para Barbara McClintock. Relutante, ela deixou a faculdade em 1936 e vagou por um tempo, trabalhando com Morgan na Califórnia por um período, depois assumindo cargos de pesquisadora no Missouri e na Alemanha. Ela odiou os dois lugares.

Verdade seja dita, Barbara McClintock tinha outros problemas além de pertencer ao sexo errado. Não era exatamente muito simpática, e ganhou fama de ser rude e pouco amistosa com os colegas – certa vez passou a perna num colega resolvendo um problema de pesquisa às escondidas e publicando os resultados antes que ele terminasse. Também problemático era o trabalho dela com o milho.

Sim, havia dinheiro na genética do milho, pois este era um grão alimentar. (Um destacado geneticista, Henry Wallace, futuro vice-presidente de Franklin Roosevelt, ficou rico administrando uma empresa de sementes.) O milho também tem um pedigree científico, pois tanto Darwin quanto Mendel estudaram o cereal. Alguns cientistas chegaram a mostrar interesse por mutações no milho. Quando os Estados Unidos começaram a explodir bombas nucleares no atol de Biquíni, em 1946, cientistas do governo colocaram sementes de milho sob o bombardeio para estudar como a radiação nuclear afetava o grão.

Barbara McClintock, porém, esnobava os objetivos tradicionais da pesquisa do milho, como maiores colheitas e grãos mais doces. Para ela o milho era um meio, um veículo para estudar a hereditariedade geral e o desenvolvimento. Por infortúnio, o milho apresentava sérias desvantagens nesse trabalho. Crescia muito devagar, e seus caprichosos cromossomos costumam se romper, desenvolver calombos, se fundir ou duplicar aleatoriamente. Barbara McClintock adorava a complexidade, mas a maioria dos cientistas preferia evitar essas dores de cabeça. Eles confiavam no trabalho de Barbara – ninguém se igualava a ela no microscópio –, mas sua devoção ao milho a situou a meio caminho dos cientistas pragmáticos, que ajudavam o estado de Iowa a produzir mais barris de milho, e dos geneticistas puros, que se recusavam a lidar com o rebelde DNA do milho.

Finalmente, em 1941, Barbara McClintock arrumou um emprego no rústico Cold Spring Harbor Laboratory, 45km a leste de Manhattan. Agora não tinha mais alunos que a distraíssem, e contratou só um assistente – que comprou uma espingarda e tinha instruções de manter os malditos corvos afastados do milharal. Apesar do isolamento, Barbara vivia feliz. Seus poucos amigos a descreveram como uma cientista mística, sempre em busca de uma visão que dissolvesse a complexidade da genética em uma unidade. "Ela acreditava na grande luz interior", observou um amigo. Em Cold Spring, ela tinha tempo e espaço para meditar, passando lá a década mais produtiva de sua carreira, até 1951.

A pesquisa de Barbara culminou em março de 1950, quando um colega recebeu uma carta dela. Tinha dez páginas em espaço simples, mas parágrafos inteiros estavam rabiscados e escritos por cima – sem mencionar as feéricas anotações, indicadas por setas e que se espalhavam como galhos pelas margens. É o tipo da carta que hoje se manda testar, com medo de antraz, e descrevia uma teoria que parecia maluca. Morgan definira os genes como pérolas estacionárias num colar cromossômico. Barbara McClintock insistia que tinha visto as pérolas se moverem – saltavam e se enterravam de cromossomo para cromossomo.

Além disso, esses genes saltitantes de alguma forma afetavam a cor dos grãos do milho. Barbara trabalhava com milho índio, o tipo manchado de azul e vermelho, encontrado em carros alegóricos das colheitas nos desfiles americanos. Ela vira os genes saltadores atacarem os filamentos dos cromossomos dentro desses grãos, decepando-os e deixando as pontas penduradas, como fraturas múltiplas. Sempre que isso acontecia, os grãos deixavam de produzir pigmentos. Depois, quando o gene saltador se sentia inquieto e pulava para outro lugar aleatório, o filamento quebrado sarava e a produção de pigmentos recomeçava. Em seus rabiscos, McClintock sugeriu que a ruptura tinha impedido o gene de produzir pigmentos. Na verdade, esse padrão liga/desliga parecia explicar as listras e as ondulações coloridas aleatórias dos grãos de milho que estudava.

Em outras palavras, os genes saltadores controlavam a produção de pigmentos; aliás, Barbara McClintock os chamou de "elementos controladores". (Hoje são conhecidos como transpósons ou, mais genericamente, DNA móvel.) Assim como Lynn Margulis, Barbara McClintock uniu sua fascinante descoberta a uma teoria mais ambiciosa. Talvez a questão biológica mais candente dos anos 1940 fosse a razão de as células não serem todas iguais; afinal, células do fígado e do cérebro contêm o mesmo DNA, então por que não agem da mesma maneira? Biólogos anteriores argumentavam que alguma coisa no citoplasma das células regulava os genes, algo externo ao núcleo. Barbara tinha encontrado evidências de que os cromossomos regulamentavam a si mesmos a partir de dentro do núcleo – e que isso envolvia ligar e desligar genes nos momentos certos.

De fato (como desconfiou Barbara), a capacidade de ligar e desligar genes foi um passo crucial na história da vida. Depois do surgimento das células complexas de Lynn Margulis, a vida deu uma nova estagnada, de mais de 1 bilhão de anos. Em seguida, cerca de 550 milhões de anos atrás, surgiu grande número de criaturas multicelulares. Provavelmente os primeiros seres eram multicelulares por engano, com células pegajosas que não conseguiram se libertar. Mas, com o tempo, ao controlar com precisão quais genes funcionavam em que momentos e em quais dessas células grudadas, as células começaram a se especializar – a marca da vida superior. Então Barbara McClintock julgou ter descoberto como ocorrera essa profunda mudança.

Barbara organizou sua correspondência no formato de palestra coerente, que proferiu em Cold Spring em junho de 1951. Cheia de esperança, falou por mais de duas horas naquele dia, lendo 35 páginas datilografadas em espaço um. Ela teria perdoado se alguns ouvintes cochilassem, mas, para sua surpresa, todos se mostraram apenas espantados. Não tanto pelos fatos. Os cientistas conheciam a reputação dela. Por isso, quando Barbara insistiu que tinha visto genes saltarem como pulgas, a maioria aceitou. O que os incomodou foi a teoria sobre controle genético. Basicamente, as inserções e os saltos pareciam aleatórios demais. Essa aleatoriedade explicaria grãos azuis versus vermelhos, eles concordavam; no entanto, como os genes saltadores controlavam todo o desenvolvimento em criaturas multicelulares? Não se pode produzir um bebê ou um ramo de feijão com genes piscando de forma aleatória. Barbara McClintock não tinha boas respostas. À medida que as perguntas difíceis foram surgindo, o consenso contra ela cresceu. Sua ideia revolucionária sobre elementos controladores foi rebaixada a mais uma estranha propriedade do milho.[4]

O desprestígio magoou muito Barbara McClintock. Décadas depois da palestra, ela ainda se ressentia de colegas que teriam zombado dela, disparando acusações: "Como você se atreve a questionar o dogma do gene estacionário?" Há pouca evidência de que as pessoas tenham rido dela ou a repreendido; a maioria aceitava os genes saltadores, e não a teoria do controle. Mas as lembranças de Barbara moldaram-se numa conspiração contra ela. Genes saltadores e controle genético se tornaram tão entrelaçados em seu coração e em sua mente que atacar um significava atacar os dois, e a ela mesma. Subjugada e desencorajada para a luta, ela deixou a ciência.[5]

Barbara McClintock descobriu os "genes saltadores".
Mas, quando outros cientistas questionaram suas conclusões,
ela se tornou uma cientista ermitã, triste e abatida.
No detalhe, os adorados milhos de Barbara e o microscópio.

E assim começou a fase eremita. Durante três décadas, Barbara McClintock continuou a estudar o milho, muitas vezes dormindo num catre em seu laboratório, à noite. Mas parou de frequentar conferências e cortou a comunicação com os colegas. Quando concluía algum experimento, datilografava os resultados como se fosse apresentá-los para publicação, mas jogava tudo fora. Já que seus pares a haviam dispensado, ela os magoaria com o desdém. Na solidão (agora depressiva), seu lado místico emergiu por inteiro. Envolveu-se em especulações sobre percepção extrassensorial, Ufos e espíritos, estudando métodos mediúnicos de controlar os próprios reflexos. (Quando ia ao dentista, dizia que ele não se preocupasse com novocaína, pois ela conseguia eliminar a dor com o poder da mente.) Durante esse tempo todo, Barbara criou milho, fotografou em slide e escreveu textos que não eram lidos, como os poemas de Emily Dickinson em sua época. Ela se tornou sua própria e triste comunidade científica.

Enquanto isso, algo veio à tona na comunidade científica como um todo, uma mudança quase sutil demais para ser notada de início. No fim dos anos 1960, os biólogos moleculares que Barbara McClintock desdenhava começaram a avistar DNAs móveis em micróbios. Essa não era uma simples novidade, pois os genes saltadores ditavam importantes aspectos, por exemplo, se os micróbios desenvolviam ou não resistência a drogas. Cientistas encontraram também evidências de que vírus infecciosos podiam (assim como o DNA móvel) inserir material genético nos cromossomos e ficar à espreita. Os dois fatores tinham implicações enormes para a medicina. O DNA móvel se mostrou vital também no rastreamento das relações evolutivas entre espécies. Isso porque, se compararmos algumas espécies, e só duas delas tiverem o mesmo transpóson enterrado no DNA, no mesmo ponto, entre bilhões de bases, essas duas espécies quase sem dúvida partilharam um ancestral recente. De modo mais específico, partilharam esse ancestral mais recentemente do que partilharam um ancestral comum com uma terceira espécie a que falte o transpóson; há bases de inserção demais para isso ter acontecido duas vezes de forma independente. Assim, o que parece um DNA marginal na verdade revela um registro da história oculta da vida, e, por essa e outras razões, o trabalho de Barbara de repente parecia menos um gracejo. Por conseguinte, sua reputação parou de desabar, começou a subir, ano após ano. Por volta de 1980, alguma coisa mudou, e uma biografia popular da agora enrugada Barbara McClintock, *A Feeling for the Organism*, foi publicada em julho de 1983, tornando-a uma pequena celebridade. Depois disso, o reconhecimento aumentou e saiu de controle. Aconteceu o impensável: assim como seu trabalho fizera tanto por Morgan, meio século antes, agora a reputação dava a Barbara McClintock um Prêmio Nobel em outubro do mesmo ano.

A eremita se transformou em conto de fadas. Tornou-se alguém como Gregor Mendel, um gênio descartado e esquecido, só que ela viveu o suficiente para ver a revanche. Sua vida logo se tornou ponto de referência para feministas e um estímulo, nos livros didáticos infantis, a jamais abandonar os sonhos. O fato de Barbara McClintock detestar a publicidade do Nobel – ser interrompida na pesquisa por repórteres rondando à porta – era de pouco interesse para os fãs. Mesmo em termos científicos, a homenagem do Nobel a magoou. O comitê outorgou-lhe a "*descoberta* de elementos genéticos móveis", o que era verdade. No entanto, em 1951, Barbara imaginava ter desvendado a forma como os genes controlavam outros genes e o desenvolvimento de criaturas multicelulares. Mas os cientistas a homenagearam, em essência, pela sua habilidade com o microscópio – por ter localizado pedaços de DNA saltando por aí. Por essas razões, Barbara cansou-se da vida depois do Nobel, chegando a desenvolver certa morbidez. Já com oitenta e tantos anos, começou a dizer aos amigos que morreria aos noventa. Meses depois de seu aniversário de noventa anos, na casa de James Watson, em junho de 1992, ela faleceu, consolidando a reputação de alguém que via coisas que outros não conseguiam enxergar.

Afinal, o trabalho da vida de Barbara McClintock continuou irrealizado. Ela realmente descobriu os genes saltadores e desperdiçou muito de seu potencial na genética do milho. (Um dos genes saltadores, o *hopscotch*, parece ter de fato transformado o esquelético ancestral silvestre do milho na luxuriante espécie domesticável de hoje.) De forma mais genérica, ela ajudou a estabelecer que os cromossomos regulam a si mesmos internamente, e que os padrões ligado/desligado do DNA determinam o destino da célula. As duas ideias são doutrinas cruciais da genética. No entanto, apesar das pertinentes esperanças de Barbara, os genes saltadores não controlam o desenvolvimento nem ligam e desligam genes na extensão que ela imaginou; as células fazem essas coisas de outras maneiras. Na verdade, foram necessários muitos anos para os cientistas explicarem como o DNA realiza essas tarefas – para explicar como células poderosas, porém isoladas, juntaram-se muito tempo atrás e começaram a gerar criaturas realmente complexas, tão complexas quanto Miriam Michael Stimson, Lynn Margulis e Barbara McClintock.

6. Os sobreviventes, os longevos

Qual o nosso DNA mais antigo e importante?

Gerações de crianças aprenderam na escola sobre as ruinosas quantias de dinheiro que mercadores e monarcas europeus gastaram durante a era colonial em busca do caminho para o Oriente – uma rota de navegação que atravessasse a América do Norte e chegasse até as especiarias, a porcelana e o chá da Indonésia, da Índia e do Catai (China). Mas já não se sabe tanto que as gerações anteriores acreditavam (e procuravam com o mesmo empenho), com determinação não menos ilusória, que havia uma passagem para *nordeste* que ultrapassasse a camada de gelo da Rússia.

Um dos exploradores em busca dessa passagem – o holandês Willem Barentsz, navegador e cartógrafo da costa dos Países Baixos que ficou conhecido nos anais ingleses como Barents, Barentz, Barentson e Barentzoon – fez, em 1594, sua primeira viagem pelo que hoje é conhecido como mar de Barents, ao norte da Noruega. Embora organizadas por razões mercenárias, viagens como a de Barentsz também beneficiaram os cientistas. Embora alarmados por monstros ocasionais que apareciam em algumas terras selvagens, os naturalistas mapearam a flora e a fauna diferenciadas das diversas regiões do planeta – trabalho que foi uma espécie de pioneiro da biologia atual, que estuda nossa descendência e nosso DNA em comum. Geógrafos também obtiveram um grande avanço. Muitos deles, na época, acreditavam que, graças ao constante sol de verão nas altas latitudes, as calotas polares derretiam acima de certo ponto, transformando o polo norte num paraíso ensolarado. Quase todos os mapas retratavam o polo como um monólito negro de rocha magnética, o que explicava por que atraía a agulha das bússolas. Em sua jornada pelo mar de Barents, Willem Barentsz queria saber se Novaya Zemlya, uma terra ao norte da Sibéria, era o promontório de algum continente não descoberto ou uma ilha a ser contornada. Depois de equipar três navios, *Mercury*, *Swan* e outro *Mercury*, ele zarpou em junho de 1594.

Alguns meses depois, Barentsz e a tripulação de seu *Mercury* separaram-se dos outros navios e começaram a explorar a costa de Novaya Zemlya. Ao fazer isso, realizaram uma das expedições mais ousadas na história da exploração. Durante semanas, o *Mercury* conseguiu desviar de uma verdadeira armada espanhola de gelo flutuante, circundando um provável desastre por mais de 2.000km. Afinal os homens de Barentsz se cansaram e imploraram para voltar. Ele concordou, depois de provar que poderia navegar pelo Ártico, e voltou à Holanda certo de ter descoberto uma passagem fácil para a Ásia.

Fácil, se conseguisse evitar os monstros. A descoberta do Novo Mundo e a contínua exploração da África e da Ásia tinham revelado milhares e milhares de plantas e animais nunca sonhados – e provocaram igual número de histórias estrambóticas sobre monstros que os marinheiros juravam ter visto. De sua parte, os cartógrafos se inspiravam em seus Hieronymus Bosch internos e temperavam os mares e estepes de seus mapas com cenas fantásticas: monstros marinhos de olhos vermelhos destruindo navios, lontras gigantes canibalizando umas às outras, dragões mastigando ratos com apetite, árvores parecendo ursos com galhos em forma de maça, sem mencionar a sempre popular sereia sem sutiã.

Um importante mapa da época, de 1544, mostra um ciclope bem contemplativo no contorno ocidental da África. O cartógrafo Sebastian Münster lançou um famoso compêndio de mapas intercalados com ensaios sobre grifos e avaras formigas que mineravam ouro. Münster também propunha a existência de monstros de aparência humana ao redor do planeta, inclusive os Blemmyae, seres humanos com o rosto no tórax; os Cynocephali, pessoas com cara de cão; e os Sciopods, grotescas sereias de terra, com um pé gigantesco, usados para cobrir a cabeça e se proteger na sombra, em dias ensolarados. Alguns desses brutamontes simplesmente personificavam (ou animalizavam) antigos temores e superstições. Nessa miscelânea de mitos plausíveis e fatos fantásticos, os naturalistas não conseguiam se manter.

Monstros de todos os tipos eram muito populares nos primeiros mapas; durante séculos eles preencheram as regiões vazias de terra e mar.

Até o mais científico dos naturalistas da era das explorações, Carl von Linné, vulgo Linnaeus, ou Lineu, especulou sobre monstros. O *Systema Naturae* de Lineu inaugurou o método binomial de dar nome às espécies que usamos até hoje, inspirando termos como *Homo sapiens* e *Tyrannosaurus rex*. O livro definia ainda uma classe de animais chamados "paradoxa", que incluía dragões, fênix, unicórnios, gansos que brotavam de árvores, a hidra, nêmese de Hércules, e notáveis girinos que não apenas diminuíam de tamanho com a idade, como também se metamorfoseavam em peixe. Podemos rir disso hoje, mas, ao menos no último caso, não há motivo: os girinos que encolhem existem, ainda que o *Pseudis paradoxa* se transforme em sapo normal, e não em peixe. E ainda mais: a genética moderna revela alguma base legítima para certas lendas de Lineu e Münster.

Alguns genes em todos os embriões fazem o papel de cartógrafos para outros genes, mapeando nosso corpo com a precisão de um GPS, da frente para trás, da esquerda para a direita, de cima a baixo. Insetos, peixes, mamíferos, répteis e todos os outros animais partilham muitos desses genes, em especial um subgrupo chamado genes *Hox*. A ubiquidade do *Hox* no reino animal explica por que os animais em todo o mundo têm um mesmo plano corporal: tronco cilíndrico com a cabeça numa ponta, ânus na outra e vários apêndices brotando entre os dois. (Só por essa razão, o Blemmyae, com a cabeça tão baixa que poderia lamber o umbigo, já seria improvável.)

De forma pouco usual para os genes, os *Hox* permanecem muito próximos depois de centenas de milhões de anos de evolução, aparecendo quase sempre em trechos contínuos de DNA. (Os invertebrados têm um trecho de cerca de dez genes, os vertebrados têm quatro trechos basicamente com os mesmos dez.) Ainda mais incomum, cada posição do *Hox* nesse trecho corresponde mais ou menos à sua função no corpo. O primeiro *Hox* corresponde ao alto da cabeça. O *Hox* seguinte, a alguma coisa um pouco mais abaixo. O terceiro corresponde a uma região um pouco mais baixa, e assim por diante, até que o último *Hox* corresponde à nossa parte mais baixa. Não se sabe por que a natureza exige esse mapeamento espacial de alto a baixo nos genes *Hox*, mas todos os animais apresentam essa característica.

Os cientistas dizem que o DNA que aparece no mesmo formato básico em muitas e muitas espécies é altamente "conservado", pois as criaturas se mostram muito cautelosas, muito conservadoras quanto a alterá-lo. (Alguns genes *Hox* ou semelhantes ao *Hox* são tão conservados que os cientistas podem tirá-los de galinhas, camundongos e moscas, trocá-los entre as espécies, e eles continuarão a funcionar mais ou menos da mesma maneira.) Como se pode imaginar, ser altamente conservado está muito correlacionado à importância do DNA em questão. E é fácil ver, literalmente ver, por que as criaturas não mexem com seus genes *Hox* conservados com muita frequência. Se eliminarmos um desses genes, os animais talvez desenvolvam múltiplas mandíbulas. Se alterarmos outros, as asas desaparecerão, ou surgirão conjuntos extras de olhos em lugares estranhos, incrustados no meio da perna ou espiando da ponta da antena. Outras mutações fariam pernas ou órgãos genitais brotarem da cabeça, ou com que mandíbulas e antenas crescessem na região pélvica. E esses ainda serão os mutantes sortudos; a maioria das criaturas que mexe com *Hox* e genes a ele relacionados não sobrevive para contar a história.

Genes como o *Hox* não produzem animais, mas ensinam outros genes a produzir animais: cada um regula dezenas de acólitos. Por mais que sejam importantes, contudo, eles não conseguem controlar todos os aspectos do desenvolvimento. Em particular, dependem de nutrientes como a vitamina A.

Apesar do nome no singular, a vitamina A corresponde na realidade a algumas poucas moléculas relacionadas que nós, que não somos bioquímicos, agrupamos por conveniência. Essas várias vitaminas A estão entre os mais disseminados nutrientes da natureza. As plantas armazenam vitamina A como betacaroteno, que dá às cenouras sua cor característica. Os animais armazenam vitamina A no fígado, e nosso corpo a converte em diversas formas, que utilizamos num bizantino conjunto de processos bioquímicos – para manter a acuidade visual, a potência do esperma, para aumentar a produção de mitocôndrias e sacrificar células velhas. Por essas razões, a falta de vitamina A na dieta é uma grande preocupação no mundo todo. Um dos primeiros alimentos geneticamente incrementados a ser produzido pelos cientistas foi o chamado arroz dourado, fonte barata de vitamina A, com grãos coloridos por betacaroteno.

A vitamina A interage com o *Hox* e genes relacionados para formar o cérebro fetal, pulmões, olhos, coração, membros e quase todos os órgãos. Aliás, a vitamina A é tão importante que as células constroem pontes levadiças especiais em suas membranas para recebê-la, e somente a ela. Uma vez dentro da célula, a vitamina A adere a moléculas auxiliares especiais; o complexo resultante se liga diretamente à dupla-hélice do DNA, disparando o *Hox* e outros genes. Enquanto a maior parte das substâncias químicas é rechaçada pelas paredes das células e precisa berrar instruções a fim de entrar por pequenos orifícios, a vitamina A goza de tratamento especial; o *Hox* faz muito pouco num bebê sem a anuência de seu principal nutriente.

Porém, cuidado. Antes de correr até a farmácia em busca de megadoses dessa vitamina para garantir uma gravidez especial, é bom saber que vitamina A em demasia pode causar importantes defeitos de nascença. Aliás, o corpo restringe bem sua concentração de vitamina A, e alguns genes (como aquele que recebe o desagradável nome de gene *TGIF*) têm como principal função degradá-la, quando sua concentração sobe demais. Em parte, isso acontece porque altos níveis de vitamina A nos embriões podem interferir com um gene vital, de nome ainda mais ridículo: o *sonic hedgehog*.

(Sim, é o nome do personagem do videogame. Um estudante – um desses malucos das moscas-das-frutas – descobriu-o no início dos anos 1990 e o classificou num grupo de genes que, quando em mutação, faz com que a drosófila desenvolva pelos hirsutos no corpo, como um porco-espinho. Os cientistas já descobriram muitos genes "*hedgehog*" (porco-espinho) e os batizaram com nomes próprios, como *Indian hedgehog, moonrat hedgehog* e *desert hedgehog*. Robert Riddle achou que dar o nome em referência ao veloz herói da Sega seria engraçado, mas, por acaso, o *sonic* revelou-se um dos mais importantes genes do repertório animal, e o nome não caiu bem. Deficiências nesse gene podem levar a cânceres letais ou a defeitos de nascença de cortar o coração. Os cientistas se arrepiam quando têm de explicar a alguma infeliz família que o *sonic hedgehog* vai lhe roubar um ente querido. Como declarou um biólogo ao falar ao *New York Times* sobre esses nomes: "É uma gracinha de nome para moscas estúpidas, e você pode chamar [um gene] de *turnip* [nabo]. Quando relacionado ao desenvolvimento de seres humanos, não é mais tão gracinha assim."

Assim como os genes *Hox* controlam os padrões do nosso corpo de alto a baixo, o *Shh* – como os cientistas que detestam o nome *sonic hedgehog* se referem a ele – ajuda a controlar a simetria corpórea direita-esquerda. O *Shh* faz isso estabelecendo um gradiente GPS. Enquanto ainda somos uma bola de protoplasma, a incipiente coluna dorsal que se forma no meridiano começa a excretar a proteína produzida pelo *sonic*. As células ao seu redor absorvem um bocado dessa proteína, as células mais distantes absorvem menos. Baseadas na quantidade de proteína absorvida, as células "sabem" exatamente onde estão em relação à linha média, portanto sabem que tipo de célula vão se tornar.

Mas se houver vitamina A demais ao redor (ou se o *Shh* falhar por alguma outra razão), o gradiente não se estabelece da maneira adequada. As células não conseguem entender sua longitude em relação ao mediano, e os órgãos começam a crescer de modo anormal, até monstruoso. Em casos mais graves, o cérebro não se divide nos hemisférios direito e esquerdo, tornando-se uma bolha grande e indiferenciada. O mesmo pode acontecer com os membros inferiores; se expostos a vitamina A demais, eles se fundem, levando à sirenomelia, ou síndrome da sereia. Tanto o cérebro fundido quanto as pernas são acidentes fatais (no último caso, porque o orifício do ânus e a bexiga não se desenvolvem). Porém, as mais aflitivas violações de simetria aparecem no rosto. Galinhas com *sonic* demais têm cabeças com linhas meridianas muito largas, às vezes tão largas que formam dois bicos. (Alguns animais desenvolvem dois narizes.) *Sonic* de menos pode produzir narizes com uma só narina gigante, ou impedir o desenvolvimento do nariz. Em alguns casos mais graves, o nariz aparece no lugar errado, como na testa. Talvez no caso mais terrível de todos, com *sonic* de menos, os dois olhos não se desenvolvem onde deveriam, cerca de 2,5cm à esquerda e à direita do meridiano facial. Eles acabam saindo na linha média, produzindo o verdadeiro ciclope que os cartógrafos incluíram em seus mapas.[1]

Lineu jamais incluiu ciclopes em seus esquemas classificatórios, principalmente porque duvidava da existência de monstros, e retirou a categoria "paradoxa" das edições posteriores do *Systema Naturae*. Mas em um caso talvez ele tenha se mostrado cético demais quanto às histórias que ouvia. Lineu batizou o gênero a que pertencem os ursos, *Ursus*, e nomeou pessoalmente o urso-pardo de *Ursus arctos*, isso porque sabia que os ursos conseguem viver nos climas radicais do norte. Mas nunca debateu a existência de ursos-polares, talvez porque isso fosse acarretar anedotas. Quem acreditaria, afinal, em histórias de bar sobre um urso branco como um fantasma correndo atrás de homens no gelo só para se divertir, arrancando cabeças a dentadas? E se alguém matasse e comesse um urso branco – as pessoas juravam que isso também aconteceu –, o animal se vingaria vindo do além e fazendo com que a pele da pessoa fosse esfolada. Mas essas coisas aconteceram com os homens de Barentsz, uma história de terror relativa à mesma vitamina A que pode produzir ciclopes e sereias.

Estimulados pelas "mui exageradas esperanças" do príncipe Maurício de Nassau,[2] lordes de cidades holandesas carregaram sete navios com linho, tecidos e tapeçarias e mandaram Barentsz de volta à África, em 1595. As negociações atrasaram a partida até o meio do verão. Quando se lançaram ao mar, os capitães das naus desconsideraram Barentsz (que era apenas o navegador) e tomaram um curso mais ao sul do que ele desejava. Fizeram isso, em parte, porque a rota mais ao norte, a de Barentsz, parecia um disparate, mas também porque, além de querer chegar à China, os marujos holandeses estavam entusiasmados com boatos sobre uma ilha mais ao sul, cujas praias seriam forradas de diamantes. Realmente a tripulação encontrou a ilha, e desembarcou correndo.

Os marinheiros estavam enchendo os bolsos com as gemas transparentes já há alguns minutos quando, como conta uma antiga narrativa inglesa, "um esquivo urso branco surgiu do nada" e agarrou um marinheiro pelo pescoço. Imaginando que algum hirsuto marujo o havia apanhado numa gravata, ele gritou: "Quem é que está me puxando pelo pescoço?" Seus companheiros, olhos grudados no chão em busca de gemas, olharam para cima e quase desmaiaram. O urso-polar, "abatendo-se sobre o homem, arrancou sua cabeça de uma bocada e chupou seu sangue".

Esse encontro inaugurou uma guerra que durou séculos, entre exploradores e aquela "fera cruel, feroz e esfomeada". Sem dúvida os ursos-polares mereciam sua reputação de malditos fdp. Apanhavam e devoravam qualquer marujo errante onde quer que ele aportasse, e conseguiam resistir a uma espantosa quantidade de castigos. Marinheiros podiam enterrar um machado nas costas de um urso ou meter seis balas em seu flanco, mas, em sua fúria, isso só enlouquecia ainda mais o animal. Por sua vez, os ursos-polares também tiveram seus aborrecimentos. Como observa um historiador: "Os primeiros exploradores pareciam considerar um dever matar ursos-polares." Eles empilhavam carcaças de ursos como os caçadores de bisontes fariam depois nas Grandes Planícies. Alguns exploradores mutilavam ursos de propósito para tê-los como mascotes, e passeavam com eles presos por uma corda no focinho. Um desses ursos, posto a bordo de um pequeno navio, escapou de suas amarras e, depois de estapear alguns marinheiros, se amotinou e tomou posse do navio. Contudo, o animal, tomado de ira, emaranhou o focinho no timão, o que o exauriu, enquanto tentava se libertar. Os bravos homens retomaram o navio e mataram o urso.

No encontro com a tripulação de Barentsz, o urso conseguiu matar um segundo marinheiro, e provavelmente teria continuado a caça não fosse a chegada de reforços da nau capitânia. Um atirador meteu uma bala entre os olhos do urso, mas ele não se deixou abater e continuou a se banquetear. Outros homens atacaram-no com espadas, mas as lâminas não penetravam a cabeça e a pelagem. Afinal, alguém deu uma porretada no focinho da fera e a atordoou, possibilitando que os outros rasgassem sua garganta de orelha a orelha. Àquela altura os dois marujos já tinham expirado, claro, e o esquadrão de resgate limitou-se a esfolar o urso e abandonou os cadáveres.

O resto da viagem não correu muito melhor para a tripulação de Barentsz. Os navios tinham partido tarde demais para a estação, e grandes placas de gelo flutuante ameaçavam o casco das naves de todos os lados. O perigo aumentava dia após dia, e em setembro alguns marinheiros se desesperaram o bastante para se amotinar. Cinco foram enforcados. Até Barentsz desanimou, temendo que os navios mercantes ficassem presos no gelo. As sete naus voltaram ao porto com a carga com que partiram, e todos os envolvidos perderam a pompa. Os supostos diamantes, na verdade, eram fragmentos de vidro sem valor.

A viagem teria abalado a autoconfiança de um homem humilde; no entanto, Barentsz aprendeu que não devia se fiar em superiores. Ele sempre quis navegar mais para o norte. Por isso, em 1596, conseguiu amealhar recursos para dois outros navios e reembarcou. As coisas começaram bem. Contudo, de novo o navio de Barentsz se separou do companheiro mais prudente, comandado por um certo capitão Rijp. Dessa vez Barentsz foi longe demais. Chegou à ponta mais ao norte de Novaya Zemlya e finalmente a contornou. Mas, assim que completou a manobra, uma onda de frio fora de época desceu do Ártico. A temperatura obrigou o navio a seguir para o sul, beirando a costa. Cada dia se tornava mais difícil encontrar espaço entre o gelo flutuante, e logo Barentsz se viu sem saída, isolado num continente gelado.

Abandonando aquele sarcófago flutuante – os homens podiam ouvir o gelo se expandir e rachar o casco abaixo de seus pés –, a tripulação cambaleou por uma península de Novaya Zemlya em busca de abrigo. Num único golpe de sorte, descobriram naquela ilha sem vegetação uma pilha de troncos embranquecidos pela neve. Claro que o carpinteiro do barco já tinha morrido, porém, com aquela madeira e algumas tábuas salvas do navio, os poucos tripulantes construíram uma cabana de troncos, de cerca de 8 × 12m, com acabamento de telhas de pinho, uma varanda e uma escadinha na entrada. Com esperança, eles a chamaram de Het Behouden Huys, a Casa da Salvação, e prepararam-se para um rigoroso inverno.

O frio era um perigo onipresente, mas o Ártico tinha diversos outros acólitos para ameaçar os homens. Em novembro o sol desapareceu por três meses, e eles quase enlouqueceram dentro da cabana escura e fétida. De forma perversa, o fogo também os ameaçava. Uma noite, a tripulação quase morreu envenenada por monóxido de carbono em decorrência da baixa ventilação. Conseguiram capturar algumas raposas brancas para obter peles e alimento, mas as criaturas estavam sempre mordiscando os suprimentos de comida. Até a lavagem de roupas se tornou uma comédia. Os homens tinham de estender as roupas quase dentro do fogo para secá-las. Mas as vestimentas chamuscavam e se esfumaçavam de um lado enquanto o outro continuava quebradiço como gelo.

No que dizia respeito ao terror cotidiano, nada se comparava aos encontros com ursos-polares. Um dos homens de Barentsz, Gerrit de Veer, registrou em seu diário de viagem que os ursos praticamente sitiaram Het Behouden Huys, atacando com precisão militar os barris de carne, toucinho, presunto e peixe estocados do lado de fora. Um urso, farejando uma refeição no fogo durante a noite, infiltrou-se tão silenciosamente que

Cenas da malfadada viagem de Barentsz pela camada gelada da Rússia. No sentido horário, de cima para baixo: encontros com ursos-polares; o navio avariado pelo gelo; a cabana onde a tripulação se abrigou do inclemente inverno dos anos 1590.

subiu a varanda na parte de trás e chegou até a porta antes que alguém notasse. Foi um tiro de mosquete (que atravessou o urso e o assustou) que evitou um massacre. Cansados daquela situação, com sede de vingança e quase loucos, os marinheiros saíram e seguiram o sangue na neve até encontrar e matar o invasor.

Quando dois outros ursos atacaram nos dois dias seguintes, os marinheiros os abateram mais uma vez. Com os ânimos exaltados e famintos por carne fresca, decidiram se banquetear com os ursos, empanturrando-se de tudo que fosse comestível. Separaram as cartilagens dos ossos e chuparam o tutano, depois cozinharam as vísceras – coração, rins, miolos e fígado. Naquela refeição, numa cabana isolada a 80° de latitude norte, os exploradores europeus aprenderam uma dura lição de genética – uma lição que outros teimosos exploradores do Ártico continuariam a aprender diversas outras vezes, e que os cientistas levariam séculos para entender. O fígado do urso-polar tem a mesma aparência púrpura do fígado de qualquer mamífero, com o mesmo cheiro cru e maturado, tremelicando da mesma forma na ponta do garfo. Mas há uma grande diferença: no nível molecular, o fígado do urso-polar é supersaturado de vitamina A.

Para entender por que isso é tão terrível, é preciso examinar mais de perto alguns genes que ajudam células imaturas do nosso corpo a se transformar em pele especializada, em células hepáticas ou cerebrais, ou no que seja. Essa era a parte do processo que Barbara McClintock desejava compreender, mas o debate científico a antecedera em décadas.

No fim dos anos 1800, surgiram dois campos para explicar a especialização das células, um deles liderado pelo biólogo alemão August Weismann.[3] Ele estudava os zigotos, o produto fundido de um espermatozoide e um óvulo que formava a primeira célula de um animal. Weismann argumentava que essa primeira célula obviamente continha um conjunto completo de instruções moleculares, mas que cada vez que o zigoto e suas células-filhas se dividiam, as células perdiam metade dessas instruções. Quando as células perdiam as instruções para todas as células, menos as de determinado tipo, elas se transformavam nesse tipo de célula. Em oposição, outros cientistas afirmavam que as células mantinham o conjunto inteiro de instruções depois de cada divisão, mas ignoravam a maior parte dessas instruções depois de certo tempo.

O biólogo alemão Hans Spemann resolveu a questão em 1902, com um zigoto de salamandra. Colocou um dos grandes e moles zigotos sob a lente do microscópio, esperou até que se dividisse em dois e laçou um fio de cabelo loiro de sua filha pequena, Margrette, em volta das duas partes. (Não se sabe ao certo por que Spemann usou o cabelo da filha, pois ele não era calvo. Provavelmente o cabelo do bebê era mais fino.) Quando ele apertou o nó, as duas células se dividiram completamente, e Spemann depositou-as em dois pratos diferentes, para que se desenvolvessem em separado. Ele previa duas meias salamandras deformadas, mas as duas células se desenvolveram como salamandras adultas completas e saudáveis. Na verdade, eram geneticamente idênticas, o que mostrava que, de fato, Spemann fizera uma clonagem... em 1902. Os cientistas haviam redescoberto Mendel pouco tempo antes, e o trabalho de Spemann implicava que as células retinham instruções, porém ligavam e desligavam genes.

Ainda assim, nem Spemann nem McClintock ou qualquer pesquisador conseguia explicar o mecanismo, como as células ligavam e desligavam genes. Isso ainda exigiria décadas de trabalho. O que acontece é que, embora não percam informação genética por si, as células perdem o acesso a essa informação, o que dá no mesmo. Já vimos que o DNA precisa desempenhar acrobacias incríveis para fazer caber sua serpentina inteira no minúsculo núcleo da célula. A fim de evitar a formação de nós durante o processo, o DNA se enrola como um fio de ioiô ao redor de carretéis de proteína chamados histonas, que depois se juntam e se enterram no núcleo. Histonas foram algumas das proteínas que os cientistas logo detectaram nos cromossomos; e acharam que eles controlavam a hereditariedade, não o DNA. Além de manter o DNA desembaraçado, o carretel de histona evita que a maquinaria celular chegue até o DNA para produzir RNA, na verdade desligando o DNA. As células controlam esses carretéis com substâncias químicas chamadas acetilas. Ao se ligar a uma histona, uma acetila ($COCH_3$) desenrola o DNA; a remoção da acetila faz com que o DNA se enrole outra vez.

As células também barram o acesso ao DNA, alterando-o, com preguinhos moleculares chamados grupos metila (CH_3). As metilas aderem melhor à citosina, o C do alfabeto genético. Ainda que elas não ocupem muito espaço – o carbono é pequeno, e o hidrogênio é o menor elemento da tabela periódica –, mesmo esse pequeno inchaço consegue evitar que outros elementos se prendam ao DNA e disparem um gene. Em outras palavras, a adição de um grupo metila altera os genes.

Cada um dos duzentos tipos de células do nosso corpo tem um padrão único de DNA circular e metilado, estabelecido durante nosso estágio embrionário. Células destinadas a se tornar células de pele devem desligar todos os genes que produzem enzimas do fígado ou neurotransmissores, e algo semelhante acontece com as demais. Essas células não apenas se lembram de seu padrão pelo resto da vida; elas passam esse padrão cada vez que se dividem como células adultas. Sempre que você ouvir um cientista falar sobre ligar e desligar genes, as metilas e acetilas são as culpadas. Os grupos metila em particular são tão importantes que alguns cientistas chegaram a propor o acréscimo de uma quinta letra oficial ao DNAlfabeto – A, C, G, T e agora mC, para a citosina metilada.[4]

Mas, para um controle maior e às vezes mais refinado do DNA, as células se voltam para "fatores de transcrição", como a vitamina A. A vitamina A e outros fatores de transcrição se ligam ao DNA e recrutam outras moléculas para transcrevê-lo. Mais importante ainda para o nosso processo: a vitamina A estimula o crescimento e ajuda a converter células imaturas em ossos e músculos desenvolvidos por uma via rápida. A vitamina A é especialmente poderosa nas várias camadas da pele. Nos adultos, por exemplo, ela obriga certas células da pele a se arrastar de dentro para a superfície do corpo, onde morrem e se transformam em camadas protetoras externas. Altas doses de vitamina A também podem danificar a pele com a "morte celular programada". Esse programa genético, uma espécie de suicídio forçado, ajuda o corpo a eliminar células adoentadas, por isso, nem sempre ele é ruim. Porém, por razões desconhecidas, a vitamina A também domina o sistema de certas células da pele – como os homens de Barentsz descobriram do modo mais difícil.

Quando a tripulação mergulhou no guisado de urso-polar, cheio de grandes pedaços de fígado, todos ficaram muito doentes. Era uma atordoante dor de barriga que dava febre, produzia suor, uma verdadeira e maldita praga bíblica. Em seu delírio, Gerrit de Veer recordava no diário a ursa que ajudara a matar, e gemia: "Sua morte machucou mais que sua vida." Ainda mais preocupante foi que, alguns dias depois, De Veer percebeu que a pele de muitos homens começava a descamar perto dos lábios e da boca, ou qualquer outra parte que tivesse tocado o fígado da ursa. Ele notou, em pânico, que três homens sentiam-se particularmente "doentes", e "na verdade pensávamos que iam morrer, pois toda a pele descascou dos pés à cabeça".

Só em meados do século XX os cientistas determinaram por que o fígado do urso-polar contém quantidades tão astronômicas de vitamina A. Esse animal vive basicamente da caça de focas aneladas ou barbadas, que criam suas proles nas condições ambientais mais árduas, nos mares do Ártico, a 1,5°C, o que elimina o calor de seu corpo. A vitamina A faz com que a foca sobreviva nesse frio e funciona como um hormônio de crescimento, estimulando as células e permitindo que os filhotes acumulem depressa camadas de pele e gordura. Para esse fim, as mães armazenam imenso estoque de vitamina A no fígado e usam essa reserva enquanto amamentam, para que os filhotes a absorvam.

Os ursos-polares também precisam de um bocado de vitamina A para acumular gordura. O que é mais importante, seus corpos têm alta tolerância a níveis tóxicos de vitamina A, pois sem isso eles não poderiam comer focas – mais ou menos a única fonte de alimento no Ártico. Uma das leis da ecologia diz que os venenos se acumulam à medida que subimos na cadeia alimentar, e os carnívoros situados no ápice da cadeia são os que ingerem as doses mais concentradas. Isso se aplica a qualquer toxina ou nutriente com altos níveis de substâncias venenosas. Contudo, ao contrário de muitos outros nutrientes, a vitamina A não se dissolve na água; por isso, quando tem uma overdose, o grande predador não consegue expelir o excesso pela urina. Os ursos-polares precisam lidar com toda a vitamina A que ingerem ou passar fome. Eles se adaptaram transformando o fígado num excelente laboratório biológico de desintoxicação que filtra a vitamina A e a isola do resto do corpo. (Mesmo com esse fígado, os ursos-polares precisam tomar cuidado com o que comem. Eles podem se alimentar de animais situados na parte mais baixa da cadeia alimentar, com menores concentrações de vitamina A. Mas alguns biólogos já observaram que se canibalizarem os próprios fígados os ursos morrem.)

Os ursos-polares começaram a desenvolver essa impressionante capacidade de combater a vitamina A cerca de 150 mil anos atrás, quando pequenos grupos de ursos-pardos do Alasca se dividiram a fim de migrar para as calotas polares do norte. Mas os cientistas sempre suspeitaram que as importantes mudanças genéticas que fizeram do urso-polar um *urso-polar* aconteceram quase de imediato, e não gradualmente, durante esse tempo. O raciocínio deles é o seguinte: quando se separam geograficamente, dois grupos de animais começam a adquirir diferentes mutações de DNA; quando as mutações se acumulam, os grupos se desenvolvem em diferentes espécies, com diferentes corpos, metabolismos e comportamentos. Mas, numa população, nem todo o DNA se altera na mesma proporção. Genes altamente conservados, como o *Hox*, são lentos e renitentes, só mudam em ritmo geológico. Alterações em outros genes podem se disseminar depressa, em especial se as criaturas enfrentarem estresses ambientais. Por exemplo, quando aqueles ursos-pardos começaram a vagar pelas camadas de gelo inóspitas do círculo polar, qualquer mutação genética propícia a sobreviver no frio – digamos, a capacidade de digerir focas ricas em vitamina A – teria conferido a alguns deles uma vantagem notável, permitindo que tivessem mais filhotes e cuidassem melhor deles. E quanto maior a pressão ambiental, mais rápido os genes podem (e irão) se espalhar por uma população.

Outra explicação é que os relógios do DNA – que medem o número e a taxa de mutações do DNA – batem em diferentes velocidades nas diversas partes do genoma. Por isso, os cientistas precisam tomar cuidado ao comparar o DNA de duas espécies para datar a época em que elas se dividiram. Se não levarem em conta os genes conservados e as alterações aceleradas, as estimativas serão muito equivocadas. Diante desses fatores, em 2010, os pesquisadores determinaram que os ursos-polares se armaram de defesas suficientes contra o clima frio como espécie particular cerca de 20 mil anos depois de se afastarem de seus ancestrais, os ursos-pardos. Isso corresponde a uma piscadela evolutiva.

Como veremos adiante, os seres humanos chegaram tarde ao panorama dos comedores de carne. Por isso, não surpreende que nos faltem as defesas do urso-polar – ou que passemos mal quando desobedecemos a cadeia alimentar e comemos um urso-polar. Pessoas diferentes têm diferentes suscetibilidades ao envenenamento por vitamina A (a chamada hipervitaminose A), mas uma quantidade de ½kg de fígado de urso-polar pode matar um homem adulto de forma horripilante.

Nosso corpo metaboliza a vitamina A para produzir retinol, cujas enzimas especiais quebram mais a sua cadeia. (Essas enzimas também cortam o veneno mais comum que os seres humanos ingerem, o álcool presente em cerveja, rum, vinho, uísque e outras biritas.) Porém, o fígado do urso-polar soterra nossas pobres enzimas em vitamina A, e, antes que elas consigam quebrar a cadeia, o retinol livre começa a circular pelo sangue. Isso é mau. As células são cercadas por membranas com base de óleo, e o retinol atua como um detergente, rompendo essas membranas. As vísceras das células logo começam a vazar. No interior do crânio, isso se traduz num acúmulo de fluidos que causa dores de cabeça, tontura e irritabilidade. O retinol prejudica outros tecidos também (pode até encaracolar cabelos lisos, transformando-os numa carapinha), mas quem mais sofre é a pele. A vitamina A já causou toneladas de alterações genéticas em células da pele, fazendo algumas se suicidarem, empurrando outras prematuramente para a superfície. A queima de mais vitamina A mata as ondas adicionais, e logo a pele começa a se soltar em escamas.

Nós, hominídeos, há muito estamos aprendendo (e reaprendendo) essa mesma difícil lição sobre comer fígado de carnívoros. Nos anos 1980, antropólogos descobriram o esqueleto de um *Homo erectus* de 1,6 milhão de anos com lesões nos ossos características de envenenamento por vitamina A, provavelmente causadas pela ingestão de carnívoros superiores da época. Quando os ursos-polares surgiram – e depois de séculos de vítimas –, os esquimós, os povos siberianos e outras tribos do norte (sem mencionar pássaros predadores) aprenderam a evitar o fígado desses animais; todavia, os exploradores europeus não tinham esse conhecimento quando entraram no Ártico. Muitos consideravam a proibição de comer fígado um "preconceito do vulgo", superstição semelhante à veneração das árvores. Já nos anos 1900, o explorador inglês Reginald Koettlitz encantou-se com a perspectiva de comer o fígado do urso-polar, e logo descobriu que há alguma sabedoria nos tabus. Depois de algumas horas, Koettlitz sentiu uma pressão aumentando dentro do crânio, até que sua cabeça parecia esmagada por dentro. Foi acometido por vertigens e vomitou muito. O mais cruel é que não conseguiu dormir até passar o efeito, pois deitar-se piorava as coisas. Nessa mesma época, outro explorador, o dr. Jens Lindhart, para fazer uma experiência, alimentou dezenove homens sob seus cuidados com fígado de urso-polar. Todos ficaram muito doentes, e alguns demonstraram sinais de insanidade. Enquanto isso, outros exploradores famintos aprenderam que não só ursos-polares e focas têm níveis intoxicantes de vitamina A: o fígado de renas, tubarões, peixes-espadas, raposas e do *husky* do Ártico também pode ser sinônimo de última refeição.[5]

De sua parte, depois de serem intoxicados pelo fígado dos ursos-polares, em 1597, os homens de Barentsz ficaram espertos. Como conta De Veer em seu diário: "Ainda restava um pote sobre o fogão com algum fígado. Mas o mestre pegou-o e jogou-o porta afora, pois já tínhamos comido bastante daquilo."

Os homens logo recuperaram as forças, mas a cabana, as roupas e o moral continuaram a se desintegrar com o frio. Finalmente, em junho, o gelo começou a derreter, e eles recuperaram os botes a remo do navio e se lançaram ao mar. No início, só conseguiam navegar entre pequenos icebergs, sofrendo a perseguição dos ursos-polares. Mas em 20 de junho de 1597 o gelo se rompeu, tornando possível a navegação. Aliás, 20 de junho também assinalou o último dia do então há muito convalescente Willem Barentsz, que morreu aos 47 anos. A perda do navegador solapou a coragem dos outros doze membros da tripulação, que ainda tinham de atravessar centenas de quilômetros de oceano em barcos abertos. Mas conseguiram chegar ao norte da Rússia, onde os habitantes locais lhes forneceram alimento. Um mês depois aportaram na costa da Lapônia, e ali toparam logo com quem? Com o capitão Jan Corneliszoon Rijp, comandante do navio do qual Barentsz havia se separado no inverno anterior. Exultante – eles tinham sido dados como mortos –, Rijp levou os homens em seu navio para a Holanda,[6] onde chegaram com roupas surradas e ofuscantes chapéus de pele de raposa branca.

Mas a planejada recepção como heróis não se materializou. Naquele mesmo dia, outro comboio holandês voltava para casa, carregado de especiarias e alimentos trazidos de uma viagem a Cantão, contornando o cabo sul da África. A jornada provou que navios mercantes podiam fazer aquela longa viagem. Mesmo que histórias de sobrevivência fossem emocionantes, as notícias de tesouros mexiam muito mais com o coração do povo holandês. A Coroa garantiu à Companhia das Índias Ocidentais o monopólio das viagens para a Ásia pela África, e nascia assim uma épica rota de comércio, a Estrada da Seda dos marinheiros. Barentsz e sua tripulação foram esquecidos.

De forma perversa, o monopólio da rota africana para a Ásia significava que outros empreendedores marítimos só poderiam sair em busca de fortuna pelo caminho do nordeste. Por isso, as incursões pelos 930.000km^2 do mar de Barents prosseguiram. Afinal, ansiosa pelo possível duplo monopólio, a Companhia das Índias Ocidentais mandou sua própria expedição para o norte em 1609 – capitaneada por um inglês, Henry Hudson. Mais uma vez as coisas não deram certo. Hudson e seu navio, o *Half Moon*, singraram para o norte e passaram pela ponta da Noruega, como fora programado. Mas a tripulação de quarenta homens, metade deles holandeses, sem dúvida conhecia as histórias de fome, exposição ao frio e (que Deus os ajudasse) da pele que se soltava do corpo, dos pés à cabeça. Eles se amotinaram e obrigaram Hudson a virar para oeste.

Se era aquilo que desejavam, Hudson concordou, navegando pelo caminho do oeste até a América do Norte. Passou rente à Nova Escócia e atracou em alguns locais mais ao sul, na costa do Atlântico, chegando inclusive a um rio na época sem nome, depois de uma pequena ilha pantanosa. Embora decepcionados por Hudson não ter contornado a Rússia, os holandeses aproveitaram o ensejo e fundaram naquela ilha uma colônia de comércio chamada Nova Amsterdam, que poucos anos depois se tornaria Manhattan. Às vezes se diz que a paixão pela aventura está nos genes. A fundação de Nova York é um exemplo quase literal disso.

7. O micróbio maquiavélico

Quanto do DNA humano é realmente humano?

Em 1909, um fazendeiro de Long Island chegou muito agitado ao Instituto Rockefeller de Manhattan com uma galinha doente debaixo do braço. Naquela década, o que parecia uma epidemia de câncer estava dizimando os galinheiros nos Estados Unidos, e a galinha Plymouth Rock do fazendeiro tinha desenvolvido um tumor suspeito no lado direito do peito. Nervoso diante da perspectiva de perder sua criação, o fazendeiro levou o animal ao cientista Francis Peyton Rous, conhecido apenas como Peyton, a fim de ter um diagnóstico. Para horror do fazendeiro, em vez de tentar curar a galinha, Rous matou-a para analisar o tumor e fazer alguns testes. A ciência será sempre grata a esse "frangocídio".

Rous extraiu o tumor e esmagou alguns gramas, criando uma pasta úmida. Depois filtrou-a numa porcelana de poros muito finos, retirando as células tumorosas de circulação, e separou o fluido existente entre as células. Além de outras coisas, esse fluido ajuda na circulação de nutrientes e também pode abrigar micróbios. Rous injetou o fluido no peito de outra galinha Plymouth Rock. Logo depois, ela desenvolveu um tumor. O pesquisador repetiu o experimento em outras raças, como a Legorne, e em seis meses elas também desenvolveram massas cancerosas de 2,5 × 2,5cm. O mais notável e espantoso no processo era o estágio de filtragem. Como Rous tinha retirado as células tumorosas antes de dar as injeções, os novos tumores não poderiam ter surgido das antigas células tumorais e se alojado nas aves saudáveis. O câncer só podia ter saído do fluido.

Embora contrariado, o fazendeiro não podia ter sacrificado sua galinha para um candidato melhor à descoberta da pandemia aviária. Médico e patologista, Rous tinha sólida formação de pesquisa com animais domésticos. Seu pai fugira da Virgínia pouco antes da Guerra Civil para se estabelecer no Texas, onde conheceu a mãe de Peyton. A família toda acabou voltando para Baltimore, e, depois do ensino médio, Rous matriculou-se na Universidade Johns Hopkins, onde se sustentou, em parte, redigindo uma coluna chamada "Wild Flowers of the Month" para o *Baltimore Sun*, sobre a flora em Charm City, recebendo US$ 5 por texto. Rous deixou a coluna quando entrou para a escola de medicina da Johns Hopkins, mas logo teve de interromper seus estudos. Ele feriu a mão no osso de um cadáver tuberculoso ao realizar uma autópsia; e, quando contraiu tuberculose por causa disso, os diretores da escola determinaram uma cura por repouso. Porém, em vez de um tratamento em estilo europeu – um verdadeiro retiro num sanatório de montanha –, Rous passou por um bom método americano, trabalhando como auxiliar num rancho do Texas. Apesar de pequeno e franzino, ele adorava o trabalho no campo e se interessou muito pelos animais da fazenda. Quando se recuperou, resolveu se especializar em biologia microbiana, e não em medicina clínica.

Todo seu aprendizado no rancho, nos laboratórios, e todas as evidências colhidas no caso da galinha, levou Rous a uma conclusão: a galinha tinha um vírus, e o vírus era um câncer contagioso. Mas sua formação dizia-lhe que sua ideia era ridícula – e seus colegas concordavam. *Câncer contagioso, dr. Rous? Como é possível um vírus causar câncer?* Alguns argumentavam que Rous tinha se enganado no diagnóstico do tumor, talvez as injeções tivessem causado uma inflamação peculiar às galinhas. O próprio Rous admitia: "À noite, eu tremia de medo de ter cometido um engano." Acabou publicando os resultados, porém, mesmo nos círculos habituais da literatura científica, ele mal admitia acreditar em alguns pontos: "Talvez seja demais dizer que [a descoberta] indica a existência de um novo grupo de entidades que provocam neoplasmas [tumores] de características diferentes nas galinhas." Mas Rous era cuidadoso com a circunspecção. Um contemporâneo recorda que seus textos sobre os cânceres em frangos "foram recebidos com reações que variavam de indiferença a ceticismo e a uma hostilidade direta".

Nas décadas seguintes, a maioria dos cientistas esqueceu o trabalho de Rous, e por boas razões. Ainda que algumas descobertas daquela época relacionassem vírus e cânceres em termos biológicos, outras continuavam a manter as duas coisas separadas. Nos anos 1950, os cientistas determinaram que as células cancerosas em parte enlouquecem por causa das disfunções em seus genes. Determinaram também que os vírus dispõem de pequenas provisões de seu próprio material genético. (Alguns usavam DNA; outros, como o de Rous, o RNA.) Embora tecnicamente não estivessem vivos, os vírus usavam aquele material genético para sequestrar células e fazer cópias de si mesmos. Por isso, tanto os vírus quanto o câncer se reproduziam de forma incontrolável, e os dois usavam DNA e RNA como moeda comum. Que pistas intrigantes. Enquanto isso, Francis Crick publicava seu dogma central, em 1958, dizendo que o DNA gera o RNA, que gera proteínas, nessa ordem. De acordo com esse entendimento popular do dogma, um vírus do RNA, como o sugerido por Rous, não poderia romper ou reescrever o DNA das células. Isso contrariava o dogma, o que não era permitido. Portanto, a despeito da sobreposição biológica, parecia não haver maneiras de um RNA viral fazer uma interface com o DNA causador do câncer.

A questão prosseguiu no impasse – dados versus dogma – até que alguns jovens cientistas, no fim dos anos 1960 e início dos 1970, descobriram que a natureza não dá muita bola para dogmas. Acontece que certos vírus (o HIV é o exemplo mais conhecido) manipulam o DNA de forma herética. Especificamente, os vírus podem convencer uma célula infectada a reverter a transcrição viral do RNA para o DNA. Mais assustador ainda, os vírus podem enganar a célula fazendo-a inserir em seu genoma o DNA viral recém-produzido por ela. Em resumo, esses vírus se fundem com a célula. Não mostram respeito nenhum pela Linha Maginot que gostaríamos de ver traçada entre o DNA "deles" e o "nosso" DNA.

Essa estratégia para infectar as células parece tortuosa: por que um vírus do RNA, como o HIV, se dá ao trabalho de se converter em DNA, principalmente quando a célula depois tem de transcrever esse DNA outra vez para o RNA? Surpreende ainda mais quando se considera quanto o

RNA é mais ágil e habilidoso que o DNA. Um RNA solitário pode produzir proteínas rudimentares, enquanto um DNA solitário praticamente nada faz. O RNA também pode produzir cópias de si mesmo e *por si mesmo*, como o desenho de M.C. Escher, de duas mãos que desenham a si próprias. Por essas razões, a maioria dos cientistas acreditava que o RNA costumava ser o predador do DNA na história da vida, já que as primeiras formas de vida não teriam o sofisticado equipamento de cópia interno de que as células hoje dispõem. (Isso se chama teoria do "mundo do RNA".[1])

De todo modo, no início, a Terra era bruta e agitada, e o RNA é bastante frágil em comparação ao DNA. Por ter uma só fita, as letras do RNA estão sempre expostas a ataques. O açúcar presente no RNA apresenta um átomo extra de oxigênio na sua molécula em forma de anel, o qual estupidamente desestrutura o RNA e o quebra se ele ficar longo demais. Assim, para produzir qualquer coisa duradoura, qualquer coisa capaz de explorar, nadar, crescer, lutar, se acasalar – a verdadeira vida –, o frágil RNA teve de apelar para o DNA. Essa transição para um meio menos corruptível, alguns bilhões de anos atrás, pode ter sido o passo mais importante na história da vida. De certa forma, se assemelha à transição das culturas humanas desde, digamos, a poesia oral de Homero até um trabalho em escrita sem fala. Com o apático texto do DNA, perde-se a versatilidade do RNA, as nuanças de voz e de gesto; mas hoje não teríamos a *Ilíada* e a *Odisseia* sem o papiro e a tinta. O DNA perdura.

É por isso que alguns vírus convertem o RNA em DNA depois de infectar as células: o DNA é mais robusto, mais resistente. Quando esses retrovírus – assim chamados por percorrerem o dogma DNA → RNA → proteína de trás para a frente – se entrelaçam no DNA de uma célula, esta vai copiar fielmente os genes do vírus enquanto os dois estiverem vivos.

A DESCOBERTA DA MANIPULAÇÃO viral do DNA explicou as pobres galinhas de Rous. Depois da injeção, os vírus encontraram caminho através do fluido intercelular até as células dos músculos. Depois se insinuaram no DNA da galinha e forçaram a maquinaria de cada músculo infectado a fazer o maior número de cópias possível de si mesmos. O que aconteceu – eis a chave – foi que a grande estratégia dos vírus para se espalhar como loucos era convencer as células que abrigavam o DNA viral a se espalhar como loucas também. Os vírus fizeram isso corrompendo os reguladores genéticos que evitam que as células se dividam rapidamente. Um tumor desvairado (e um monte de aves mortas) foi o resultado. Cânceres transmissíveis como esse são atípicos – a maior parte deles tem outras causas genéticas –, contudo, para muitos animais, os cânceres originários de vírus são um grande perigo.

Essa nova teoria de intrusões genéticas era realmente heterodoxa. (Até Rous duvidava de alguns de seus aspectos.) Mas, de qualquer forma, os cientistas da época subestimaram a capacidade dos vírus e outros micróbios de invadir o DNA. Na verdade, não se pode atribuir graus à palavra *onipresente*; uma coisa é onipresente ou não. Mas peço licença para mostrar a maravilha da completa, total e absoluta onipresença dos micróbios numa escala microscópica. Esses bichinhos colonizaram todas as coisas vivas – os seres humanos têm dez vezes mais micro-organismos dentro do corpo do que células – e saturaram todo e qualquer nicho ecológico possível. Há mesmo uma classe de vírus que só infecta outros parasitas[2] pouco maiores que eles. Por razões de estabilidade, muitos desses micróbios invadem o DNA e costumam ser matreiros para mudar ou mascarar o próprio DNA, a fim de enganar ou flanquear as defesas do nosso corpo. (Um biólogo calculou que só o vírus HIV já trocou mais A, C, G e T com os nossos genes nas últimas décadas que os primatas em 50 milhões de anos.)

Só depois da conclusão do Projeto Genoma Humano, por volta de 2000, os biólogos perceberam quanto os micróbios podem se infiltrar em animais superiores. Até o nome Projeto Genoma *Humano* tornou-se inapropriado, pois ficamos sabendo que 8% do nosso genoma não é humano: ¼ de bilhão de nossos pares de bases são antigos genes de vírus. Na realidade, os genes humanos respondem por menos de 2% do nosso DNA total; por essa medida, somos quatro vezes mais vírus que homens. Um dos pioneiros do estudo do DNA viral, Robin Weiss, enunciou essa relação evolutiva em termos bem frios: "Se Charles Darwin reaparecesse hoje", ponderou Weiss, "ele ficaria surpreso em saber que os homens são tão descendentes dos vírus quanto dos macacos."

Mas como isso pôde acontecer? Do ponto de vista de um vírus, faz sentido colonizar o DNA animal. Apesar de toda malícia e duplicidade, os retrovírus que provocam câncer ou doenças como a aids são bem burros em um aspecto: eles matam seus hospedeiros muito depressa e morrem com eles. Mas nem todos os vírus se imiscuem nos hospedeiros como gafanhotos microscópicos. Os menos ambiciosos aprendem a não perturbar demais, e, ao mostrar certa discrição, convencem as células a fazer cópias deles mesmos em silêncio, durante muitas décadas. Ainda melhor, se o vírus se infiltrar nas células do espermatozoide ou do óvulo, pode fazer o hospedeiro passar os genes virais para uma nova geração, perpetuando o vírus indefinidamente nos descendentes do hospedeiro. (É o que está acontecendo hoje com os coalas, pois cientistas observaram DNA de retrovírus se disseminando pelos espermatozoides desses animais.) O fato de esses vírus terem adulterado o DNA de tantos animais sugere que a infiltração acontece o tempo todo, em escalas um tanto assustadoras.

Entre todos os genes de retrovírus extintos presentes no DNA humano, a grande maioria acumulou algumas mutações fatais e já não funciona. Mas, de forma geral, esses genes continuam intactos em nossas células e fornecem detalhes para se estudar o vírus original. Aliás, em 2006, um virologista francês chamado Thierry Heidmann usou DNA humano para ressuscitar vírus extintos – *O parque dos dinossauros* numa placa de Petri – e com uma facilidade surpreendente. Linhagens de vírus antigos aparecem múltiplas vezes no genoma humano (o número de cópias varia de dezenas a centenas de milhares). No entanto, por acaso, as mutações fatais aparecem em diferentes pontos de cada cópia. Assim, ao comparar muitas linhagens, Heidmann conseguiu deduzir qual deve ter sido a linhagem saudável original simplesmente contando quais letras do DNA eram mais comuns em cada ponto. O vírus era benigno, diz Heidmann, mas quando o reconstituiu e o injetou em várias células de mamíferos – gatos, porquinhos-da-índia e homens –, todas foram infectadas.

Em vez de se apossar de sua tecnologia (nem todos os vírus ancestrais são benignos) ou profetizar a maldição de cair em mãos erradas, Heidmann comemorou a ressurreição como um triunfo da ciência, dando o nome de *Phoenix* a seu vírus, numa referência ao pássaro mitológico que ressurge das próprias cinzas. Outros cientistas já reproduziram o trabalho de Heidmann com outros vírus, e se juntaram para fundar uma nova disciplina chamada paleovirologia. Os vírus, frágeis e minúsculos, não deixam fósseis nas rochas, como os que os paleontólogos desenterram, mas os paleovirologistas veem algo igualmente informativo no DNA fóssil.

Um exame mais detalhado desse registro fóssil indica que nosso genoma pode ser formado por até mais de 8% de vírus. Em 2009, cientistas descobriram nos seres humanos quatro trechos de DNA de algo chamado bornavírus, que vem infectando animais de casco desde tempos imemoriais. (O nome vem de um surto especialmente desagradável em cavalos, em 1885, numa unidade de cavalaria perto de Borna, na Alemanha. Alguns cavalos do Exército enlouqueciam e começavam a bater a cabeça até esmagar o próprio crânio.) Cerca de 40 milhões de anos atrás, alguns bornavírus perdidos invadiram nossos ancestrais símios e se refugiaram no DNA. Permaneceram imperceptíveis e insuspeitos desde então, pois o bornavírus não é um retrovírus, por isso os cientistas acham que ele não dispunha da maquinaria molecular necessária para converter RNA em DNA e se imiscuir por outras partes. Porém, testes de laboratório demonstraram que o bornavírus de alguma forma pode se entretecer no DNA humano mais ou menos em trinta dias. E, ao contrário do DNA mudo que herdamos dos retrovírus, dois dos quatro trechos do DNA do vírus da doença de Borna funcionam como genes autênticos.

Os cientistas ainda não determinaram o que esses genes fazem, mas é bem possível que produzam proteínas de que todos precisamos para viver, talvez turbinando nosso sistema imunológico. Dar permissão para um vírus não letal invadir nosso DNA talvez iniba outros vírus, potencialmente mais nocivos, de fazer o mesmo. Mais importante, as células podem usar as proteínas do vírus benigno para lutar contra outras infecções. Na verdade, essa é uma estratégia simples: cassinos contratam pessoas que conseguem memorizar cartas, agências de segurança de computadores contratam hackers, e ninguém sabe como combater e neutralizar um vírus melhor que um germe reabilitado. Pesquisas realizadas no nosso genoma sugerem que os vírus nos deram também um DNA regulador importante. Por exemplo, há muito tempo temos enzimas no nosso trato digestivo que transformam amido em açúcares mais simples. Mas os vírus nos deram chaves para que essas mesmas enzimas circulem também na nossa saliva. É por isso que alimentos com amido têm sabor adocicado na boca. Sem dúvida não teríamos esse apetite por pães, massas e grãos sem essas chaves.

Esses casos podem ser apenas o começo. Quase metade do DNA humano consiste em (*à la* Barbara McClintock) elementos móveis e genes saltadores. Um dos transpósons, o elemento *alu*, com trezentas bases de comprimento, aparece 1 milhão de vezes nos cromossomos humanos e representa 10% do nosso genoma. A capacidade de esse DNA se destacar de um cromossomo, rastejar até outro e se enterrar como um percevejo é muito semelhante à de um vírus. Não se deve introduzir sentimento na ciência, mas parte do fascínio de sermos 8% (ou mais) vírus fossilizados é o fato assustador de sermos 8% (ou mais) vírus fossilizados. Sentimos uma repugnância inata à doença e à impureza, e vemos vírus invasores como algo a evitar ou afastar, não como parte de nós. Mas vírus e partículas semelhantes a eles vêm mexendo com o DNA animal desde sempre. Como disse um cientista que rastreou os genes bornavírus humanos, destacando esse fato singular: "Toda nossa noção acerca de nós mesmos como espécie está ligeiramente malconcebida."

E fica pior. Pela sua onipresença, micróbios de todos os tipos – não apenas vírus, mas bactérias e protozoários – não têm como não conduzir a evolução animal. É certo que micróbios moldam uma população matando algumas criaturas de doenças, mas isso é apenas parte de seu poder. Os vírus, as bactérias e os protozoários às vezes transmitem novos genes aos animais que podem alterar a forma como nosso corpo funciona. Podem manipular também a mente dos animais. Um desses micróbios maquiavélicos não apenas colonizou um número imenso de animais sem ser detectado, como também roubou DNA animal – e pode até usar esse DNA para fazer lavagem cerebral em nossa mente, para seus próprios fins.

Às vezes adquirimos sabedoria do jeito mais difícil. "Você pode visualizar cem gatos", disse Jack Wright certa vez. "Mais que isso é impossível. Duzentos, quinhentos, tudo parece a mesma coisa." Não foi apenas especulação. Jack aprendeu isso porque ele e a esposa, Donna, receberam o certificado do Guinness pelo recorde mundial de ter 689 gatos em casa.

Tudo começou com a gata Midnight. Em 1970, Wright, pintor de paredes de Ontário, apaixonou-se por Donna Belwa, e os dois foram morar juntos, com a gata peluda de Donna. Uma noite, Midnight cometeu um pecadilho no quintal e ficou grávida, e os Wright não tiveram coragem de separar a ninhada. Aliás, a presença de mais gatos abrilhantou a casa, e logo depois eles se comoveram e adotaram vários gatos abandonados do abrigo local para que não fossem sacrificados. A casa dos dois ficou conhecida nas imediações como Cat Crossing, e as pessoas começaram a deixar mais filhotes, dois aqui, cinco ali. Quando a revista *National Enquirer* organizou um concurso, nos anos 1980, para determinar quem tinha mais gatos em casa, os Wright venceram, com 145 felinos. Logo os dois apareceram no *The Phil Donahue Show*, e depois disso as "doações" cresceram bastante. Uma pessoa amarrou filhotes à mesa de piquenique dos Wright e foi embora; outra mandou um gato pelo correio, por avião, e fez os Wright pagarem o frete. Mas os Wright nunca recusaram um gato, nem quando a família chegou a setecentos gatos.

As contas chegaram a US$ 111 mil por ano, o que incluía brinquedos embrulhados um a um, no Natal. Donna (que começou a trabalhar em casa, agenciando a carreira de Jack como pintor) acordava todos os dias às 5h30 da manhã e passava as quinze horas seguintes lavando camas de gato, esvaziando caixas de areia, forçando comprimidos goela abaixo e jogando gelo nos recipientes de água (a fricção de tantas línguas de gato deixava a água quente demais para ser bebida). Mas, acima de tudo, passava os dias dando de comer, dando de comer, dando de comer. Os Wright abriam 180 latas de ração de gato por dia e tiveram de comprar três freezeres para guardar carne de porco, presunto e bifes para os felinos mais enjoados. Acabaram fazendo a segunda hipoteca da casa e, para manter o populoso chalé limpo, forraram as paredes com linóleo.

Jack e Donna acabaram tendo que pôr os quatro pés no chão, e no fim dos anos 1990 tinham reduzido a população de Cat Crossing para apenas 359 gatos. Quase de imediato a população voltou a crescer, pois eles não aguentaram mais a redução. Na verdade, se examinarmos as entrelinhas, os Wright pareciam quase viciados em ter gatos por perto – o vício é o curioso estado de obter um grande prazer e um grande sofrimento de uma mesma coisa. Claro que adoravam os gatos. Jack defendia sua "família" de gatos nos jornais e dava um nome a cada um,[3] mesmo aos que se recusavam a sair do armário dele. Ao mesmo tempo, Donna não escondia o tormento de ser uma escrava dos gatos. "Vou dizer uma coisa que é difícil comer aqui", ela uma vez se queixou. "Kentucky Fried Chicken. Toda vez que eu como, preciso ficar andando pela casa com o prato embaixo do queixo." (Em parte para manter os gatos afastados, em parte para não haver pelos no frango.) De forma ainda mais comovente, ela admitiu certa feita: "Às vezes fico um pouco deprimida. Às vezes digo, 'Jack, me dá algum dinheiro', e saio para tomar umas cervejas. Fico fora algumas horas, e é ótimo. Tão tranquilo. Sem gatos por perto." Apesar desses momentos de lucidez, ou apesar dos incômodos que se acumulavam,[4] Donna e Jack não conseguiam chegar à conclusão óbvia: deviam se livrar dos malditos gatos.

Diga-se, a bem dos Wright, que o constante cuidado de Donna com a limpeza tornava a casa em que moravam bem habitável, em especial se comparada com a sujeira pré-histórica da casa de alguns colecionadores maníacos. Inspetores de saúde pública às vezes encontram corpos de gatos em decomposição nos piores lugares, ou até entre as paredes da casa, por onde os gatos provavelmente tentavam fugir. Não é incomum que o piso e as paredes sofram danos estruturais por saturação de urina de gato. O mais chocante de tudo é que muitos colecionadores desse tipo negam que as coisas estejam fora de controle – sinal clássico de dependência.

Só há pouco tempo os cientistas começaram a estabelecer as bases químicas e genéticas da dependência. No entanto, há cada vez mais evidências de que, em parte, os colecionadores de gatos se apegam a suas hostes por estarem viciados num parasita, o *Toxoplasma gondii*. Toxo é um protozoário unicelular, parente de algas e amebas, e tem 8 mil genes. Embora seja originalmente um patógeno felino, toxo vem diversificando seu portfólio e pode agora infectar macacos, morcegos, baleias, elefantes, oricteropos, tamanduás, preguiças, tatus e marsupiais, além de crianças.

Morcegos selvagens, oricteropos etc. ingerem toxo por comê-lo ou por contato com fezes infectadas, e os animais domésticos o absorvem indiretamente das fezes presentes nos fertilizantes. Seres humanos também podem assimilar toxo na comida, e os proprietários de gatos o contraem pela pele, ao manipular a cama dos animais. No total, toxo infecta um terço da população mundial. Quando invade os mamíferos, em geral nada até o cérebro, onde forma minúsculos cistos, em especial na amígdala, região em forma de amêndoa que administra o processamento das emoções, inclusive prazer e ansiedade. Os cientistas não sabem por quê, mas os cistos nas amígdalas podem diminuir o tempo de reação e levar a comportamentos de ciúme ou agressividade nas pessoas. Toxo ainda altera o olfato. Alguns colecionadores de gatos (os mais vulneráveis a toxo) tornam-se imunes ao odor pungente da urina do animal – deixam de sentir o cheiro. Certos donos de gato chegam a admitir, envergonhados, que gostam desse odor.

Toxo faz coisas ainda mais estranhas com os roedores, alimento comum dos gatos. Roedores criados em laboratório por centenas de gerações, que nunca viram um predador na vida, ainda assim tremem de medo e se escondem em qualquer fresta quando expostos à urina de gato; é um temor instintivo e totalmente inato. Ratos expostos a toxo têm reação oposta. Continuam a temer o cheiro de outros predadores, têm hábitos normais de sono, acasalamento, orientação em labirintos, gostam de bons queijos e fazem tudo normalmente. Mas esses ratos, sobretudo os machos, adoram urina de gato. Aliás, eles mais que adoram.

Ao menor bafejo de urina de gato, suas amígdalas pulsam como se tivessem encontrado uma fêmea no cio, e seus testículos intumescem. Ficam ligadões com urina de gato.

Dessa forma, toxo brinca com os desejos do rato para enriquecer sua própria vida sexual. Quando habita o cérebro de um roedor, toxo pode se dividir em dois e se clonar pelo mesmo método que a maioria dos micróbios. É assim que ele se reproduz em preguiças, seres humanos e outras espécies. Ao contrário da maioria dos micróbios, porém, toxo também faz sexo (não me pergunte como) e se reproduz sexualmente – mas só no intestino dos gatos. É um fetiche estranho e específico, mas existe. Assim como a maioria dos organismos, toxo tem desejo sexual, não importa quantas vezes tenha passado seus genes pela clonagem, e está sempre tramando algum esquema para voltar às eróticas vísceras do gato. A urina é sua oportunidade. Ao fazer o rato se sentir atraído pela urina do gato, toxo os aproxima dos gatos. Os gatos gostam muito do jogo, claro, e uma parte do rato acaba exatamente onde toxo queria, no trato digestivo. Os cientistas desconfiam que toxo aprendeu a produzir essa poção mágica em outros alimentos potenciais de mamíferos por razões similares, a fim de garantir que felinos de todos os tamanhos, de gatinhos a tigres, continuem a comê-lo.

Até aqui, isso parece uma história qualquer – uma história espertinha, mas para a qual faltam provas. Com exceção de um aspecto. Os cientistas descobriram que dois dos 8 mil genes de toxo ajudam a produzir uma substância química chamada dopamina. E se você sabe alguma coisa sobre a química do cérebro, é provável que tenha levado um susto neste momento. A dopamina ajuda a ativar os circuitos de gratificação do cérebro, nos inundando de boas sensações, de uma curtição natural. Cocaína, ecstasy e outras drogas também jogam com os níveis de dopamina, induzindo baratos artificiais. Toxo tem o gene dessa poderosa e viciante substância química em seu repertório – duas vezes –, e sempre que um cérebro infectado sente o cheiro de urina de gato, conscientemente ou não, toxo começa a liberar a substância. Por conseguinte, ele influencia o comportamento do mamífero; a atração da dopamina fornece uma base biológica plausível para se ter tantos gatos.[5]

Toxo não é o único parasita que pode manipular animais. Há um verme microscópico, muito parecido com toxo, que prefere nadar nas vísceras das aves, mas costuma ser ejetado à força nos excrementos. Assim, o verme ejetado se insere nas formigas, transforma-as, deixando-as inchadas como cerejas vermelhas, levando outros pássaros a achar que elas são deliciosas frutinhas. As formigas-de-carpinteiro também são vítimas de um fungo de floresta tropical que as transforma em zumbis descerebrados. Primeiro o fungo domina o cérebro da formiga, depois a dirige até locais úmidos, embaixo das folhas. A formiga-zumbi morde a folha e suas mandíbulas travam. O fungo transforma as vísceras da formiga numa gosma açucarada e nutritiva, proteja um talo do cérebro e libera esporos para infectar outras formigas. Existe também o chamado bicho de Herodes – a bactéria *Wolbachia*, que infecta vespas, mosquitos, mariposas, moscas e abelhas. A *Wolbachia* só consegue se reproduzir dentro dos ovos de um inseto fêmea. Por isso, como o Herodes da Bíblia, costuma assassinar filhotes machos por atacado, liberando toxinas geneticamente produzidas. (Em alguns insetos de sorte, a *Wolbachia* tem piedade e apenas manipula os genes que determinam o sexo dos insetos, convertendo larvas de machos em fêmeas; nesse caso, Tirésias* poderia ser um apelido mais apropriado para o bicho.) Além disso, a versão de um vírus manipulada em laboratório pode transformar o polígamo rato-silvestre macho – roedor que normalmente apresenta, como definiu um cientista, uma "atitude de amar e deixar amar, como numa canção folclórica", as fêmeas em maridos fiéis e caseiros com a simples injeção de "gagueiras" de DNA num gene que ajusta a química do cérebro. Pode-se dizer até que a exposição a esse vírus tornou os ratos mais inteligentes. Em vez de fazer sexo com qualquer fêmea, os machos começam a associar sexo a um indivíduo, característica chamada de "aprendizado associativo", antes inexistente nesse tipo de rato.

* Na mitologia grega, poeta cego de Tebas que passou sete anos transformado em mulher, por ter matado uma cobra fêmea enquanto ela copulava; depois desse período, tendo visto novamente um casal de cobras copulando, matou o macho, desfazendo-se então o encantamento. (N.T.)

Para uma espécie como a nossa, que dá valor à inteligência e à autonomia, esses casos do rato-silvestre e do toxo invadem um território desconfortável. Uma coisa é descobrir sobras de genes de vírus no nosso DNA, outra é admitir que os micróbios manipulem nossas emoções e nossa vida mental interior. Mas toxo pode fazer isso. De alguma forma, em sua longa coexistência com os mamíferos, toxo roubou o gene da produção da dopamina, e desde então esse gene se mostrou muito bem-sucedido em influenciar o comportamento animal – tanto disseminando prazer ao redor de gatos quanto eliminando qualquer temor natural aos felinos. Há também evidências anedóticas de que toxo pode alterar outros sinais de perigo no cérebro, não relacionados com gatos, e converter esses impulsos em êxtase prazeroso. Alguns médicos de centros de atendimento de emergência relatam que motociclistas vítimas de acidentes apresentam um número incomum de cistos de toxo no cérebro. São os bambambãs que voam pelas estradas e fazem as curvas mais fechadas, pessoas para quem arriscar a vida é o grande barato. Acontece que o cérebro deles está carregado de toxo.

É difícil contra-argumentar com estudiosos de toxo, que – embora entusiasmados com o que o vírus revelou sobre a biologia das emoções e as interconexões entre medo, atração e dependência – também se sentem assustados pelas implicações desse trabalho. Um neurocientista da Universidade Stanford que estuda toxo diz:

> É meio assustador. O medo é algo básico e natural. Mas existe alguma coisa que não apenas pode eliminar esse medo, como também transformá-lo num fascínio. A fascinação pode ser manipulada de forma a nos atrair para o nosso pior inimigo.

É por isso que toxo merece o nome de micróbio maquiavélico. Ele não somente pode nos manipular, mas também fazer com que o mal nos pareça benéfico.

A VIDA DE PEYTON ROUS teve um final feliz, ainda que complicado. Durante a Primeira Guerra Mundial, ele ajudou a estabelecer alguns dos primeiros bancos de sangue, ao desenvolver um método de armazenagem das células vermelhas de sangue usando gelatina e açúcar – uma espécie de geleia de sangue. Rous também ampliou seu primeiro trabalho com as galinhas estudando outro tumor obscuro e contagioso, as verrugas gigantes de papiloma, numa ocasião em que se alastraram por coelhos nos Estados Unidos. Rous teve inclusive a honra, como editor de uma revista científica, de publicar o primeiro trabalho estabelecendo a relação entre genes e DNA.

No entanto, apesar desse e de outros trabalhos, Rous desconfiou de que os geneticistas estavam botando a carroça na frente dos bois, e se recusou a ligar os pontos que outros cientistas uniam com tamanho entusiasmo. Por exemplo, antes de publicar o texto que relacionava genes e DNA, ele fez o cientista responsável escrever uma sentença sugerindo que o DNA era tão importante quanto os aminoácidos para as células. Aliás, ele chegou a rejeitar a própria ideia de que os vírus causassem câncer a partir de uma injeção de material genético, ou que mutações do DNA provocassem algum tipo de câncer. Rous acreditava que os vírus promoviam o câncer de outras maneiras, talvez ao liberar toxinas; e embora ninguém soubesse por quê, ele hesitou em aceitar que micróbios pudessem influenciar a genética dos animais da maneira como seu trabalho indicava.

Ainda assim, Rous nunca questionou sua convicção de que os vírus podem causar tumores, e quando desvendaram os complicados detalhes do câncer contagioso de galinhas, seus pares começaram a reconhecer ainda mais a clareza dos primeiros trabalhos do colega. Esse respeito ainda era tímido em algumas facções, e Rous teve de ver seu enteado, muito mais novo, receber um Prêmio Nobel de medicina, em 1963. Mas, em 1966, a comissão do Nobel afinal compensou Francis Peyton Rous com seu merecido prêmio. O hiato de 55 anos entre os importantes trabalhos de Rous e seu Nobel é um dos mais longos da história. Mas a vitória acabou se revelando das mais satisfatórias, mesmo que ele tivesse apenas quatro anos para desfrutá-la antes de falecer, em 1970. Depois de sua morte, o que Rous tinha acreditado ou rejeitado deixou de ser importante. Jovens microbiologistas, ansiosos para explorar como os micróbios reprogramam a vida, passaram a vê-lo como um ídolo, e os livros-texto atuais citam seu trabalho como caso clássico de uma ideia condenada em sua época e exorcizada mais tarde por evidências acerca do DNA.

A história de Cat Crossing também terminou de forma complicada. Com o acúmulo cada vez maior de contas a pagar, os credores quase tomaram posse da casa dos Wright. Apenas as doações de gente que gostava de gatos os salvaram. Nessa época, os jornais começaram também a fuçar o passado de Jack e relataram que, longe de ser um inocente amante de animais, ele já fora condenado por agressão, tendo estrangulado uma *stripteaser.* (O corpo dela foi encontrado num telhado.) Mesmo depois que a crise amainou, os problemas cotidianos continuaram para Jack e Donna. Um visitante relatou que "nenhum dos dois tirava férias, não tinham roupas, mobílias ou tapetes novos". Se um deles se levantasse durante a noite para ir ao banheiro, as dezenas de gatos aninhados na cama se expandiam como amebas para preencher os espaços mais quentes, e ninguém podia entrar de novo embaixo das cobertas. "Às vezes você pensa que vai ficar louco", confessou certa vez Donna. "Não temos como escapar. Eu choro quase todos os dias, no verão." Incapaz de aguentar aquelas pequenas aviltações, Donna acabou saindo de casa. Mas teve de retornar, impossibilitada de se afastar dos gatos. Voltava todos os dias para ajudar Jack a segurar a barra.[6]

Apesar da quase certeza da exposição ao vírus e da infecção, ninguém sabe até que ponto (e se de fato) toxo virou a vida de Jack e Donna pelo avesso. Mesmo que os dois estivessem infectados – e mesmo que os neurologistas conseguissem provar que toxo os manipulava de modo profundo –, é difícil censurar alguém por se preocupar tanto com os animais. Numa perspectiva (muito, muito) mais abrangente, o comportamento desses colecionadores pode estar fazendo um bem evolutivo maior ao misturar nosso DNA, segundo a tese de Lynn Margulis. Interações com toxo e outros micróbios decerto vêm influenciando nossa evolução em vários estágios, talvez de forma profunda. Retrovírus colonizaram nosso genoma em ondas de assalto. Alguns cientistas argumentam que não é coincidência que essas ondas tenham aparecido pouco antes de os mamíferos começarem a prosperar e do surgimento dos primatas hominídeos. Essa descoberta reforça outra teoria recente, de que os micróbios podem esclarecer a dúvida eterna acerca da origem de novas espécies. Uma das tradicionais linhas demarcatórias entre espécies é a reprodução sexual: se duas populações não conseguem procriar entre si e produzir filhos viáveis, é porque são espécies separadas. Em geral as barreiras reprodutivas são mecânicas (os animais não se "encaixam") ou bioquímicas (não resultam em embriões viáveis). Porém, em um experimento com a *Wolbachia* (o bicho de Herodes-Tirésias), cientistas aplicaram antibióticos em duas populações de vespas infectadas que não conseguiam produzir embriões saudáveis na natureza. Isso matou a *Wolbachia* – e de repente permitiu que as vespas se reproduzissem. O que as separava era só uma bactéria.

Dessa ótica, alguns cientistas têm especulado que, se o HIV tivesse atingido níveis epidêmicos e matado a maior parte das pessoas no planeta, a pequena porcentagem de pessoas imunes ao HIV (e elas existem) poderia evoluir numa nova espécie humana. Mais uma vez, isso se resume a barreiras sexuais. Essas pessoas não poderiam fazer sexo com a população não imune (a maioria de nós) sem exterminar todos. Qualquer filho dessa união teria grande probabilidade de morrer de HIV também. Uma vez erguidas, as barreiras sexuais e reprodutivas afastariam as duas espécies de maneira gradual, porém inevitável. O mais louco ainda é que, como é um retrovírus, o HIV um dia poderia inscrir seu DNA nesses novos seres humanos de forma permanente, juntando-se ao genoma, como outros vírus fizeram. Os genes do HIV seriam então copiados para sempre nos nossos descendentes, que não fariam ideia da devastação que ele já tinha provocado.

Claro que dizer que os micróbios se infiltram no nosso DNA pode ser apenas um viés centrado na própria espécie. Os vírus dispõem de uma característica haicai, segundo alguns cientistas, uma concentração de material genético que falta a seus hospedeiros. Alguns pesquisadores chegam a creditar aos vírus a criação do DNA original (a partir do

RNA), bilhões de anos atrás, e argumentam que eles até hoje inventam a maioria dos genes novos. Na verdade, os cientistas que descobriram o DNA do bornavírus nos seres humanos acreditam que, longe de ele forçar o próprio DNA nos primatas, nossos cromossomos *roubaram* esse DNA. Sempre que começa a nadar por aí, nosso DNA móvel acaba agarrando outras raspas de DNA que arrasta para onde estiver indo. O bornavírus só se replica no núcleo das células, onde reside o nosso DNA, e há boa probabilidade de que o DNA móvel tenha assaltado o bornavírus muito tempo atrás, sequestrado seu DNA para guardá-lo até se mostrar útil. Eu acusei toxo de roubar o gene dopamina de seus hospedeiros mamíferos mais sofisticados. A evidência histórica sugere que sim. Mas toxo também circula no núcleo das células, e não há evidência teórica de que não fomos nós que roubamos esse gene.

É difícil decidir o que seria menos elogioso: os micróbios enganaram nossas defesas e inseriram, absolutamente por acaso, as belas ferramentas genéticas de que os mamíferos precisavam para assegurar os avanços evolutivos; ou os mamíferos tiveram de sacudir pequenos germes para roubar seus genes. Em alguns casos, esses foram grandes avanços, saltos que ajudaram a nos tornar humanos. É provável que os vírus tenham criado a placenta dos mamíferos, a interface entre mãe e filho que nos permite dar à luz vida nova e nos capacita a alimentar nossa prole. E mais, além de produzir a dopamina, toxo pode mexer com a atividade de centenas de genes dentro dos neurônios humanos, alterando a maneira como o cérebro funciona. O bornavírus também vive e funciona nos ouvidos, e alguns cientistas argumentam que ele poderia ser fonte importante de acréscimo de uma variedade do DNA que forma e administra o cérebro. Essa variedade é o material bruto da evolução; ao passar micróbios como o bornavírus de um ser humano a outro, provavelmente via sexo, pode muito bem ter aumentado a chance de alguém obter DNA benéfico. Aliás, a maioria dos micróbios responsáveis por esses impulsos deve ter sido transmitida pela via sexual. Isso significa que, se os micróbios eram tão importantes no impulso para adiante da evolução, como sugerem alguns cientistas, as doenças sexualmente transmissíveis (DST), de alguma maneira, são responsáveis pela genialidade humana. Realmente, descendemos dos macacos.

Como observou o virologista Luis Villarreal (e seus pensamentos se aplicam a outros micróbios): "É nossa incapacidade de entender os vírus, em especial os vírus silenciosos, que limita a compreensão do papel que eles desempenham em toda a vida. Só agora, na era dos genomas, podemos ver com clareza suas marcas onipresentes nos genomas de toda vida." Então, talvez não seja o caso de julgar loucas as pessoas que colecionam gatos, ou pelo menos não somente loucas. Elas fazem parte da fascinante história do que acontece quando se mistura DNA de animais e de micróbios.

8. Amor e atavismo

Quais genes tornam os mamíferos mamíferos?

Como todos os anos nascem milhares e milhares de bebês em Tóquio e imediações, a maioria não atrai muita atenção. Em dezembro de 2005, depois de quarenta semanas e cinco dias de gravidez, uma mulher chamada Mayumi deu à luz, sem alarde, uma garota chamada Emiko. (Mudei os nomes dos membros da família por questão de privacidade.) Mayumi tinha 28 anos, e seus exames de sangue e o ultrassom pareciam normais durante a gravidez. O parto e as consequências também foram rotineiros – embora, para o casal, o primeiro filho nunca seja rotineiro. Mayumi e o marido, Hideo, que trabalhava numa plataforma de petróleo, com certeza sentiram todas as ansiedades normais, até o obstetra limpar o muco da boca de Emiko e provocar seu primeiro choro. As enfermeiras colheram sangue da criança para exames de rotina, e mais uma vez deu tudo normal. Prenderam e cortaram o cordão umbilical – ligação vital com a placenta da mãe –, que acabou secando, escurecendo e caindo da maneira usual, formando o umbigo. Alguns dias depois, Hideo e Mayumi saíram do hospital em Chiba, subúrbio do outro lado da baía de Tóquio, com Emiko nos braços. Tudo parecia perfeitamente normal.

Trinta e seis dias depois de dar à luz, Mayumi começou a sangrar pela vagina. Muitas mulheres sofrem hemorragias vaginais depois do parto, contudo, três dias depois, Mayumi apresentava também um forte quadro de febre. Com uma recém-nascida exigindo cuidados, o casal preferiu tratar Mayumi em casa. Mas em uma semana o sangramento se tornou incontrolável, e a família voltou ao hospital. Como o ferimento não cicatrizava, os médicos suspeitaram de algo errado no sangue de Mayumi. Solicitaram um exame de sangue e esperaram.

As notícias não foram boas. O exame de Mayumi deu resultado positivo para um tipo grave de câncer no sangue chamado LLA (leucemia linfoblástica aguda). Enquanto a maioria dos cânceres surge a partir de um DNA defeituoso – uma célula apaga ou copia mal um A, C, G ou T e se volta contra o corpo –, o de Mayumi tinha origem mais complicada. Seu DNA havia passado pelo que se chama de uma translocação ou cromossomo Filadélfia (em referência à cidade em que foi descoberto, em 1960). Uma translocação acontece quando dois cromossomos *não gêmeos* se cruzam por engano e trocam DNA. Ao contrário do tipo mutacional, que pode ocorrer em qualquer espécie, esse estorvo tende a afetar animais superiores com características genéticas específicas.

O DNA produtor de proteínas – genes – na verdade compõe muito pouco do DNA total dos animais superiores, cerca de 1%. Os pesquisadores de moscas de Morgan imaginaram que os genes praticamente trombavam uns com os outros nos cromossomos, apinhando-se como as ilhas Aleutas, no Alasca. Na verdade, os genes são poucos e raros, como as ilhas da Micronésia espalhadas no vasto oceano Pacífico dos cromossomos.

Mas o que faz todo esse DNA extra? Há muito os cientistas determinaram que ele não faz nada, é esnobado como "DNA-lixo". Desde então, esse termo tem assombrado os pesquisadores. O chamado DNA-lixo, na verdade, contém milhares de trechos críticos que ligam e desligam ou regulam os genes – o "lixo" administra os genes. Analisando um exemplo, os chimpanzés e outros primatas têm calombos curtos, duros como unhas (chamados espinhos), protuberando no pênis. Os seres humanos não apresentam esses espinhos porque, em algum momento, nos últimos milhões de anos, perdemos 6 mil letras de DNA-lixo regulador – DNA que de outra forma levaria certos genes (que ainda temos) a formar os espinhos. Além de poupar as vaginas, essa perda diminui a sensibilidade masculina durante o sexo e prolonga a cópula. Os cientistas acreditam que isso ajuda os seres humanos a acasalar e a se manter monógamos. Outro DNA-lixo combate o câncer, ou nos mantém vivos.

Para surpresa deles, os cientistas até encontraram DNA-lixo – ou, como eles chamam agora, "DNA não codificador" – amontoado nos próprios genes. As células transformam DNA em RNA de maneira mecânica, sem pular nenhuma letra. Mas com o manuscrito completo do RNA nas mãos, as células apertam os olhos, lambem um lápis vermelho e começam a cortar – como um escritor plagiando outro. Esse processo de edição consiste basicamente em eliminar o RNA desnecessário e costurar os pedaços restantes para formar a verdadeira mensagem do RNA. (Estranhamente, as partes excisadas são chamadas "íntrons", e as partes inclusas, "éxons". Vai entender os cientistas...) Por exemplo, o RNA bruto com os dois éxons (letras maiúsculas) e íntrons (minúsculas) poderia ser lido como abcdefGHijklmnOpqrSTuvwxyz. Quando reduzido aos éxons, torna-se GHOST.

Animais inferiores como insetos, vermes e sua laia gosmenta contêm somente alguns poucos e curtos íntrons; não fosse assim, se os íntrons crescessem demais ou se tornassem muito numerosos, as células ficariam confusas e não conseguiriam mais tecer algo coerente. Nesse caso, as células dos mamíferos mostram mais aptidão: podemos folhear páginas e páginas de íntrons inúteis sem jamais perder o fio do que os éxons estão dizendo. Mas esse talento tem suas desvantagens. Uma delas é que o equipamento de edição do RNA, nos mamíferos, precisa trabalhar muitas horas não remuneradas; o gene médio humano contém oito íntrons, cada qual com um comprimento médio de 3.500 letras – trinta vezes mais longo que os éxons que eles envolvem. O gene para a maior proteína humana, a *titin*, contém 178 fragmentos, totalizando 80 mil bases, e todas devem ser emendadas com precisão. Um gene ainda mais radicalmente espaçoso – o gene da distrofina, a muralha da China do DNA humano – contém 14 mil bases de DNA codificador entre 2,2 milhões de bases de íntrons decisivos. Só a transcrição leva dezesseis horas. No todo, esse encaixe constante é uma incrível perda de energia, e qualquer escorregão pode arruinar proteínas importantes. Uma disfunção genética como um remendo inapropriado nas células da pele humana elimina os sulcos e os redemoinhos das impressões digitais, deixando as pontas dos dedos totalmente lisas. (Os cientistas apelidaram essa condição de "immigration delay disease"*, já que esses mutantes causam grande con-

* Em tradução livre, "doença da demora de imigração". (N.R.T.)

fusão quando atravessam fronteiras.) Outras perturbações nesses remendos são mais sérias: os enganos na distrofina causam a distrofia muscular.

Os animais aguentam o desperdício e o risco porque os íntrons conferem versatilidade às nossas células. Certas células podem escapar dos éxons de vez em quando, ou deixar parte de um íntron no lugar, ou editar o mesmo RNA de forma diferente. Por isso, ter íntrons e éxons dá às células a liberdade de experimentar; elas podem produzir diferentes RNAs em momentos diversos, ou ajustar proteínas para diferentes ambientes do corpo.[1] Só por essa razão específica os mamíferos aprenderam a tolerar vastos números de longos íntrons.

Mas, como Mayumi descobriu, a tolerância pode sair pela culatra. Longos íntrons propiciam lugares onde cromossomos não gêmeos se emaranham, já que inexistem éxons para se preocupar com o distúrbio. O cromossomo Filadélfia ocorre em dois íntrons – um no cromossomo 9, outro no cromossomo 22 – excepcionalmente longos, o que aumenta a probabilidade de esses trechos entrarem em contato. No início, nossas tolerantes células veem essa troca como algo sem importância. As células de Mayumi fundiram dois genes que jamais poderiam se fundir – genes que formaram, em sequência, uma proteína híbrida monstruosa que não poderia fazer o trabalho de um gene individual da forma adequada. O resultado foi a leucemia.

Os médicos encaminharam Mayumi para quimioterapia, no hospital, mas o câncer fora descoberto tarde, e ela continuou muito doente. E enquanto Mayumi piorava, os doutores começaram a conjeturar: e Emiko? O LLA é um câncer célere, mas nem tanto assim. Com certeza Mayumi já estava doente quando engravidou de Emiko. Então, será que a garotinha poderia ter "pegado" o câncer da mãe? Câncer entre mulheres grávidas não é incomum, acontece em um a cada mil casos. Mas nenhum dos médicos tinha visto um feto contrair câncer: a placenta, órgão que liga a mãe ao filho, deveria rechaçar essa invasão, pois, além de levar nutrientes e remover detritos, ela atua como parte do sistema imunológico do feto, bloqueando micróbios e células vilãs.

Mesmo assim, a placenta não é a toda prova – os médicos alertam as mulheres grávidas para não mexer em fezes de gato, pois toxo pode ocasionalmente penetrar na placenta e bagunçar o cérebro do feto. Depois de algumas pesquisas e de consultar especialistas, os médicos perceberam que, em raras ocasiões – algumas dezenas, desde o primeiro caso conhecido, nos anos 1860 –, mães e fetos têm câncer ao mesmo tempo. Ninguém jamais tinha conseguido *provar* nada sobre a transmissão desses cânceres, pois mãe, fetos e placenta são tão estreitamente ligados que a questão de causa e efeito também se emaranha. Em outros casos, talvez o feto tivesse passado o câncer para a mãe. Talvez ambos tenham se exposto a carcinógenos desconhecidos. Talvez fosse apenas uma coincidência doentia – duas fortes predisposições genéticas ao câncer disparando ao mesmo tempo. Mas os médicos de Chiba, trabalhando em 2006, tinham uma ferramenta de que nenhuma geração anterior dispunha: o sequenciamento genético. Enquanto o caso de Mayumi-Emiko evoluía, os médicos usaram o sequenciamento genético para determinar, pela primeira vez, se era ou não possível a mãe passar câncer ao feto. Mais ainda, o trabalho de detetive destacou algumas funções e mecanismos do DNA específicos dos mamíferos, características que podem servir como trampolim para pesquisar como os mamíferos são especiais em termos genéticos.

Claro que os médicos de Chiba não imaginavam que seu trabalho os levaria tão longe. A preocupação imediata era tratar Mayumi e monitorar Emiko. Para alívio de todos, a menina estava muito bem. É verdade que ela não sabia por que havia sido afastada da mãe e por que a amamentação – tão importante para mães e filhos mamíferos – foi suspensa durante a quimioterapia. Isso decerto a fez se sentir mal. Porém, fora isso, Emiko correspondeu ao crescimento e às marcas de desenvolvimento, e passou por inúmeros exames médicos. Deu tudo normal.

A IDEIA ASSUSTA as mulheres grávidas, mas pode-se dizer que os fetos são parasitas. Depois da concepção, o minúsculo embrião se infiltra em seu hospedeiro (a mãe) e se implanta. Em seguida, manipula os hormônios dela para desviar alimento para si. Torna a mãe "doente" e se protege de seu sistema imunológico, que poderia destruí-lo. Esses são jogos bem-conhecidos pelos parasitas. E ainda nem falamos da placenta.

No reino animal, a placenta é praticamente o aspecto que define os mamíferos.[2] Alguns mamíferos maluquinhos, que se apartaram da nossa linhagem muito tempo atrás (como os ornitorrincos), põem ovos, assim como peixes, répteis, pássaros, insetos e quase todas as outras criaturas. Mas, entre os cerca de 2.150 tipos de mamíferos, 2 mil têm placenta, inclusive os mamíferos mais disseminados e bem-sucedidos, como morcegos, roedores e homens. O fato de os mamíferos placentários terem se expandido de um modesto começo para ocupar os céus, os mares e todos os outros nichos, dos trópicos aos polos, indica que a placenta propiciou a eles – e a nós – uma grande vantagem em termos de sobrevivência.

Talvez o maior benefício da placenta seja permitir que a mãe mamífera tenha a criança viva e se desenvolvendo dentro dela. Em decorrência disso, pode manter o filho quente dentro do útero e fugir do perigo com ele, vantagens que as criaturas que procriam na água ou nos ninhos não possuem. Os fetos vivos também têm mais tempo para gerar e desenvolver órgãos energéticos como o cérebro; a capacidade da placenta para expulsar detritos do corpo ajuda também no desenvolvimento do cérebro, pois os fetos não ficam em um banho-maria de toxinas. Mais ainda, por investir tanta energia no feto em desenvolvimento – sem mencionar a ligação íntima e literal sentida por causa da placenta –, a mãe mamífera se sente incentivada a nutrir e a cuidar dos filhos, às vezes durante anos. A extensão desse investimento é algo raro entre os animais, e os filhotes mamíferos retribuem formando laços especialmente fortes com as mães. Assim, em certo sentido, ao possibilitar tudo isso, a placenta nos transformou em criaturas mamíferas e em cuidadores.

Isso torna ainda mais inquietante o fato de a placenta, com toda a probabilidade, ter evoluído de nossos velhos amigos retrovírus. Porém, do ponto de vista biológico, a relação faz sentido. Agarrar-se às células é um talento dos vírus; eles fundem seus "envelopes" (a pele externa) a uma célula antes de injetar seu material genético nela. Quando uma bola de células embrionárias mergulha no útero e ali ancora, o embrião também funde parte dele mesmo às células uterinas, usando proteínas especiais de fusão. O DNA que primatas, ratos e outros mamíferos usam para produzir essas proteínas de fusão parece um plágio dos genes utilizados pelos retrovírus para se fixar e soldar seus envelopes. O útero dos mamíferos placentários depende muito de outro DNA semelhante aos dos vírus para realizar seu trabalho, empregando um gene saltador específico, chamado *MER20*, para fazer entrar 1.500 genes nas células uterinas. Nos dois casos, parece que, mais uma vez, tomamos emprestado algum material genético de um parasita e o adaptamos para nossos próprios fins. Como bônus, os genes virais da placenta ainda providenciam imunidade extra, já que a presença de proteínas de retrovírus (seja espantando ou competindo com elas) desestimula outros micróbios a circular pela placenta.

Como parte de suas funções imunológicas, a placenta filtra qualquer célula que tente invadir o feto, inclusive células cancerosas. Infelizmente, outros aspectos da placenta a tornam muito atraente para o câncer. A placenta produz hormônios de crescimento para promover a vigorosa divisão das células fetais, e alguns cânceres também vicejam nesses hormônios de crescimento. Além disso, a placenta suga enormes quantidades de sangue e esguicha nutrientes para o feto. Isso significa que cânceres de sangue, como a leucemia, podem se insinuar e prosperar na placenta. Cânceres geneticamente programados para se alastrar em metástases, como o melanoma do câncer de pele, entram no sangue e circulam pelo corpo, e também acham a placenta bastante hospitaleira.

De fato, o melanoma é o mais comum dos cânceres desenvolvidos ao mesmo tempo por mães e fetos. O primeiro câncer simultâneo foi registrado em 1866, na Alemanha, envolvendo um melanoma vagante que aleatoriamente se enraizou no fígado da mãe e no joelho do filho. Ambos morreram em nove dias. Outro caso horripilante ceifou uma mulher de 28 anos, na Pensilvânia, referida apenas como "R. McC" por seus médicos. Tudo começou quando a sra. McC sofreu uma brutal queimadura de sol em abril de 1960. Pouco depois, uma verruga de mais de 1cm brotou entre suas espáduas, e sangrava sempre que tocada. Os médicos retiraram a verruga, e ninguém pensou mais a respeito até maio de 1963, quando a mulher estava grávida de algumas semanas. Durante um exame geral, os médicos notaram um nódulo embaixo da pele, em seu estômago.

Em agosto, o módulo tinha aumentado mais que a barriga, e surgiram outros nódulos doloridos. Em janeiro, as lesões tinham se espalhado por membros e rosto, e os médicos fizeram uma cesariana. O menino parecia bem – pesava 3,40kg. Mas o abdômen da mãe estava marcado por dezenas de tumores, alguns deles negros. Não surpreende que o parto tenha esgotado as forças que lhe restavam. Em uma hora, seu pulso caiu para 36 pulsações por minuto. Embora os médicos tenham tentado ressuscitá-la, ela morreu em poucas semanas.

E quanto ao garoto McC? No início houve esperança. Apesar do câncer disseminado, os médicos não viram tumores no útero ou na placenta da sra. McC – o ponto de contato com o filho. Embora o menino estivesse fragilizado, um meticuloso exame de todas as reentrâncias e saliências não revelou qualquer verruga suspeita. Mas não era possível examiná-lo por dentro. Onze dias depois começaram a surgir pequenas manchas azul-escuras na pele do recém-nascido. As coisas deterioram depressa depois disso. Os tumores se expandiram e se multiplicaram, matando o garoto em sete semanas.

Mayumi tinha leucemia, não melanoma, mas, fora isso, sua família viveu em Chiba o mesmo drama de McC, quatro décadas antes. No hospital, o estado de Mayumi piorava dia após dia, com o sistema imunológico enfraquecido por três semanas de quimioterapia. Afinal ela contraiu uma infecção bacteriana e foi acometida por encefalite, uma inflamação cerebral. Seu corpo começou a sofrer ataques e convulsões – resultado do cérebro entrando em pânico, atirando a esmo –, e o coração e os pulmões também começaram a falhar. Apesar da terapia intensiva, ela morreu dois dias depois de contrair a infecção.

Em outubro de 2006, nove meses depois de enterrar a esposa, Hideo teve de voltar ao hospital com Emiko. A até então saltitante menininha tinha água nos pulmões e, mais perigoso ainda, uma massa vermelha e febril desfigurando o queixo e o lado direito da bochecha. Na ressonância magnética (REM), aquele queixo parecia enorme – tão grande quanto o pequeno cérebro de Emiko. (Tente expandir sua bochecha o máximo possível com ar, e o tamanho não chegaria nem perto.) Baseados na localização dentro da bochecha, os médicos de Chiba diagnosticaram sarcoma, um câncer dos tecidos conectivos. Porém, com Mayumi ainda na cabeça, eles consultaram especialistas em Tóquio e na Inglaterra, e resolveram examinar o DNA do tumor para ver o que achavam.

Encontraram cromossomo Filadélfia. Mas não era um cromossomo Filadélfia qualquer. Repetindo, esse cruzamento acontece em dois íntrons tremendamente longos, com 68 mil letras num cromossomo, 200 mil letras de comprimento no outro. (Este capítulo tem cerca de 30 mil letras.) Os dois filamentos dos cromossomos poderiam ter se cruzado em qualquer lugar entre milhares de pontos diferentes. Mas o DNA no câncer de Mayumi e de Emiko tinha se cruzado no mesmo ponto e na mesma letra. Aquilo não era uma coincidência. Apesar de alojado na bochecha de Emiko, tratava-se basicamente do mesmo câncer.

Mas quem passou o câncer para quem? Os cientistas nunca conseguiram resolver esse mistério; até o caso de McC era ambíguo, já que os tumores fatais só apareceram depois do início da gravidez. Os médicos examinaram o sangue extraído de Emiko no nascimento e determinaram que o câncer já estava presente. Exames genéticos mais detalhados revelaram que as células normais (não tumorosas) de Emiko *não* apresentavam o cromossomo Filadélfia. Então Emiko não tinha herdado qualquer predisposição a esse câncer. Ele foi desenvolvido em algum momento entre a concepção e o parto, quarenta semanas depois. Mais ainda, as células normais de Emiko também mostraram, como esperado, tanto DNA da mãe quanto do pai. No entanto, as células tumorosas da bochecha não continham DNA de Hideo, só de Mayumi. Isso provava, de forma inquestionável, que Mayumi havia passado o câncer para Emiko, e não vice-versa.

Fosse qual fosse a sensação de triunfo dos cientistas, ela foi silenciada. Como acontece com frequência em pesquisas médicas, os casos interessantes se originam dos sofrimentos mais dolorosos. E em praticamente todos os outros casos da história em que um feto e a mãe tiveram câncer simultaneamente, os dois sucumbiram depressa, em geral em um ano. Mayumi já tinha morrido, e quando os médicos encaminharam Emiko, com onze meses, para quimioterapia, sem dúvida achavam que as perspectivas não eram boas.

Os geneticistas envolvidos no caso se sentiram abalados de alguma forma. A disseminação do câncer foi, em essência, um transplante de células de uma pessoa para outra. Se Emiko tivesse recebido um órgão da mãe ou parte do seu tecido enxertado na bochecha, seu corpo teria rejeitado como se fossem células estranhas. Mas o câncer, logo o câncer, tinha se enraizado sem disparar os alarmes da placenta ou atrair a ira do sistema imunológico de Emiko. Como? Os cientistas encontraram a resposta final num aspecto do DNA bem distante do cromossomo Filadélfia, numa área chamada MHC.

Biólogos da época de Lineu consideravam um fascinante exercício listar todas as características que tornam os mamíferos *mamíferos*. Um lugar para começar – é a origem do termo latino para seio, *mamma* – é a amamentação. Além de fornecer nutrição, o leite do seio ativa dezenas de genes nos bebês aleitados, a maioria nos intestinos, mas talvez também em lugares como o cérebro. Sem querer causar mais pânico nas mulheres grávidas, parece que o leite artificial, por mais semelhante em carboidratos, gorduras, proteínas, vitaminas e no gosto, até onde sei, não turbina o DNA do bebê da mesma forma.

Outras características notáveis dos mamíferos incluem o pelo (até baleias e golfinhos ostentam penteados), a estrutura do ouvido interno e da mandíbula e o antigo hábito de mastigar a comida antes de engoli-la (os répteis não têm esses modos). Porém, no plano microscópico, um bom lugar para procurar a origem dos mamíferos é o complexo principal de histocompatibilidade (MHC, na sigla em inglês para Major Histocompatibility Complex). Quase todos os vertebrados têm um MHC, um conjunto de genes que ajuda o sistema imunológico. Mas o MHC é especialmente apreciado pelos mamíferos. Está entre os trechos de DNA mais ricos em genes de que dispomos, mais de cem genes empacotados numa pequena área. Assim como nosso equipamento de edição íntron/

éxon, temos um MHC maior e mais sofisticado que o das outras criaturas.[3] Alguns desses cem genes têm mais de mil diferentes variedades nos seres humanos, oferecendo um número virtualmente ilimitado de combinações para herdar. Mesmo parentes próximos podem se diferenciar substancialmente quanto ao MHC, e as distinções entre pessoas aleatórias são centenas de vezes maiores que nos outros trechos de DNA. Os cientistas às vezes dizem que os seres humanos têm mais de 99% de genes idênticos. Isso não acontece no nosso MHC.

As proteínas do MHC fazem basicamente duas coisas. Primeiro, algumas delas pegam uma amostragem aleatória de moléculas dentro da célula e colocam-nas em exposição na superfície celular. Essa exposição faz com que outras células, principalmente as imunológicas "matadoras", saibam o que está acontecendo no interior da célula. Se vir o MHC montando apenas células normais, a matadora ignora a célula. Se detectar algum material anormal – fragmentos de bactéria, proteínas cancerígenas ou outros sinais –, ela pode atacar. A diversidade do MHC ajuda os mamíferos porque diferentes proteínas de MHC se fixam e soam o alarme contra perigos diversos; por isso, quanto maior a diversidade no MHC dos mamíferos, mais coisas uma criatura pode combater. Muito importante também: ao contrário de outras características, os genes do MHC não interferem uns nos outros. Mendel identificou as primeiras características dominantes, casos em que algumas versões de genes "venciam" outras. Com o MHC, todos os genes trabalham de forma independente, e nenhum mascara o outro. Eles cooperam, dividem o domínio.

Quanto à segunda função, mais filosófica, o MHC faz com que nosso corpo distinga entre ele e não ele. Enquanto as proteínas acumuladas se fragmentam, os genes do MHC fazem nascer pequenos pelos, como barbas, na superfície de todas as células; como cada criatura tem uma única combinação de genes MHC, essa barba celular terá uma só combinação de cores e cachos. Qualquer intruso que não pertença ao corpo (como células de outros animais ou pessoas) com certeza terá seus próprios genes MHC espetando, como barbas específicas. Nosso sistema imunológico é tão preciso que perceberá essas barbas como diferentes e – mesmo que essas células não exibam parasitas ou sinais de doenças – reunirá as tropas para matar os invasores.

Destruir invasores costuma ser uma coisa boa. Mas um dos efeitos colaterais da vigilância do MHC é que nosso corpo rejeita órgãos transplantados, a não ser que o receptor tome drogas que suprimam seu sistema imunológico. Às vezes nem isso funciona. O transplante feito com órgãos de animais aliviaria a falta crônica de doadores humanos, mas os animais têm um MHC tão bizarro (para nós) que nosso corpo o rejeita instantaneamente. Chegamos inclusive a destruir tecidos e vasos sanguíneos *ao redor* dos órgãos de animais implantados, como soldados em retirada queimando colheitas para o inimigo não aproveitar o alimento. Provocando a paralisia total do sistema imunológico, os médicos conseguem manter as pessoas vivas com coração e fígado de babuínos por algumas semanas, mas até agora o MHC sempre vence.

Por razões semelhantes, o MHC tornou as coisas difíceis para a evolução dos mamíferos. A mãe mamífera tem todo o direito de atacar o feto dentro do corpo como um crescimento alienígena, já que metade de seu DNA (MHC e tais) não é dela. Ainda bem que a placenta faz a mediação desse conflito ao restringir o acesso ao feto. O sangue se acumula na placenta, mas não chega até o bebê; só chegam os nutrientes. Em decorrência, um feto como Emiko deveria ser perfeito, invisível como um parasita para as células imunológicas de Mayumi, que nunca poderiam ter chegado até o feto. Mesmo que algumas tivessem passado pelo portão placentário, o sistema imunológico de Emiko deveria reconhecer e destruir o MHC estrangeiro.

Porém, quando examinaram o MHC das células cancerosas de Mayumi, os cientistas descobriram algo que seria quase admirável por sua esperteza, se não fosse tão sinistro. Nos seres humanos, o MHC está localizado no filamento mais curto do cromossomo 6. Os cientistas notaram que esse filamento mais curto nas células cancerosas de Mayumi era ainda mais curto que o normal – porque as células tinham apagado seu MHC. Alguma mutação desconhecida simplesmente o eliminara de seus genes. Isso o deixou funcionalmente invisível pelo lado de fora, por isso, nem a placenta nem o sistema imunológico de Emiko conseguiram classificar ou reconhecer aquelas células. Eles não tinham como sondá-las para saber se eram alienígenas, e muito menos se abrigavam algum câncer.

Assim, os cientistas conseguiram relacionar a invasão do câncer de Mayumi a duas causas: o cromossomo Filadélfia, que as tornou malignas, e a mutação do MHC, que as tornou invisíveis e permitiu que invadissem e se alojassem na bochecha de Emiko. A probabilidade de que uma das coisas acontecesse era baixa; a probabilidade de acontecerem na mesma célula, ao mesmo tempo, numa mulher que por acaso estava grávida, era astronomicamente baixa. Mas não igual a zero. De fato, os cientistas agora desconfiam que, na maior parte dos casos históricos em que as mães passam câncer aos fetos, algo semelhante desabilitou ou comprometeu o MHC.

Se seguirmos ainda mais o fio, o MHC pode ajudar a esclarecer outro aspecto da história de Hideo, Mayumi e Emiko, um fio que remete aos nossos primeiros dias como mamíferos. Um feto em desenvolvimento precisa conduzir toda uma orquestra de genes dentro de cada célula, estimulando alguns DNAs a tocar mais alto e abafando outras seções. No início da gravidez, os genes mais ativos são os que os mamíferos herdaram de nossos ancestrais reptilianos, que punham ovos. É uma experiência de humildade folhear um livro-texto de biologia e ver a incrível semelhança entre o começo do embrião humano e o de pássaros, lagartos e peixes. Os seres humanos têm inclusive caudas e fendas de guelras rudimentares – incontestável atavismo do nosso passado animal.

Depois de algumas semanas, o feto altera os genes reptilianos e reúne um entourage de genes específicos dos mamíferos, e logo ele começa a parecer algo que você imagina parecido com seus "avós". Mesmo nesse estágio, porém, se os genes certos forem silenciados ou perturbados, os atavismos (isto é, as regressões genéticas) podem aparecer. Algumas pessoas nascem com os mesmos mamilos extras que as leitoas.[4] A maior parte desses mamilos se dispõe pela "linha do leite", que corre na vertical, ventre abaixo, mas podem aparecer até na sola do pé. Outros genes atávicos deixam pessoas com o corpo coberto de pelos, inclusive as bochechas e a testa. Cientistas conseguem até distinguir (com o perdão dos pejorativos) entre pelagens de "cão" e "macaco", dependendo de espessura, cor e outras características do pelo.

Crianças nas quais falta um pedaço da extremidade do cromossomo 5 desenvolvem a síndrome *cri-du-chat*, ou "grito do gato", assim chamada por causa dos uivos e miados. Algumas crianças também nascem com caudas. Em geral centradas acima das nádegas, essas caudas têm músculos e nervos, e chegam a medir 13cm de comprimento e 2,5cm de diâmetro. Às vezes elas aparecem como efeitos colaterais de disfunções genéticas recessivas que provocam problemas anatômicos abrangentes; mas as caudas podem aparecer de forma idiossincrática também, em crianças normais quanto aos outros aspectos. Pediatras já relataram que esses meninos e meninas conseguem curvar as caudas como a tromba de um elefante, e que elas se contraem involuntariamente quando as crianças tossem ou espirram.[5] Todos os fetos têm caudas durante as seis primeiras semanas, mas em geral elas se retraem depois de oito semanas, quando suas células morrem, e o corpo absorve o excesso de tecido. As caudas que persistem provavelmente são fruto de mutações espontâneas, mas algumas crianças com caudas têm parentes com cauda. A maioria extirpa o apêndice inofensivo logo após o nascimento, mas outras só vão pensar nisso na idade adulta.

Todos nós temos silenciosos atavismos internos, esperando apenas os sinais genéticos apropriados para despertar. Aliás, existe um atavismo genético do qual ninguém escapa. Aproximadamente quarenta dias depois da concepção, dentro da cavidade nasal, os seres humanos desenvolvem um tubo de mais ou menos 0,25mm de comprimento, com uma fenda de cada lado. Essa incipiente estrutura, o órgão vomeronasal (OVN), é comum entre os mamíferos, que o utilizam para mapear o mundo ao redor. Ela funciona como um nariz auxiliar, só que, em vez de cheirar coisas, como fazem as criaturas sencientes (fumaça, comida podre), o órgão

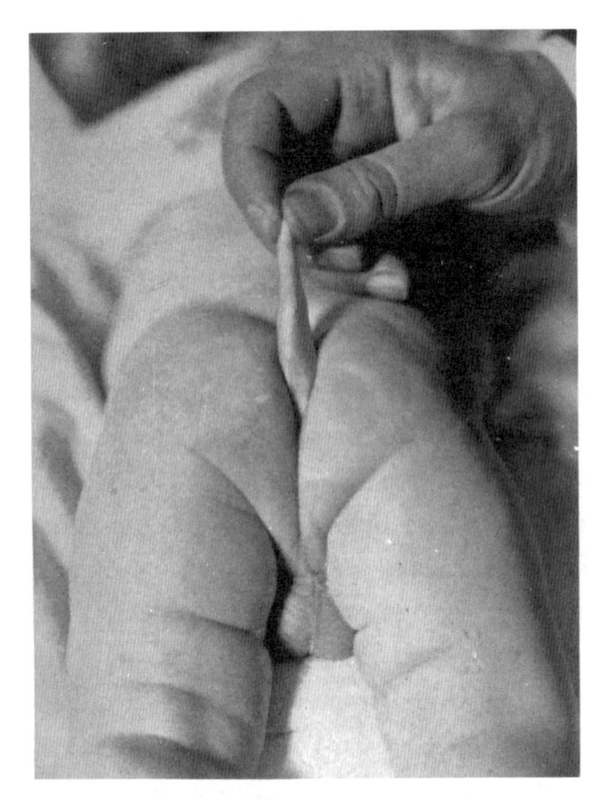

Bebê robusto e saudável nascido com cauda –
uma recessão genética do nosso passado primata.

vomeronasal detecta feromônios, que são aromas velados, vagamente semelhantes aos hormônios; mas enquanto os hormônios administram instruções internas ao nosso corpo, os feromônios nos dão instruções (ou ao menos piscadas e olhares significativos) a respeito de outros membros da nossa espécie.

Como os feromônios ajudam nas interações sociais, em especial nos encontros íntimos, o fechamento do OVN em certos mamíferos pode ter consequências bisonhas. Em 2007, cientistas da Universidade Harvard desabilitaram geneticamente o OVN de fêmeas de ratos. Quando ficavam entre elas, não havia grandes mudanças – as ratas agiam normalmente. Mas se deixadas com fêmeas normais, as ratas alteradas as tratavam como os romanos trataram as mulheres sabinas. Atacavam e montavam nas fêmeas. Apesar da falta do equipamento adequado, começavam a mover o quadril para a frente e para trás. As fêmeas bizarras chegavam a gemer como machos, emitindo guinchos ultrassônicos que, até então, só eram ouvidos no orgasmo dos ratos machos.

Os seres humanos dependem menos do aroma que outros mamíferos. Ao longo da nossa evolução perdemos ou desligamos seiscentos genes de olfato comuns nos mamíferos. Mas isso torna ainda mais chocante que nossos genes continuem produzindo um OVN. Os cientistas chegaram a detectar nervos ligando o OVN fetal ao cérebro, e viram esses nervos enviando sinais de ida e volta. Porém, por razões desconhecidas, apesar de todo o trabalho de criação e programação do órgão, nosso corpo negligencia esse sexto sentido, e depois de dezesseis semanas ele começa a murchar. Na idade adulta, o órgão já se retraiu tanto que a maioria dos cientistas ainda se indaga se os seres humanos têm mesmo um OVN, quanto mais se ele é ou não funcional.

O debate a respeito do OVN se insere numa discussão histórica mais ampla e menos venerável sobre supostos vínculos entre aroma, sexualidade e comportamento. No fim dos anos 1800, um dos amigos mais pirados de Sigmund Freud, o dr. Wilhelm Fliess, definia o nariz como o órgão sexual mais potente. Sua "teoria da neurose do refluxo nasal" era uma mixórdia nada científica de numerologia, casos sobre masturbação e menstruação, mapas de hipotéticos "pontos genitais" dentro do nariz e experimentos que envolviam pingar cocaína na mucosa nasal das pessoas e monitorar a libido. O fracasso em explicar realmente qualquer coisa sobre a sexualidade humana não desclassificou o trabalho de Fliess. Ao contrário, seu trabalho influenciou Freud, e este permitiu que o discípulo tratasse seus pacientes (e, segundo algumas especulações, inclusive o próprio Freud) por excessos masturbatórios. As ideias de Fliess acabaram morrendo, mas a sexologia pseudocientífica jamais decaiu. Nas décadas recentes, mascates passaram a vender perfumes e colônias enriquecidos de feromônios que supostamente transformariam o usuário num ímã sexual. (Pode esperar sentado.) E, em 1994, um cientista militar dos Estados Unidos requisitou US$ 7,5 milhões da Força Aérea para desenvolver uma "bomba gay", baseada em feromônios. A requisição descrevia a arma como uma forma de guerra "detestável, porém completamente não letal". Os feromônios seriam borrifados sobre as tropas inimigas (formadas na maioria por homens), e de algum modo aquele aroma – os detalhes eram vividamente esboçados, pelo menos fora das fantasias do cientista – os colocaria em tal efervescência sexual que todos largariam as armas e ficariam no oba-oba, em vez de guerrear. Nossos soldados, usando máscaras de gás, só precisariam aprisioná-los.[6]

Perfumes e bombas gay à parte, alguns legítimos trabalhos científicos revelaram que os feromônios podem influenciar o comportamento humano. Quarenta anos atrás, cientistas determinaram que os feromônios fazem com que os ciclos menstruais de mulheres que moram juntas confluam para a mesma data. (Não é um mito.) E mesmo que o amor humano não possa ser reduzido a uma interação de substâncias químicas, as evidências mostram que o desejo humano em si – ou atração, para ser mais reservado – tem um forte componente olfativo. Antigos livros de antropologia, sem mencionar o próprio Charles Darwin, se admiravam com o fato de que, em sociedades que nunca desenvolveram o costume de beijar, os amantes potenciais costumam se cheirar, em vez de trocar umas beijocas. Mais recentemente, médicos suecos realizaram alguns experimentos que refletem o radical estudo de Harvard com as ratas. Eles expuseram mulheres heterossexuais e homossexuais e homens heterossexuais e homossexuais a um feromônio do suor masculino. Durante a exposição, a sondagem do cérebro das mulheres heterossexuais e dos homossexuais masculinos – mas não dos homens heterossexuais – mostrou sinais de excitação. O experimento seguinte revelou que feromônios da urina feminina excitavam homens heterossexuais e mulheres gays, mas não mulheres heterossexuais. Parece que o cérebro de pessoas com diferentes orientações sexuais responde de forma diversa aos odores de cada sexo. Isso não prova que os seres humanos tenham um OVN funcional, mas sugere que ainda retemos parte de nossa capacidade de detectar feromônios, talvez mudando geneticamente a responsabilidade para o nariz normal.

Talvez a evidência mais direta de que o cheiro pode influenciar a excitação sexual nos seres humanos venha – afinal estamos voltando a ele – do MHC. Goste ou não, seu corpo propagandeia seu MHC cada vez que você ergue o braço. Os seres humanos têm alta concentração de glândulas sudoríparas nas axilas; misturados à água, ao sal e ao óleo excretados há feromônios que soletram exatamente os genes MHC que as pessoas têm para se proteger das doenças. Essas propagandas do MHC flutuam no seu nariz, onde as células nasais podem avaliar quanto o MHC de outra pessoa difere do nosso. Isso é algo útil no julgamento de um parceiro, pois é possível estimar o provável estado de saúde de qualquer filho que os dois venham a ter. Lembre-se de que os genes MHC não interferem uns nos outros – eles dividem o domínio. Se mãe e pai tiverem MHCs diferentes, o bebê vai herdar a resistência a doenças combinada dos dois. Quanto maior a resistência genética, melhor estará o bebê.

Essa informação respinga no inconsciente do nosso cérebro, mas pode se revelar por que, sem razão, de repente achamos muito sensual uma pessoa esquisita. Contudo, é impossível saber ao certo, sem experimentos, quando isso acontece. A probabilidade é de que o MHC da outra pessoa seja bastante diferente do nosso. Em diversos estudos, quando mulheres cheiraram uma camiseta usada na cama por homens que nunca viram ou conheceram, classificavam os homens com MHC mais contrastante (comparado ao próprio) como os mais sensuais da turma. Outros estudos indicam que, em lugares de alta diversidade genética, como partes da África, ter um MHC muito diferente não aumenta a atração. No entanto, a relação entre MHC e atração parece se manter em locais mais homogêneos em termos genéticos, como mostraram estudos feitos em Utah, nos Estados Unidos. Essa descoberta pode também ajudar a explicar por que – por serem mais semelhantes em termos de MHC que a média – consideramos repugnante a ideia de fazer sexo com o irmão ou a irmã.

Mais uma vez, não faz sentido reduzir o amor humano a substâncias químicas; ele é muuuuuito mais complexo que isso. Porém, não estamos tão distantes de nossos companheiros mamíferos quanto imaginamos. Substâncias químicas fomentam e impulsionam o amor, e algumas das mais poderosas substâncias químicas são os feromônios que fazem propaganda do MHC. Quando duas pessoas de locais geneticamente homogêneos – como Hideo e Mayumi – se encontram, se apaixonam e decidem ter um filho, por mais que possamos explicar essas coisas em termos biológicos, é provável que os MHCs de ambos tenham alguma coisa a ver com a história. Isso torna ainda mais pungente o fato de que o desaparecimento desse mesmo MHC tenha possibilitado o câncer que quase matou Emiko.

Quase. A taxa de sobrevivência para mães e filhos com câncer simultâneo continua incrivelmente baixa, apesar dos grandes avanços da medicina, desde 1866. Mas, ao contrário da mãe, Emiko respondeu bem ao tratamento, em parte porque os médicos orientaram a quimioterapia para o DNA do tumor que ela tinha. Emiko nem precisou dos dolorosos transplantes de medula impostos à maioria das crianças com esse tipo de câncer. Ela está viva até hoje (batendo na madeira), tem quase sete anos e continua morando em Chiba.

Não vemos o câncer como uma doença transmissível. Mas gêmeos podem passar câncer um para o outro no útero; órgãos transplantados podem passar câncer para o receptor; e mães podem até passar câncer para o feto, apesar das defesas da placenta. Porém, Emiko é prova de que contrair um câncer avançado, mesmo no útero, não precisa ser fatal. Casos como o dela vêm aumentando nossa compreensão do papel do MHC no câncer, demonstrando que a placenta é mais permeável do que a maioria dos cientistas pensava. "Estou inclinado a achar que talvez as células passem [pela placenta] em números modestos o tempo todo", diz um geneticista que trabalhou com a família de Emiko. "Pode-se aprender muito com casos muito raros na medicina."

De fato, outros cientistas já chegaram à conclusão de que a maioria de nós abriga milhares de células clandestinas de nossas mães, resultantes de nossos dias como feto, que se enterraram em órgãos vitais. É quase certo que todas as mães secretam algumas lembranças celulares em cada um dos filhos que tiveram. Tais descobertas estão revelando novos e fascinantes aspectos da nossa biologia. Como ponderou um cientista: "O que constitui o nosso eu psicológico se o nosso cérebro não é inteiramente nosso?" Sob um aspecto mais pessoal, essas descobertas mostram que, mesmo depois da morte de uma mãe ou do filho, as células dela podem viver nele. Esse é mais um aspecto da ligação entre mãe e filho que torna os mamíferos especiais.

9. Humanzés e outros quase acertos

Quando e por que os humanos se separaram dos macacos?

DEUS SABE QUE a evolução dos seres humanos não parou nos pelos, nas glândulas mamárias e nas placentas. Nós também somos primatas – ainda que 60 milhões de anos atrás não houvesse muita razão para se gabar disso. Os primeiros primatas rudimentares não chegavam a pesar ½kg e não passavam dos seis anos. Provavelmente viviam em árvores, saltavam em vez de andar, não caçavam nada maior que insetos e só saíam de seus abrigos à noite. Mas esses tímidos comedores de insetos noturnos tiveram sorte e continuaram a evoluir. Dezenas de milhões de anos depois, um primata inteligente, com o polegar opositor, surgiu na África, bateu no peito, e alguns membros de uma dessas linhagens de primatas ergueram-se sobre dois pés e começaram a andar pelas savanas. Cientistas estudaram essa progressão com cuidado, em busca de pistas sobre a essência da humanidade. Fazendo um retrospecto do quadro geral – como o daquela sequência da *National Geographic* de seres humanos separando as juntas da mão do chão, perdendo os pelos e abrindo mão do queixo prognata –, não podemos deixar de considerar nosso surgimento como algo um tanto triunfal.

Mesmo assim, embora o surgimento dos seres humanos tenha sido algo realmente precioso, nosso DNA – assim como o escravo nos tempos da antiga Roma, que seguia um general triunfante – murmura em nosso ouvido: "Lembra-te de que és mortal!" Na verdade, a transição entre o ancestral símio e o ser humano moderno foi muito mais frágil do que reconhecemos. Evidências tatuadas nos nossos genes sugerem que a linhagem humana quase se extinguiu diversas vezes; a natureza quase nos varreu do mapa como muitos pássaros dodós e mastodontes, sem se importar com nossos grandes planos. É uma lição de humildade constatar quanto nossa sequência do DNA ainda lembra a dos chamados primatas inferiores, semelhança que entra em conflito com nosso sentimento inato de predestinação – ou de que por alguma razão somos superiores às outras criaturas.

Um forte indício desse sentimento inato é a repulsa que sentimos à ideia de misturar tecidos humanos com os de outra criatura. Porém, ao longo da história, cientistas competentes tentaram fazer quimeras combinando seres humanos e animais; mais recentemente, até adulterando nosso DNA. Talvez o experimento mais alarmante dessa história tenha ocorrido nos anos 1920, quando um biólogo russo chamado Ilya Ivanovich Ivanov tentou unir genes humanos com os de chimpanzés, numa experiência de arrepiar, que ganhou a aprovação de Joseph Stálin.

Ivanov começou sua carreira científica por volta de 1900 e trabalhou com o fisiologista Ivan Pavlov (aquele dos cães salivando) antes de se tornar especialista mundial em inseminação pecuária, principalmente em cavalos. Ele construía seus instrumentos de trabalho, uma esponja especial para embeber no esperma e um cateter de borracha para inserir nas éguas. Durante uma década trabalhou para o Departamento de Estado para Criação de Cavalos, órgão oficial que fornecia belas montarias ao governo dos Romanov. Em vista dessas prioridades políticas, não é difícil entender por que os Romanov foram depostos em 1917, e quando os bolcheviques tomaram o poder e fundaram a União Soviética, Ivanov ficou desempregado.

Ivanov também não foi ajudado pelo fato de que a maioria das pessoas na época considerava a inseminação artificial algo vergonhoso, uma corrupção do acasalamento natural. Mesmo os que defendiam a técnica davam explicações ridículas para preservar uma aura de sexo orgânico. Um preeminente médico esperava do lado de fora do quarto do casal, ouvindo pelo buraco da fechadura enquanto faziam amor, depois corria com uma colher de esperma, praticamente afastava o marido e inseminava o esperma na mulher – tudo para fazer os óvulos pensarem que a inseminação tinha acontecido durante o intercurso. O Vaticano baniu a inseminação artificial para os católicos em 1897, e a Igreja Ortodoxa greco-russa também condenou qualquer um que a praticasse, como Ivanov.

Mas a ira religiosa acabou ajudando a carreira de Ivanov. Mesmo enquanto estava ocupado na pecuária, Ivanov sempre viu seu trabalho em termos mais amplos – não somente como uma forma de produzir vacas e bodes melhores, porém como meio de comprovar as teorias fundamentais da biologia de Darwin e Mendel, ao misturar embriões de diferentes espécies. Afinal, suas esponjas e seus cateteres removiam a principal barreira desse trabalho, possibilitando que animais aleatórios cruzassem. Desde 1910, Ivanov vinha ruminando sobre a comprovação final da evolução darwiniana, o humanzé, e finalmente (depois de consultar Hermann Muller, o cientista da drosófila favorável aos soviéticos) criou coragem a fim de requisitar recursos para uma pesquisa, no início dos anos 1920.

Ivanov apelou para o comissário do povo para o esclarecimento, o funcionário que controlava o financiamento da pesquisa científica soviética. O comissário, no passado perito em arte e espetáculos, engavetou a proposta, mas os altos escalões bolcheviques viram algo promissor na ideia, uma oportunidade de insultar a religião, inimiga jurada da União Soviética. Esses homens de pouca visão argumentavam que a criação do humanzé seria vital "em nossa propaganda e em nossa luta pela libertação dos trabalhadores do poder da Igreja". Ostensivamente, por essa razão, em setembro de 1925 – poucos meses depois do julgamento de John T. Scopes* nos Estados Unidos –, o governo soviético concedeu US$ 10 mil (US$ 130 mil em valores atuais) para Ivanov começar a pesquisa.

Ivanov tinha boas razões científicas para achar que o trabalho daria certo. Os cientistas sabiam, na época, que o sangue de seres humanos e primatas tinha notável grau de semelhança. Ainda mais entusiasmante, um colega nascido na Rússia, Serge Voronoff, estava desenvolvendo uma série de experimentos sensacionais, supostamente bem-sucedidos, para restaurar a virilidade de homens mais velhos, transplantando glândulas e testículos de primatas. (Espalharam-se boatos de que o poeta irlandês William Butler Yeats teria passado por esse procedimento. Não passou.

* Professor submetido a julgamento por ensinar a teoria da evolução de Darwin aos seus alunos no Tennessee. O caso ficou conhecido como o "Julgamento do Macaco". (N.T.)

Porém, o fato de os boatos não terem sido desmentidos diz muito sobre Yeats.) Os transplantes de Voronoff pareciam demonstrar que, ao menos em termos fisiológicos, muito pouco separava humanos e primatas inferiores.

Ivanov também sabia que espécies diferentes podiam se reproduzir. Ele próprio já misturara antílopes e vacas, porquinhos-da-índia e coelhos, zebras e jumentos. Além de divertir o czar e seus subordinados (algo muito importante), o trabalho provou que animais cujas linhagens haviam divergido milhões de anos atrás ainda podiam gerar crias, e experimentos posteriores feitos por outros cientistas forneceram novas evidências disso. Quase tudo que se pudesse fantasiar – leões com tigres, ovelhas com bodes, golfinhos com orcas –, os cientistas já tinham realizado em algum lugar. É verdade que alguns desses híbridos eram e ainda são estéreis, becos sem saída genéticos. Mas só alguns. Os biólogos encontraram centenas de casais bizarros na natureza, e, entre as mais de trezentas espécies de mamíferos que se "multirreproduziam" naturalmente, um terço gerava filhotes férteis. Ivanov acreditava com fervor na reprodução cruzada, e quando borrifou em seus cálculos um pouco do bom e velho materialismo marxista – que negava que os seres humanos tivessem algo tão esquisito quanto uma alma que pudesse não aceitar uma comunhão com chimpanzés –, os experimentos pareceram, bem, realizáveis.

Até hoje os cientistas não sabem se o humanzé, por mais nojento e improvável que pareça, é algo possível. O espermatozoide humano pode penetrar a camada externa de óvulos de alguns primatas no laboratório, primeiro passo da fertilização, e os cromossomos de seres humanos e chimpanzés são muito parecidos em macroescala. Que diabo, o DNA humano e o do chimpanzé até gostam da companhia um do outro. Se prepararmos uma solução com os dois DNAs e aquecermos até as fitas duplas se desenrolarem, o DNA humano não terá problema em se envolver com o do chimpanzé e voltar ao normal quando as coisas esfriarem. Eles são parecidos assim.[1]

Mais ainda, alguns geneticistas especializados em primatas acham que nossos ancestrais ainda apelavam para a procriação com chimpanzés muito *depois* de nos separarmos e nos tornarmos uma espécie à parte.

Um zumento moderno – mistura de zebra com jumento. Ilya Ivanov criou zumentos (que ele chamou de *zeedonks*) e muitos outros híbridos genéticos antes de partir para o humanzé.

De acordo com essa controversa porém coerente teoria, copulamos com chimpanzés muito mais tempo do que a maioria se sente confortável em admitir, por cerca de 1 milhão de anos. Se for verdade, nossa divergência final da linhagem dos chimpanzés foi um rompimento complicado e tumultuoso, mas não inevitável. Se as coisas tivessem tomado outra direção, nossas tendências sexuais poderiam ter apagado o direito de existir da linhagem humana.

A teoria diz o seguinte: sete milhões de anos atrás, algum evento desconhecido (talvez uma grande cratera aberta por um terremoto; talvez metade do grupo tenha se perdido procurando comida durante uma tarde; talvez tenha acontecido alguma amarga disputa) separou uma pequena população de primatas. A cada geração que continuaram separados, esses dois grupos de ancestrais humano-chimpanzés teriam acumulado mutações que lhes conferiram características específicas. Até aqui, tratase de biologia-padrão. Agora vamos imaginar que os dois grupos se reunificaram algum tempo depois. Mais uma vez, é impossível adivinhar o motivo; talvez uma era glacial tenha eliminado a maioria dos habitantes, espremendo todos num pequeno refúgio terrestre. De qualquer forma, não é necessário propor qualquer motivação fantástica digna do marquês de Sade para o que aconteceu a seguir. Solitários ou em grupos pequenos, os proto-humanos – apesar de afastados dos confortos dos protochimpanzés por 1 milhão de anos – podem ter sido receptivos a dividir a cama (por assim dizer) quando os dois grupos se reuniram. Um milhão de anos pode parecer uma eternidade, mas os dois grupos estariam menos diferenciados geneticamente que muitas espécies hoje entrecruzadas. Por isso, mesmo que esse cruzamento tivesse produzido alguns primatas "mulas", talvez ele também tenha gerado híbridos férteis.

Aqui jaz o perigo para os proto-humanos. Na história dos primatas, os cientistas conhecem ao menos um caso de símios em que duas espécies havia muito separadas recomeçaram a acasalar e se fundiram numa só, eliminando qualquer diferença específica entre elas. Nosso entrecruzamento com os chimpanzés não foi um fim de semana de namoro repentino; foi longo e envolvente. Se nossos ancestrais tivessem dado de ombros e continuado com os protochimpanzés, nossos genes específicos também teriam se afogado na cepa genética geral. Sem querer soar eugênico, nós teríamos sido eliminados.

Claro que tudo isso implica que chimpanzés e humanos voltaram a cruzar entre si depois de uma separação inicial. Mas qual a prova dessa acusação? Quase todos os indícios estão nos nossos (lá vêm eles de novo) cromossomos, em especial o X. Mas esse é um caso muito sutil.

Quando fêmeas híbridas têm problemas de fertilidade, a questão em geral se resume a terem um X de uma espécie e um X de outra. Seja qual for a razão, a reprodução não se dá muito bem com isso. A não combinação de cromossomos sexuais é ainda mais dura com os machos: um X e um Y de diferentes espécies quase sempre os deixam com balas de festim. Porém, a infertilidade entre as fêmeas é uma ameaça maior à sobrevivência do grupo. Alguns poucos machos férteis ainda conseguem engravidar muitas fêmeas, mas de nada adianta um bando de machos férteis para compensar a baixa fecundidade feminina, pois as fêmeas só podem ter crias no período certo.

A solução da natureza é o genocídio, ou seja, o homicídio de genes. A natureza elimina qualquer não combinação potencial entre espécies que se cruzam, erradicando o cromossomo X de uma delas. Não importa qual, uma deve perecer. Trata-se de uma guerra de atrito, na verdade. Dependendo dos complicados detalhes de quando protochimpanzés e proto-humanos se entrecruzaram, com quem a primeira geração de híbridos se reproduziu e quais as taxas diferentes de nascimento e de mortalidade – dependendo de tudo isso, o cromossomo X de uma das espécies deve ter ocorrido em maior número durante a explosão genética. Nas gerações subsequentes, o X com vantagem numérica lentamente estrangula o outro, pois ninguém com Xs semelhantes poderia cruzar com os mestiços.

Devemos notar que não há uma pressão comparável na eliminação de cromossomos não sexuais. Estes não se incomodam em parear-se com cromossomos de outra espécie. (Ou, se se incomodam, a disputa não vai interferir no nascimento de bebês, que é o que importa para o DNA.) Por essa razão, os híbridos e seus descendentes poderiam estar cheios de cromossomos não sexuais descombinados e sobreviver muito bem.

Em 2006, os cientistas perceberam que essa diferença entre cromossomos sexuais e não sexuais explicaria uma estranha característica do DNA humano. Depois do afastamento inicial entre as duas linhagens, protochimpanzés e proto-humanos deviam trilhar caminhos diferentes e acumular mutações diversas em cada cromossomo. E foi o que fizeram, em grande parte. Mas quando os cientistas, hoje, observam os chimpanzés e os humanos, os cromossomos X dos dois parecem mais uniformes que outros. A impressão é que o relógio do DNA do X foi ajustado, conservando seu frescor juvenil.

Às vezes ouvimos ou lemos a informação de que temos 99% da região decodificadora do nosso DNA em comum com os chimpanzés, mas isso é apenas uma média, uma medida genérica. Ela obscurece o fato de que os cromossomos X dos humanos e dos chimpanzés, cruciais para o trabalho de Ivanov, são ainda mais parecidos. Uma forma modesta de explicar essa semelhança é o entrecruzamento e a guerra de atrito que talvez tenham eliminado um tipo de X. Aliás, essa é a razão pela qual os cientistas desenvolveram a teoria do acasalamento entre proto-humanos e protochimpanzés. Eles próprios admitem que a coisa parece esquisita, mas não conseguiram bolar outro meio de explicar por que os cromossomos X de humanos e chimpanzés têm menos variedade que outros cromossomos.

Contudo, como era de se esperar (em vista da guerra entre os sexos), pesquisas relacionadas ao cromossomo Y contradizem a pornográfica evidência de entrecruzamento entre humanos e chimpanzés. De novo, os cientistas já acreditaram que o Y – que passou por um grande processo de encolhimento nos últimos 300 milhões de anos, reduzido atualmente a um pequeno trecho de cromossomo – um dia desapareceria se continuasse a distribuir genes. Isso foi considerado um vestígio evolutivo. Mas, na verdade, o Y evoluiu depressa, mesmo nos poucos milhões de anos desde que os humanos deram o fora nos chimpanzés (ou vice-versa). O Y abriga os genes que produzem o espermatozoide, e a produção de espermatozoides é uma área de competição feroz entre espécies libertinas. Muitos protocavalheiros diferentes puderam fazer sexo com muitas protodamas, por isso o espermatozoide do cavalheiro sempre teve de lutar com o de outro cavalheiro no interior da vagina. Uma das estratégias evolutivas para garantir vantagem nesse caso é produzir muitos espermatozoides a cada ejaculação. Claro que isso implica copiar e colar montes de DNA, pois cada espermatozoide precisa de sua própria carga genética. E quanto mais cópias, mais mutações. Essa é uma questão de aritmética.

No entanto, esses inevitáveis erros de cópia incomodam menos o cromossomo X que qualquer outro cromossomo, por causa da nossa biologia reprodutiva. Da mesma forma que na produção de espermatozoides, produzir um óvulo exige copiar e colar montes de DNA. Uma fêmea tem todos os cromossomos em pares: dois cromossomos 1, dois cromossomos 2, e assim por diante, e também dois cromossomos X. Desse modo, durante a produção de óvulos, cada cromossomo, inclusive o X, é copiado com a mesma frequência. Os machos também têm duas cópias de cada cromossomo, do 1 ao 22. Contudo, em vez de dois cromossomos X, eles têm um X e um Y. Durante a produção de espermatozoides, então, o X é copiado menos vezes quando comparado a outros cromossomos. Por isso, sofre menos mutações. A diferença entre X e outros cromossomos aumenta ainda mais quando – por conta da concorrência provocada pelo cromossomo Y – os machos começam a expelir montanhas de espermatozoides. Por essa razão, alguns biólogos argumentam que a aparente falta de mutações no X, na comparação entre humanos e chimpanzés, poderia não envolver um elaborado e ilícito histórico sexual. Talvez ele seja resultado da nossa biologia básica, já que X sempre deve ter passado por um número menor de mutações.[2]

Independentemente de quem estiver certo, o exame dessas diretrizes eliminou a antiga visão de Y como um desajustado no genoma humano; ele é bastante sofisticado em suas limitações. No entanto, para os homens, é difícil dizer se a revisão dessa história melhora as coisas. A pressão para desenvolver espermatozoides viris é muito maior entre chimpanzés que entre humanos, pois o chimpanzé macho faz mais sexo com diferentes parceiras. Em resposta a isso, a evolução refez o Y do chimpanzé de alto a baixo. De forma tão cabal, aliás, que – ao contrário do que a maioria dos homens gostaria de acreditar – os chimpanzés nos deixaram na poeira evolutiva. Eles têm "nadadores" mais velozes e resistentes, com melhor senso de direção, tornando o Y humano obsoleto, comparativamente.

Mas o DNA é assim mesmo, uma lição de humildade. Como comenta um especialista em cromossomo Y: "Quando sequenciamos o genoma do chimpanzé, as pessoas pensaram que iríamos entender por que temos linguagem e escrevemos poesia. Contudo, uma das diferenças mais radicais é a produção de espermatozoides."

Falar sobre os experimentos de Ivanov em termos de DNA é um pouco anacrônico. No entanto, os cientistas daquela época sabiam que os cromossomos disparavam informação genética através das gerações, e que os cromossomos de mães e pais tinham de ser compatíveis, especialmente quanto aos números. Baseado na preponderância das evidências, Ivanov decidiu que chimpanzés e humanos tinham biologias semelhantes e que era possível ir em frente.

Quando obteve seu financiamento, Ivanov arranjou com um colega em Paris a oportunidade de trabalhar numa estação de pesquisa de primatas na Guiné Francesa (atual Guiné). As condições da estação eram deploráveis. Os chimpanzés viviam em jaulas expostas às intempéries, e metade dos setecentos animais que os caçadores locais haviam capturado tinham morrido por doenças ou falta de cuidados. Assim mesmo, Ivanov envolveu seu filho (outro triplo I, Ilya Ilich Ivanov) no trabalho e passou a viajar milhares de milhas, ida e volta, entre Rússia, África e Paris. Em novembro de 1926, os Ivanov afinal se estabeleceram na sufocante Guiné, prontos para dar início aos experimentos.

Como os animais cativos eram sexualmente imaturos, jovens demais para conceber, Ivanov passou meses verificando com insistência, todos os dias, o púbis das fêmeas, em busca de sangue menstrual. Enquanto isso, chegavam novos chimpanzés capturados, até o Dia dos Namorados de 1927. Ivanov tinha de manter seu trabalho em segredo para evitar perguntas agressivas por parte dos habitantes da Guiné, que tinham fortes tabus contra o acasalamento entre humanos e primatas, baseados em mitos locais sobre monstros híbridos. Mas afinal, em 28 de fevereiro, duas chimpanzés chamadas Babette e Syvette menstruaram pela primeira vez. Às oito da manhã do dia seguinte, depois de visitar um doador local anônimo, Ivanov e o filho aproximaram-se das jaulas, munidos de uma seringa de esperma. Também estavam armados com pistolas Browning, porque, dois dias antes, depois de ser mordido por um chimpanzé, Ivanov Jr. fora hospitalizado. Os Ivanov não precisaram das Brownings porque mais ou menos estupraram Babette e Syvette, depois de prendê-las em redes. Mas as virgens lutaram bastante, e Ivanov só conseguiu enfiar a seringa na vagina, não no útero, ponto ideal para a inseminação. Não surpreende que o experimento tenha fracassado. Babette e Syvette voltaram a menstruar semanas depois. Muitos jovens chimpanzés morreram de disenteria nos meses seguintes, e Ivanov só conseguiu inseminar uma fêmea naquela primavera (ela foi drogada). Essa tentativa também fracassou. Isso significava que o pesquisador não tinha nenhum humanzé vivo para mostrar à União Soviética e solicitar novos recursos.

Ciente de que o comissário para o esclarecimento talvez não lhe desse uma segunda chance, Ivanov começou a procurar outros projetos e métodos de pesquisa, alguns realizados em segredo. Antes de partir para a África, ele ajudou a abrir caminho para a primeira estação russa de estudo de primatas, em Sukhumi, na atual Geórgia, uma das poucas regiões semitropicais do império soviético, convenientemente localizada no lugar onde nascera Joseph Stálin, novo líder da União Soviética. Ivanov também se aproximou de uma rica porém instável socialite cubana chamada Rosalía Abreu, que administrava um santuário para primatas em sua propriedade em Havana – em parte por acreditar que os chimpanzés tinham poderes mediúnicos e porque precisavam de proteção. De início, Rosalía concordou em abrigar os experimentos de Ivanov, mas retirou a proposta por temer que os jornais soubessem da história. E tinha razão em se preocupar. O *New York Times* tomou conhecimento da história quando alguns correligionários norte-americanos de Ivanov pediram apoio financeiro à American Association for the Advancement of Atheism, que, sempre sedenta de publicidade, começou a divulgar a ideia. A reportagem do *Times*[3] fez com que a Ku Klux Klan enviasse cartas alertando Ivanov para que não fizesse o trabalho do diabo daquele lado do Atlântico, pois aquilo era "abominável para o Criador".

Ivanov achava caro e trabalhoso manter um grande harém de chimpanzés seguros e saudáveis, por isso elaborou um plano para virar o protocolo de experimentos do avesso. Nas sociedades de primatas, as fêmeas só podem ter filhos por um breve período, enquanto um macho viril espalha sua semente a baixo custo. Assim, em vez de manter várias fêmeas para engravidá-las com esperma humano, Ivanov resolveu ficar com um chimpanzé macho e engravidar fêmeas humanas. Só isso.

Para tanto, o pesquisador fez contatos secretos com um médico no Congo e pediu que o deixasse inseminar suas pacientes. Quando o médico perguntou por que diabos as pacientes iriam consentir aquilo, Ivanov explicou que elas não saberiam do experimento. Isso satisfez o médico, e Ivanov partiu da Guiné Francesa para o Congo, onde tudo parecia pronto para a largada. No último minuto, porém, o governador local interveio e informou que Ivanov não poderia realizar o experimento no hospital. Teria de fazer aquilo ao ar livre. Ofendido com a interferência, Ivanov recusou; as condições sanitárias comprometeriam o trabalho e a segurança das pacientes, alegou ele. Mas o governador continuou firme. Em seu diário, Ivanov definiu a debacle como um "golpe terrível".

Até seu último dia na África, Ivanov continuou procurando mulheres para inseminar, mas sem resultados. Quando afinal partiu da Guiné Francesa, em julho de 1927, resolveu não perder mais tempo em lugares longínquos. Decidiu mudar suas operações para a então recém-inaugurada estação soviética de primatas em Sukhumi. Conseguiu também contornar o problema dos haréns de chimpanzés fêmeas, obtendo um macho confiável e convencendo mulheres soviéticas a se submeter à inseminação.

Como receava, Ivanov teve problemas para encontrar financiamento para o seu trabalho, mas a Sociedade de Biólogos Materialistas considerou o método do cientista apropriado aos bolcheviques e aderiu à causa. Antes de começar, no entanto, a maior parte dos primatas de Sukhumi adoeceu e morreu naquele inverno. (Apesar de tépida para os padrões soviéticos, Sukhumi era muito ao norte para os primatas africanos.) Por sorte, o único primata que sobreviveu era macho – Tarzan, um orangotango de 26 anos. Agora Ivanov só precisava de recrutas humanas. Mas funcionários do governo informaram que Ivanov não poderia oferecer dinheiro às recrutas. Elas teriam de ser voluntárias, de se submeter ao experimento por amor à ideologia do Estado soviético, recompensa menos tangível que a gratificação em dinheiro. Isso atrasou mais as coisas. Porém, assim mesmo, na primavera de 1928, Ivanov afinal conseguiu o que desejava.

A mulher foi identificada apenas como "G". Não sabemos se era esbelta ou atarracada, loira, sardenta, uma senhora ou faxineira. Só temos uma comovente e elíptica carta que escreveu a Ivanov: "Prezado professor, com minha vida particular em ruínas, não vejo mais qualquer sentido em minha existência futura. ... Mas quando penso que posso prestar um serviço à ciência, sinto coragem para entrar em contato com o senhor. Eu imploro, não me recuse."

Ivanov garantiu que ela não fosse recusada. Porém, enquanto fazia os preparativos para levar G a Sukhumi a fim de inseminá-la, Tarzan morreu de hemorragia cerebral. Ninguém teve tempo de ordenhar seu esperma. Mais uma vez o experimento foi adiado. Dessa vez, de forma permanente. Em 1930, antes que Ivanov conseguisse outro macaco, a polícia secreta soviética prendeu-o, por razões obscuras, e o mandou para o exílio no Cazaquistão. (A acusação oficial foi a de sempre: "Atividades contrarrevolucionárias.") Já com mais de sessenta anos, ele não se deu tão bem na prisão quanto os primatas; sua saúde ficou cada vez mais frágil. Foi absolvido das falsas acusações em 1932, contudo, um dia antes de sair da prisão, sofreu uma hemorragia cerebral, como Tarzan. Em poucos dias se juntou ao chimpanzé na gigantesca estação de pesquisa de primatas no céu.

Com a morte de Ivanov, seu projeto se esfacelou, pois poucos cientistas sabiam como inseminar primatas. Outro aspecto muito importante: nenhum país avançado em pesquisa científica estava disposto, como a União Soviética, a ignorar qualquer diretriz ética para financiar um trabalho daquele tipo. (Embora, a bem da verdade, até os implacáveis funcionários do Politburo tenham se sentido enojados quando Ivanov revelou suas tentativas clandestinas de engravidar mulheres hospitalizadas no Congo com esperma de chimpanzé.) Por essa razão, a partir dos anos 1920 os cientistas praticamente não fizeram pesquisa com híbridos de humanos e primatas. Isso significa que a mais importante pergunta de Ivanov continua sem resposta: será que G e uma fera como Tarzan teriam gerado um filho?

De certa forma, sim. Em 1997, um biólogo de Nova York entrou com o pedido de patente de um processo de misturar células embrionárias de humanos e chimpanzés para gestação numa barriga de aluguel. O biólogo considerava o projeto tecnicamente viável, mesmo que nunca pretendesse gerar a quimera humanzé; só desejava impedir que alguma mente ma-

O biólogo soviético Ilya Ivanovich Ivanov foi mais longe que qualquer cientista na tentativa de cruzar primatas e humanos.

ligna obtivesse a patente primeiro. (O escritório de patentes recusou o pedido em 2005, porque, entre outras coisas, patentear um semi-humano violaria a 13ª Emenda, que proíbe a escravidão e a posse de outro ser humano.) Mas o processo não teria exigido uma verdadeira hibridização – nenhuma mistura do DNA das duas espécies. Isso porque as células embrionárias do chimpanzé e dos humanos só entrariam em contato depois da fertilização; por isso, cada célula individual do corpo manteria sua natureza totalmente chimpanzé ou humana. A criatura seria um mosaico, não um híbrido.

Atualmente, os cientistas poderiam encaixar com facilidade pedaços de DNA humano em embriões de chimpanzés (e vice-versa), mas este seria apenas um pequeno ajuste biológico. A verdadeira hibridização requer a antiquada mistura, meio a meio, de espermatozoides e óvulos, e quase nenhum cientista respeitável apostaria na possibilidade de fertilização entre seres humanos e chimpanzés. Uma das razões é que as moléculas que formam um zigoto e começam a divisão são específicas de cada espécie. Mesmo que se formasse um zigoto humanzé, humanos e chimpanzés regulam o DNA de forma bem diferente. Por isso, o desafio de fazer todo esse DNA cooperar e começar a ligar e desligar genes em sincronia até constituir a pele, o fígado e em especial as células cerebrais seria quase intransponível.

Outra razão para duvidar de que humanos e chimpanzés possam produzir rebentos é a diferente contagem de cromossomos nas duas espécies, fator que só surgiu depois da época de Ivanov. Estabelecer uma contagem precisa de cromossomos mostrou-se surpreendentemente difícil durante a maior parte do século XX. O DNA está bem enovelado dentro do núcleo, a não ser nos raros momentos que antecedem a divisão das células, quando se formam cromossomos compactos. Os cromossomos têm também o mau hábito de se fundir depois da morte das células, o que dificulta ainda mais a contagem. Por isso, ela fica mais fácil em amostras recém-criadas de células que se dividem com frequência – como as que formam os espermatozoides dentro das gônadas. Encontrar testículos frescos de macaco não era muito caro no início dos anos 1900 (Deus sabe quantos macacos mataram na época), e os biólogos determinaram que todos os primatas com parentesco próximo, como chimpanzés, orangotangos e gorilas, tinham 48 cromossomos. No entanto, persistentes tabus tornavam a obtenção de esperma humano mais difícil. Na época, as pessoas não doavam seu corpo para a pesquisa científica, e alguns desesperados biólogos – mais ou menos como os anatomistas que roubavam túmulos na Renascença – passaram a rondar os cadafalsos para recolher testículos de criminosos enforcados. Simplesmente não havia outra maneira de obter amostras frescas.

Dadas as difíceis circunstâncias, o trabalho acerca do número de cromossomos nos seres humanos continuou a ser feito por alto; os palpites variavam de dezesseis a cinquenta e alguma coisa. Apesar das constantes contagens em outras espécies, alguns cientistas europeus ligados em teorias raciais proclamavam que asiáticos, negros e brancos tinham número diferente de cromossomos. (Não adianta tentar adivinhar quem eles achavam que tinha mais.) Um biólogo texano chamado Teophilus Painter – que depois descobriu gigantescas glândulas salivares na mosca-das-frutas – finalmente matou a teoria do número variável de cromossomos com um estudo definitivo, em 1923. (Em vez de depender do sistema de justiça criminal para colher material, Painter teve sorte: um ex-aluno seu trabalhava num asilo para loucos e tinha acesso a internados recém-castrados.) Todavia, mesmo os melhores slides de Painter mostravam células humanas com 46 ou 48 cromossomos. Depois de dar voltas e contar e recontar por diferentes ângulos, ele continuava indeciso. Talvez julgando que seu trabalho seria rejeitado caso não soubesse a resposta, Painter admitiu a confusão, respirou fundo e chutou... errado. Disse que os seres humanos tinham 48 cromossomos, e esse número se tornou padronizado.

Depois de três décadas e da invenção de microscópios muito mais acurados (sem falar do relaxamento das restrições quanto a tecidos humanos), os cientistas retificaram a informação, e já em 1955 sabiam que os seres humanos têm 46 cromossomos. Mas, como costuma acontecer, a solução de um mistério apenas inaugurou outro. Agora os pesquisadores precisavam saber por que os seres humanos tinham menos dois cromossomos.

De modo surpreendente, determinaram que o processo começou com algo relacionado ao cromossomo Filadélfia. Cerca de 1 milhão de anos atrás, em algum homem ou mulher, o que eram os 12º e o 13º cromossomos humanos (e ainda são os 12º e 13º cromossomos em muitos primatas) emaranharam seus filamentos bem na extremidade, para tentar trocar material. Contudo, em vez de se separar, o 12 e o 13 ficaram presos. Fundiram-se nas pontas, como um cinto afivelado em outro. Essa amálgama acabou se tornando o cromossomo humano 2.

Na verdade, fusões desse tipo não são incomuns – elas ocorrem a cada mil nascimentos –, e a maioria das fusões de ponta com ponta não é notada, porque não altera a saúde de ninguém. (As extremidades dos cromossomos não costumam ter genes, por isso nada é perturbado.) Mas deve-se notar que uma fusão não pode explicar por si só essa redução de 48 para 46. A fusão deixa a pessoa com 47 cromossomos, não 46, e a probabilidade de duas fusões idênticas na mesma célula é bastante remota. Mesmo depois de cair para 47, a pessoa teria de passar seus genes adiante, o que seria uma grande barreira.

Os cientistas acabaram desvendando o que deve ter acontecido. Vamos voltar atrás 1 milhão de anos, quando a maioria dos proto-humanos tinha 48 cromossomos, e seguir um fulano hipotético, com 47 cromossomos. Mais uma vez, um cromossomo fundido nas pontas não irá afetar a saúde de fulano no dia a dia. Porém, o número ímpar de cromossomos prejudica a viabilidade de seus espermatozoides. (Se você prefere pensar numa fulana, o mesmo argumento se aplica aos óvulos.) Digamos que a fusão deixou fulano com um cromossomo normal 12, um normal 13 e um 12-13 híbrido. Durante a produção de espermatozoides, seu corpo precisa dividir esses três cromossomos em duas células, em algum ponto; se você fizer as contas, há poucas formas possíveis de fazer essa divisão. São elas {12} e {13, 12-13}, ou {13} e {12, 12-13}, ou {12, 13} e {12-13}. Os quatro primeiros espermatozoides têm um cromossomo a menos ou um duplicado, praticamente uma cápsula de cianureto para o embrião. Os últimos dois casos têm a quantidade certa de DNA para um filho normal. Mas só no sexto caso fulano consegue passar a fusão adiante. No todo, então, por causa do número par, dois terços dos filhos de fulano morrem no útero e apenas um sexto herda a fusão. Qualquer herdeiro da fusão terá de enfrentar as mesmas terríveis probabilidades ao tentar se reproduzir. Essa não é uma boa receita para disseminar a fusão – e, mais uma vez, isso só com 47 cromossomos, não com 46.

O que fulano precisa é de uma fulana com os mesmos cromossomos fundidos. Mas a probabilidade de duas pessoas com a mesma fusão se encontrar e ter filhos parece infinitesimal. E é mesmo – exceto em famílias que procriam entre si. Parentes partilham genes de uma forma que, se houver uma pessoa com uma fusão, a chance de encontrar um primo ou uma meia-irmã com a mesma fusão não chega a zero. Mais ainda, embora a probabilidade de fulano e fulana terem um filho saudável continue baixa, a cada 36 voltas da roleta genética (já que $1/6 \times 1/6 = 1/36$), o filho herdaria os *dois* cromossomos fundidos, somando um total de 46. E eis a compensação: o herdeiro dos 46 cromossomos teria muito mais facilidade de ter filhos. Lembre-se de que a fusão em si não incapacita ou arruína o DNA de um cromossomo; há uma porção de gente saudável no mundo com fusões. O problema só existe na reprodução, já que as fusões podem levar a um excesso ou a um déficit de DNA nos embriões. Mas, por ter um número par de cromossomos, o pequeno herdeiro não possuiria células espermáticas desequilibradas: cada uma tem a quantidade certa de DNA para gerar um ser humano, só o empacotamento seria diferente. Em decorrência disso, todos os seus filhos seriam saudáveis. Se seus filhos começarem a ter filhos – em especial com outros parentes com 46 ou 47 cromossomos –, a fusão começará a se espalhar.

Cientistas também sabem que esse cenário não é apenas hipotético. Em 2010, um médico descobriu na zona agrária da China uma família com histórico de casamentos consanguíneos (com mesmo tipo de sangue). Entre os diversos ramos sobrepostos da árvore genealógica, ele encontrou um homem com 44 cromossomos. No caso dessa família, os 14º e 15º cromossomos tinham se fundido; de modo coerente com o exemplo de fulano e fulana, a família apresentava um recorde brutal de natimortos e abortos espontâneos no passado. Porém, dos escombros emergiu um homem perfeitamente saudável com dois cromossomos a menos – a primeira redução estável conhecida desde que nossos ancestrais começaram a trilhar o caminho dos 46 cromossomos, milhões de anos atrás.[4]

Assim, em certo sentido, Theophilus Painter tinha razão: durante a maior parte da nossa história como primata, a linhagem humana teve realmente o mesmo número de cromossomos que os macacos. Até essa transição, os híbridos que Ivanov cobiçava eram bem possíveis. Ter um número diferente de cromossomos nem sempre impede a reprodução; cavalos têm 64 cromossomos e jumentos têm 62. Porém, mais uma vez, as engrenagens e rodas dentadas moleculares não giram tão bem quando os cromossomos não correspondem. Aliás, é revelador que Painter tenha publicado seu estudo em 1923, pouco antes de Ivanov dar início a seus experimentos. Se Painter tivesse chutado 46, em vez de 48, poderia aplicar um sério golpe nas esperanças do russo.

E talvez não só nas de Ivanov. A questão continua em debate, e a maioria dos historiadores descarta a história como lenda ou até prestidigitação. Contudo, de acordo com documentos desenterrados dos arquivos soviéticos por um historiador da ciência russo, Joseph Stálin aprovou pessoalmente o financiamento do trabalho de Ivanov. É estranho, pois Stálin abominava genética; algum tempo depois ele autorizou seu carrasco científico, Trofim Lysenko, a tornar a genética mendeliana ilegal na União Soviética; envenenado pela influência de Lysenko, rejeitou ferozmente o programa de eugenia de Hermann Muller para criar cidadãos soviéticos melhores. (A resposta de Muller foi fugir, e os colegas que deixou para trás foram fuzilados como "inimigos do povo".) Essa discrepância – apoiar as propostas indecentes de Ivanov, mas rejeitar Muller de forma tão veemente – levou alguns historiadores russos a sugerir (e essa é a parte duvidosa) que Stálin sonhava em usar os humanzés de Ivanov como escravos. A lenda ganhou força em 2005, quando, através de uma série de alegações oblíquas, o jornal *Scotsman*, da Grã-Bretanha, mencionou jornais não identificados de Moscou citando outros documentos recuperados que fariam referência a uma declaração de Stálin: "Eu quero um novo ser humano invencível, insensível à dor, resistente e indiferente à qualidade da comida que come." No mesmo dia, o tabloide *Sun* também citou Stálin, que teria declarado achar melhor que os humanzés tivessem "uma grande força, mas ... um cérebro subdesenvolvido" (presumivelmente para não se revoltar, caso se sentissem infelizes a ponto de matar um ao outro). Stálin queria os monstrengos para construir sua ferrovia Transiberiana pela região dos Gulags, uma das maiores inutilidades de todos os tempos, mas seu principal objetivo era revitalizar o Exército Vermelho, que na Primeira Guerra Mundial (como em quase todas as guerras da Rússia) sofrera pesadas baixas.

É fato que Stálin aprovou recursos para Ivanov, mas eles não eram abundantes. O ditador também concedeu financiamentos a centenas de outros pesquisadores. Não encontrei provas concretas – ou, na verdade, qualquer prova – de que Stálin desejasse um exército de humanzés. (Nem que tenha planejado, como sugerem alguns, tornar-se imortal colhendo glândulas de humanzés para transplantá-las em si mesmo e em outros altos funcionários do Kremlin.) De qualquer forma, devo admitir que é muito engraçado especular sobre isso. Se Stálin tinha mesmo algum interesse macabro no trabalho de Ivanov, isso poderia explicar por que este foi financiado justamente quando Stálin consolidava seu poder e decidia reconstruir o Exército. Ou por que Ivanov montou a estação de primatas na Geórgia, local de nascimento de Stálin. Ou por que a polícia secreta prendeu Ivanov depois de seus fracassos. E por que Ivanov não podia pagar pelas mães de aluguel e teve de encontrar voluntárias que se reproduzissem por amor à Mãe Rússia – porque, de qualquer maneira, elas entregariam os "filhos" e "filhas" nas mãos de Papai Stálin depois de um tempo. As repercussões internacionais são ainda mais fascinantes. Será que Stálin teria enviado batalhões de macacos ao polo norte para invadir os Estados Unidos? Será que Hitler teria assinado o pacto de não agressão se soubesse que Stálin estava poluindo o Cáucaso com uma raça daquelas?

De todo modo, mesmo que Ivanov conseguisse criar os humanzés, os planos militares de Papai Stálin teriam dado em nada. Se não fosse por isso – e estou ignorando a dificuldade de ensinar homens-macacos a dirigir tanques ou disparar uma Kalashnikov –, só o clima da União Soviética os teria aniquilado. Os primatas de Ivanov sofriam por estar muito ao norte, nas costas cheias de palmeiras da Geórgia. Por isso, é duvidoso que mesmo um híbrido conseguisse sobreviver à Sibéria ou a meses de guerra de trincheira.[5]

Na verdade, Stálin não precisava de humanzés, mas de homens de Neandertal – hominídeos grandes, peludos e malvados, adaptados ao clima gélido. Mas é claro que o neandertalense estava extinto há dezenas de milhares de anos, por razões que continuam obscuras. Alguns cientistas chegaram a aventar que nós provocamos a extinção do Neandertal de propósito, por meio de guerras e genocídios. Essa teoria caiu em desfavor, e ideias sobre competição por alimento ou mudança climática tomaram a dianteira. Porém, o mais provável é que não tenha havido nada de inevitável na nossa sobrevivência e na morte do Neandertal. Na verdade, durante a maior parte da nossa evolução, os seres humanos foram tão frágeis e vulneráveis quanto os primatas de Ivanov. Temporadas geladas, perda de hábitat e desastres naturais já dizimaram diversas vezes o número de nossa população. E não estamos muito distantes dessa história, pois continuamos a lidar com as repercussões. Note-se que, mais uma vez, explicamos um mistério do DNA humano – como uma família miscigenada pode descartar dois cromossomos – só para suscitar outro: como o novo DNA se tornou padrão para todos os humanos. É possível que a antiga fusão 12-13 tenha criado novos genes bacanas, dando à família vantagens na sobrevivência. Isso não é provável. Uma explicação mais plausível é que passamos por um gargalo genético – alguma coisa que varreu tudo da Terra, exceto algumas poucas tribos; fossem quais fossem os genes desses sobreviventes de sorte, eles se alastraram. Algumas espécies são apanhadas por gargalos e não sobrevivem – vejam o Neandertal. Como atestam as cicatrizes no nosso DNA, nós humanos também passamos por gargalos muito estreitos, e poderíamos muito bem ter seguido os passos de nossos irmãos de sobrancelha grossa na lata de lixo darwiniana.

PARTE III

Genes e gênios

Como os homens se tornaram humanos demais

10. As, Cs, Gs e Ts escarlates

Por que os humanos quase foram extintos?

RATOS À MILANESA. Costeletas de pantera. Torta de rinoceronte. Tromba de elefante. Crocodilo no café da manhã. Cabeça de toninha fatiada. Língua de cavalo. Presunto de canguru.

Sim, a vida doméstica era meio exótica na casa de William Buckland. Alguns de seus convidados em Oxford se lembravam bem do corredor de entrada, com sorridentes crânios de monstros fossilizados, alinhados como numa catacumba. Outros recordavam os macacos vivos balançando ao redor, o ursinho de quepe e toga acadêmica, ou o porquinho-da-índia mordiscando o pé das pessoas debaixo da mesa de jantar (ao menos até a chegada, certa tarde, da hiena de estimação). Colegas naturalistas dos anos 1800 se recordavam das obscenas palestras de Buckland sobre o sexo dos répteis (embora nem sempre com prazer; o jovem Charles Darwin o considerava um bufão, e o *London Times* insinuou que Buckland precisava ter mais cuidado "na presença das damas"). E nenhum oxfordiano jamais esqueceu a performance artística montada numa primavera, quando ele escreveu "G-U-A-N-O" no gramado, com fezes de morcego, para propagandear um fertilizante. De fato, a palavra ficou brilhando em verde o verão inteiro.

Mas a maioria das pessoas se lembrava da dieta de William Buckland. Geólogo fiel à Bíblia, ele levava a história da arca de Noé a sério, e passou a vida comendo quase todo o lixo da arca, hábito que chamou de "zoofagia". Qualquer carne ou fluido de todo tipo de animal era elegível para ingestão, fosse sangue, pele, cartilagem ou coisa pior. Certa vez, enquanto andava por uma igreja, Buckland assustou o vigário – que mostrava o milagroso "sangue de mártir" que gotejava das vigas todas as noites – ao se abaixar e lamber o líquido no piso de pedra. Entre duas lambidas, ele anunciou:

William Buckland comeu quase tudo do reino animal.

"É urina de morcego." Havia poucos animais que Buckland não conseguia encarar: "O gosto de toupeira foi o mais repugnante que experimentei", ponderou certa vez. "Até experimentar a [mosca] varejeira-azul."[1]

É possível que Buckland tenha aderido à zoofagia enquanto coletava fósseis em algum grotão remoto da Europa, com poucas opções para o jantar. Talvez fosse um impulso para entrar na mente dos animais extintos cujos ossos desenterrava. Mas a principal razão era que gostava de churrasco, e manteve suas atividades hipercarnívoras até idade avançada. Porém, em certo sentido, a coisa mais incrível na dieta de Buckland não era a variedade, mas que seus intestinos, suas artérias e seu coração conseguissem digerir tanta carne sem enrijecer, ao longo das décadas, e acabar numa exposição mundial do corpo humano, no século XIX. Nossos primos primatas jamais teriam sobrevivido à mesma dieta.

Símios e macacos têm molares e estômagos adaptados para processar matéria vegetal e mantêm uma dieta basicamente vegetariana. Alguns primatas, como os chimpanzés, comem alguns gramas de cupim ou outros animais por dia, e adoram se banquetear com pequenos e indefesos mamíferos, de vez em quando. Mas uma dieta com muita gordura e colesterol alto acaba com as entranhas da maioria dos símios e macacos, e elas se deterioram em ritmo acelerado, se comparadas às dos seres humanos modernos. Primatas em cativeiro, com acesso regular a carne (e laticínios), acabam resfolegando nas jaulas, com colesterol a 300 e as artérias forradas de gordura. Nossos ancestrais proto-humanos decerto também comiam carne; eles deixaram cortadores de pedra demais empilhados ao lado de ossos de grandes mamíferos para ser mera coincidência. Todavia, durante milênios, os primeiros humanos devem ter sofrido não menos que os macacos pelo amor que tinham à carne – Elvis paleolíticos vagando pela savana.

Então, o que mudou de lá para cá, entre Grunk, na antiga África, e William Buckland, em Oxford? O nosso DNA. Desde que nos separamos dos chimpanzés, o gene *APOE* dos humanos mudou, nos premiando com versões diferentes. Em termos gerais, é o candidato mais forte (embora não o único) para o gene humano "comedor de carne". A primeira mutação melhorou o desempenho de células vermelhas matadoras, que atacam micróbios, como os micróbios mortais existentes nos pedaços de carne crua. Protegeram-nos também contra inflamações crônicas, os danos colaterais nos tecidos, que acontecem quando infecções microbianas não se curam de todo. Infelizmente, esse *APOE* trocou nossa saúde de longo prazo por um ganho a curto prazo: agora podemos comer mais carne, porém, nossas artérias parecem o interior de uma lata de conserva. Para nossa sorte, uma segunda mutação surgiu 220 mil anos atrás, ajudando a processar o excesso de gordura e o colesterol, e nos poupando da decrepitude prematura. Mais ainda, ao retirar do corpo as toxinas provenientes da dieta, melhorou o desempenho das células e tornou nossos ossos mais densos e difíceis de quebrar na meia-idade, outra segurança contra a morte prematura. Por isso, embora os primeiros humanos ingerissem uma verdadeira orgia romana em comparação com seus primos frugíferos, *APOE* e outros genes os ajudaram a viver duas vezes mais tempo.

Porém, antes de nos congratularmos por termos um *APOE* melhor que o dos macacos, vamos esclarecer alguns pontos. Para começar, ossos com marcas de dentes e outras evidências arqueológicas indicam que começamos a comer carne éons antes do surgimento do *APOE* combatente do colesterol, pelo menos há 2,5 milhões de anos. Assim, por milhões de anos, nós fomos burros demais para relacionar ingestão de carne e aposentadoria precoce, patéticos demais para obter calorias suficientes sem carne, ou negligentes demais para deixar de comer um alimento que sabíamos ser fatal. Menos elogiosas ainda foram as propriedades germicidas implícitas na primeira mutação do *APOE*. Arqueólogos já encontraram lanças de madeira afiada de 400 mil anos atrás. Por isso, naquela época, alguns grandalhões cavernícolas já levavam toucinho para casa. Mas e antes disso? A falta de armas adequadas e o fato de *APOE* combater micróbios – que vicejam em postas de carne não muito fresca, digamos – indicam que os proto-humanos iam atrás de carcaças e comiam restos apodrecidos. Na melhor das hipóteses, esperávamos que outros animais comessem a caça para espantá-los e roubar o que restava, atitude não muito galante. (Pelo menos estamos em boa companhia. Cientistas têm mantido esse mesmo debate a respeito do *Tyrannosaurus rex*: era um matador alfa cretáceo ou um coletor preguiçoso?).

Mais uma vez, o DNA nos ensina uma lição de humildade e tira o brilho da visão que temos acerca de nós mesmos. E *APOE* é somente um entre muitos casos em que a pesquisa do DNA transformou o conhecimento que temos sobre nossas origens, preenchendo detalhes esquecidos em algumas narrativas, derrubando convicções antigas substituindo-as por outras, mas sempre, sempre revelando quanto foi frágil a história dos hominídeos.

Para avaliar quanto o DNA pode complementar, anotar ou reescrever totalmente uma história antiga, é bom retroceder aos tempos em que os pesquisadores passaram a escavar e estudar os restos mortais humanos – o início da arqueologia e da paleontologia. Esses cientistas começaram confiantes na origem dos homens, entraram em parafuso com inquietantes descobertas e só há pouco retomaram a direção do esclarecimento (ainda que não totalmente), sobretudo graças à genética.

Com exceção de casos não naturais, como os marinheiros holandeses que massacraram os pássaros dodó, antes de 1800 quase nenhum cientista acreditava que uma espécie poderia ser extinta. As espécies tinham sido criadas como tais. Ponto. Mas um naturalista francês chamado Jean Léopold Nicolas Frédéric Cuvier derrubou essa noção em 1796. Cuvier era um homem formidável, metade Darwin, metade Maquiavel. Depois se ligou a Napoleão e levou os casacas-azuis do pequeno ditador aos píncaros do poder científico europeu; no fim da vida, tornou-se barão de Cuvier. Enquanto viveu, o barão foi um dos maiores naturalistas de todos os tempos (seu poder era merecido), tendo consolidado a tese de que as espécies podiam, de fato, desaparecer. A primeira pista surgiu quando ele reconheceu que um antigo paquiderme, desenterrado numa pedreira perto de Paris, não tinha descendentes vivos. Ainda mais espetacular, Cuvier desmentiu velhas lendas sobre o então chamado esqueleto do *Homo diluvii testis*. Os ossos, desencavados anos antes na Europa, lembravam um homem deformado, com membros atrofiados. O folclore identificou o "homem" como um dos lascivos e corrompidos que Deus expurgara com o dilúvio de Noé. O cético Cuvier identificou o esqueleto (imagine só) como uma titânica salamandra que havia muito tempo desaparecera da Terra.

Mas nem todos acreditavam na impermanência das espécies de Cuvier. O arguto naturalista amador (e presidente dos Estados Unidos) Thomas Jefferson instruiu os exploradores Lewis e Clark a ficar atentos a preguiças-gigantes e mastodontes no território da Louisiana. Fósseis das duas criaturas já haviam aparecido na América do Norte, atraindo multidões para os sítios de escavação. (O quadro *The Exhumation of the Mastodon*, de Willson Peale, registra a cena de forma elegante.) Jefferson queria rastrear espécimes vivos desses animais por razões patrióticas: estava farto dos naturalistas europeus, que, sem ao menos atravessar o oceano para chegar à América, definiam sua fauna como adoentada, fraca e atrofiada, uma teoria esnobe conhecida como "degeneração americana". Jefferson queria provar que a vida selvagem americana era tão grande, peluda e viril quanto a dos europeus. Subjacente à sua esperança de que mastodontes e preguiças-gigantes ainda vagassem pelas Grandes Planícies estava a convicção de que as espécies não se extinguiam.

Embora estivesse mais para o lado dos sóbrios adeptos da extinção que para o dos entusiastas não adeptos, William Buckland contribuiu para o debate de forma tipicamente extravagante. Em sua lua de mel, Buckland levou a esposa em uma expedição em busca de espécimes pela Europa; mesmo enquanto galgava territórios remotos e batia em rochas à cata de fósseis, insistia em usar a toga acadêmica, e às vezes até uma cartola. Além de ossos, Buckland ficou obcecado com pedaços fossilizados de excrementos animais, chamados coprólitos, que generosamente doou a museus.

The Exhumation of the Mastodon, de Charles Willson Peale, mostra a descoberta de ossos de mastodonte em Nova York, em 1801. O então presidente dos Estados Unidos, Thomas Jefferson, argumentava que ainda havia mastodontes na América do Norte, e pediu que os exploradores Lewis e Clark se mantivessem atentos a isso.

Mas Buckland fez descobertas que o perdoaram por suas excentricidades. Em um desses casos, ele escavou em Yorkshire a toca subterrânea de um predador extinto, com dentes afiados e um crânio mordido que fascinaram o público. O trabalho teve grande mérito científico e entusiasmou o grupo dos adeptos da extinção; os predadores eram hienas das cavernas; como não viviam mais na Inglaterra, aquelas hienas deveriam estar extintas. Ainda mais importante – e sintomático, dado seu gosto pela carne –, Buckland identificou alguns ossos imensos, exumados de uma pedreira inglesa, como uma nova espécie de réptil gigante, o primeiro exemplo dos mais terríveis carnívoros de todos os tempos, os dinossauros. Ele o chamou de megalossauro.[2]

Por mais confiante que estivesse na extinção de animais, Buckland começou a refletir, embora de maneira equivocada, sobre uma questão ainda mais profunda: a existência ou não de linhagens humanas antigas. Embora fosse ministro ordenado, ele não acreditava totalmente no Velho Testamento. Especulava se não haveria eras geológicas antes de "No princípio", tempos povoados de criaturas como o megalossauro. Mesmo assim, como quase todos os cientistas, Buckland hesitou em contrariar o Gênesis em relação às origens humanas e à nossa recente e especial criação. Em 1823, quando desenterrou a cativante Dama Vermelha de Paviland – um esqueleto coberto de joias feitas de conchas marítimas, empoeirado de maquilagem ocre –, ele ignorou muitos dos indícios contextuais e identificou-a como uma bruxa ou prostituta dos tempos da antiga Roma. A dama, na verdade, tinha 30 mil anos (e era um homem). Buckland também ignorou evidências claras de outro sítio com ferramentas de sílex lascado, alojadas na mesma camada geológica de feras anteriores ao Gênesis, como mamutes e tigres-dentes-de-sabre.

Ainda mais imperdoável, Buckland praticamente jogou um fumegante coprólito em uma das mais espetaculares descobertas arqueológicas de todos os tempos. Em 1829, Philippe-Charles Schmerling desenterrou na Bélgica, misturados com antigos restos animais, alguns ossos estranhos, não muito humanos. Baseando suas conclusões sobretudo nos fragmentos de osso de uma criança, ele sugeriu que pertencessem a uma espécie extinta de hominídeos. Buckland examinou os ossos em 1835, durante um congresso científico, mas não deixou de lado as bitolas bíblicas. Rejeitou a teoria de Schmerling, e em vez de fazer isso com discrição preferiu humilhá-lo. Buckland costumava dizer que, graças a várias alterações químicas, ossos fossilizados aderiam à língua naturalmente, enquanto ossos recentes não faziam isso. Durante uma palestra num congresso, colocou na língua um osso animal (de um urso) que Schmerling tinha encontrado misturado a remanescentes hominídeos. O osso de urso ficou preso, e Buckland continuou a palestra, com o osso pendurado à boca, de forma cômica. Depois desafiou Schmerling a prender os ossos de "um humano extinto" na língua. Eles caíram. Portanto, não eram antigos.

Apesar de não ser uma prova definitiva, a rejeição ficou pairando na mente dos paleontólogos. Por isso, quando crânios ainda mais estranhos surgiram em Gibraltar, em 1848, os cientistas mais prudentes os ignoraram. Oito anos depois – e apenas meses após a morte de Buckland, o último grande cientista do Dilúvio –, mineiros encontraram mais alguns ossos estranhos em uma mina de calcário no vale do Neander, na Alemanha. Um estudioso, ecoando Buckland, identificou-os como pertencentes a um cossaco deformado que teria sido ferido pelo Exército de Napoleão e se arrastado para uma caverna no penhasco, a fim de morrer. Porém, dessa vez, outros dois cientistas reafirmaram que os restos pertenciam a uma linhagem distinta de hominídeos, uma raça mais proscrita que os ismaelitas bíblicos. Talvez tenha ajudado o fato de os dois terem localizado, entre os vários ossos, um crânio adulto preservado até as órbitas oculares, enfatizando o cenho pesado e carrancudo que até hoje associamos ao Neandertal.[3]

Com os olhos mais abertos – e depois da publicação de um pequeno livro de Charles Darwin, em 1859 –, os paleontólogos começaram a encontrar homens de Neandertal e hominídeos a eles relacionados por toda a África, no Oriente Médio e na Europa. A existência de humanos ancestrais tornou-se um fato científico. Mas, como era previsível, as novas evidências produziram outras confusões. Esqueletos podem ser desalojados no movimento das formações rochosas, prejudicando tentativas de datá-los ou interpretá-los. Ossos também se espalham e são esmigalhados, obrigando os cientistas a reconstruir criaturas inteiras a partir de alguns molares ou metatarsos perdidos – processo subjetivo, aberto a contestações e diferentes interpretações. Não há sequer garantias de que os cientistas encontrarão amostras representativas: se os pesquisadores no ano 1000000 d.C. descobrirem remanescentes de Wilt Chamberlain, Tom Thumb e Joseph Merrick [o homem-elefante], será que os classificariam na mesma espécie? Por essas razões, qualquer nova descoberta de *Homo* isso e *Homo* aquilo nos anos 1800 e 1900 dava início a frequentes debates acalorados. Décadas se passaram sem que as questões finais fossem esclarecidas. (Todos os humanos arcaicos são nossos ancestrais? Se não, quantos ramos de humanidade havia?) Como diz a antiga anedota, se pusermos vinte paleontologistas dentro de uma sala, vamos obter 21 esquemas diferentes da evolução humana. Svante Pääbo, especialista mundial em genética humana arcaica, observou: "Em geral fico surpreso com a maneira como os cientistas brigam em paleontologia. ... Imagino que isso ocorra porque a ciência da paleontologia é pobre de dados. É provável que existam mais paleontologistas que fósseis importantes no mundo."

Essa era a situação geral das coisas quando a genética invadiu a paleontologia e a arqueologia, no início dos anos 1960 – e *invadiu* é a palavra apropriada. Apesar de disputas, reviravoltas e ferramentas antiquadas, paleontologistas e arqueólogos tinham descoberto um bocado sobre as origens humanas. Não precisavam de um salvador, obrigado. Por isso, muitos se ressentiram da intrusão de biólogos, com seus relógios moleculares e árvores genealógicas de base molecular, figurões querendo derrubar décadas de pesquisas com um só texto. (Um antropólogo zombou da abordagem estritamente molecular como algo "sem musgo, sem rebuliços, sem lavagem de louça. É só jogar algumas proteínas num aparelho de laboratório, chacoalhar e pronto! Temos a resposta para perguntas que nos desafiam há três gerações".) Na verdade, o ceticismo dos cientistas mais velhos se justificava: a paleogenética teve de passar anos provando seu valor.

Um dos problemas da paleogenética é a instabilidade do DNA em termos termodinâmicos. Com o passar do tempo, C se degrada quimicamente em T, e G se degrada em A. Por isso, os paleogeneticistas nem sempre devem acreditar no que leem nas amostras arcaicas. Mais ainda, mesmo nos climas mais frios, depois de 100 mil anos, o DNA se transforma numa linguagem inarticulada; amostras mais antigas que isso quase não têm DNA intacto. Mesmo em amostras relativamente recentes, cientistas podem ter de juntar 1 bilhão de pares de bases de genoma a partir de fragmentos de cinquenta letras de comprimento – o equivalente a reconstruir um livro a partir de rabiscos, volteios, serifas e outros fragmentos menores que um pingo no *i*.

Ah, e a maioria desses fragmentos é lixo. Não importa onde tombe o corpo – a calota polar mais gélida, a duna mais seca do Saara –, fungos e bactérias invadem e bagunçam nosso DNA. Alguns ossos antigos contêm mais de 99% de DNA estranho, e tudo deve ser laboriosamente extraído. Esse é o tipo mais fácil de contaminação com que temos de lidar. O DNA se espalha com tanta facilidade ao contato humano (o simples toque ou um bafejo numa amostra pode poluí-la), e os DNAs de hominídeos antigos são tão parecidos com os nossos que se torna quase impossível descartar a contaminação humana nas amostras.

Esses obstáculos (e mais alguns constrangedores recuos ao longo dos anos) levaram os paleogeneticistas à beira da paranoia quanto à contaminação, e agora eles exigem controles e salvaguardas mais apropriados a um laboratório de guerra biológica. Preferem amostras jamais tocadas por mãos humanas – em termos ideais, as que ainda estiverem sujas de terra dos sítios de escavações distantes, onde os trabalhadores usam máscaras cirúrgicas e luvas para guardar tudo em sacos esterilizados. O cabelo é o melhor material, pois absorve menos agentes de contaminação e pode ser descorado. Contudo, os paleogeneticistas aceitam também ossos menos frágeis. (E, em vista da escassez de sítios descontaminados, em geral preferem ossos guardados em cofres de museus, em especial aqueles tão tediosos que ninguém se deu ao trabalho de estudar.)

Uma vez selecionada a amostra, os pesquisadores a transportam para um "recinto limpo", mantido a uma pressão mais alta que a normal, para que as correntes de ar – ou, mais exatamente, os pedacinhos flutuantes de DNA que podem voar nas correntes – não se agitem quando as portas se abrem. Qualquer um que tenha permissão para entrar no recinto deve se cobrir dos pés à cabeça com aventais esterilizados, sapatilhas e dois pares de luvas, e se acostumar com o odor do alvejante espalhado em quase todas as superfícies. (Um laboratório se vangloriava de que seus técnicos, talvez já de avental, tomavam banho de esponja com alvejante.) Se a amostra for óssea, os cientistas utilizam brocas e motor de dentista para raspar alguns gramas de pó. Chegam até a regular as brocas para girar somente em 100rpm, pois o calor de uma broca normal de 1.000rpm pode fritar o DNA. Depois dissolvem montículos de pó em substâncias químicas que liberam o DNA. Nesse estágio, os paleogeneticistas costumam pôr etiquetas – fragmentos de DNA artificial – em todos os fragmentos. Dessa forma, eles sabem se qualquer DNA estranho, que não tiver a etiqueta,[4] se infiltrou na amostra quando se ausentaram do recinto. Podem ainda registrar a formação racial dos técnicos e outros cientistas do laboratório (e talvez até dos zeladores), de forma que, se aparecerem sequências étnicas, eles julgam se a amostra foi comprometida.

Só depois desses preparativos começa o verdadeiro sequenciamento do DNA. Vamos falar desse processo adiante. Basicamente, os cientistas determinam a sequência A-C-G-T de cada fragmento individual de DNA, depois usam um sofisticado equipamento para juntar os infindáveis fragmentos. Os paleogeneticistas têm aplicado essa técnica com sucesso em tecidos de zebras, crânios de ursos das cavernas, tufos de mamutes lanudos, abelhas em âmbar, peles mumificadas e até nos adorados coprólitos de Buckland. Porém, o trabalho mais espetacular nessa direção veio do DNA do neandertalense. Depois da descoberta do Neandertal, muitos cientistas o classificaram como humano arcaico – o primeiro (antes do desgaste da metáfora) elo perdido. Outros o situaram em seu devido ramo evolutivo terminal, enquanto alguns pesquisadores europeus o consideraram ancestral de algumas espécies humanas, mas não de todas. (Mais uma vez, suspiro, você pode adivinhar que raças eles escolheram: africanos e aborígenes.) Independentemente da taxonomia exata, os pesquisadores consideraram o Neandertal tosco e meio bobo, e ninguém ficou surpreso por ele ter desaparecido. Afinal, alguns dissidentes começaram a argumentar que o neandertalense tinha mais inteligência do que lhe era atribuída: ele utilizava ferramentas de pedra, dominava o fogo, enterrava seus mortos (às vezes com flores silvestres), cuidava dos fracos e desprotegidos e talvez usasse adornos e tocasse flauta feita de osso. Mas os cientistas não podiam provar que o neandertalense não tivesse observado os humanos fazendo isso e os imitasse, o que não exige grande inteligência.

O DNA mudou de forma permanente nossa visão acerca do Neandertal. Já em 1987, o DNA mitocondrial mostrou que o neandertalense não era um ancestral direto dos humanos. Algum tempo depois, quando seu genoma completo foi analisado, em 2010, percebemos que a vítima de tantos cartuns cômicos era afinal muito humana: nós partilhamos mais ou menos 99% de nosso genoma com ela. Em alguns casos, a justaposição era bem próxima: o homem de Neandertal provavelmente tinha cabelos arruivados e pele clara; possuía o tipo sanguíneo mais comum do mundo, O; e, como a maioria dos humanos, não conseguia digerir leite depois de adulto. Outras descobertas foram mais profundas. O neandertalense tinha genes de imunidade MHC semelhantes aos nossos, e também partilhava conosco um gene, o *FOXP2*, associado à capacidade para linguagem, o que significa que talvez se comunicasse de forma articulada.

Ainda não está claro se o Neandertal tinha versões alternativas do *APOE*, mas obtinha mais proteína da carne que nós, e é provável que tivesse algumas adaptações genéticas para metabolizar o colesterol e combater infecções. De fato, evidências arqueológicas sugerem que ele não hesitava em comer até os próprios mortos – talvez como parte de rituais xamânicos primitivos, talvez por razões mais sombrias. Numa caverna do norte da Espanha, cientistas descobriram restos mortais de doze adultos e crianças neandertalenses assassinados 50 mil anos atrás, muitos aparentados entre si. Depois da execução, é provável que os famintos agressores os tenham trinchado com instrumentos de pedra e quebrado seus ossos para chupar o tutano, canibalizando tudo que fosse comestível. A cena é macabra, mas foi desse banquete de 1.700 ossos que os cientistas extraíram muito do que sabem sobre o DNA do Neandertal.

Goste-se ou não, há indícios semelhantes de canibalismo humano. Afinal, cada adulto de 50kg podia fornecer aos companheiros famintos 20kg de preciosa proteína muscular e, ainda, gordura comestível, cartilagens, fígado e sangue. Mais desconfortável ainda são as evidências arqueológicas indicando que há muito os humanos comiam uns aos outros mesmo quando não estavam esfaimados. Durante anos perdurou a pergunta sobre se o canibalismo não determinado pela fome tinha motivações religiosas, se era seletivo, culinário ou rotineiro. O DNA sugere uma rotina. Todos os grupos étnicos conhecidos no mundo apresentam uma entre duas assinaturas genéticas que ajudam nosso corpo a combater certas doenças associadas ao canibalismo, em especial a doença da vaca louca, consequente da ingestão do cérebro de alguém. É quase certo que esse DNA defensivo não se fixaria em todo mundo se não tivesse sido muito necessário.

Como mostra o DNA do canibalismo, os cientistas não confiam apenas em artefatos antigos para obter informações sobre o nosso passado. O DNA do humano moderno também oferece suas pistas. Uma das primeiras coisas que os cientistas percebem quando começam a estudar esse DNA é a falta de variedade. Cerca de 150 mil chimpanzés e número semelhante de gorilas vivem hoje no mundo, comparados aos cerca de 7 bilhões de humanos. Porém, os humanos têm menos diversidade genética que esses macacos, bem menos. Isso sugere que a população mundial de humanos naufragou muito mais que a população de chimpanzés, talvez múltiplas vezes. Se existisse no passado uma Lei das Espécies Ameaçadas, o *Homo sapiens* seria o equivalente paleolítico de condores e pandas.

Os pesquisadores discordam quanto ao motivo de nossa população ter decrescido tanto. Contudo, a origem do debate remete a duas teorias diferentes – ou, na verdade, duas diferentes visões de mundo –, articuladas pela primeira vez na época de William Buckland. Quase todos os cientistas tinham até então uma perspectiva catastrófica da história – enchentes, terremotos e outros cataclismos teriam esculpido o planeta depressa, erguendo montanhas num fim de semana prolongado e eliminando espécies da noite para o dia. Uma geração mais jovem – em especial um aluno de Buckland, o geólogo Charles Lyell – propôs o gradualismo, a ideia de que ventos, marés, erosão e outras forças gentis haviam moldado a Terra e seus habitantes de forma lenta e dolorosa. Por várias razões (inclusive campanhas difamatórias póstumas), o gradualismo se tornou associado à ciência propriamente dita, restando ao catastrofismo poucos argumentos além de milagres teatrais bíblicos. No início dos anos 1900, o catastrofismo estava apartado (para dizer o mínimo) da ciência. Com o tempo, o pêndulo oscilou. Ele voltou a ser respeitado a partir de 1979, quando geólogos descobriram que um asteroide ou cometa do tamanho de uma cidade ajudou a erradicar os dinossauros. Desde então, os pesquisadores concordam que podem manter uma visão gradualista adequada por boa parte da história, e mesmo assim reconhecer que alguns eventos apocalípticos também ocorreram. Essa aceitação torna ainda mais curioso o fato de que uma antiga calamidade, os primeiros traços do que foi descoberto um ano depois do impacto dos dinossauros, tenha recebido muito menos atenção. Especialmente considerando que certos cientistas argumentam que o supervulcão Toba quase eliminou uma espécie mais querida para nós que os dinossauros: o *Homo sapiens*.

Entender o Toba requer alguma imaginação. Ele é – ou foi, antes da explosão de sua cratera de 1.000km² – uma montanha na Indonésia que entrou em erupção setenta e poucos mil anos atrás. Mas como não houve sobreviventes para contar a história, podemos avaliar melhor o terror espalhado fazendo uma comparação (ainda que remota) com a segunda maior erupção conhecida naquele arquipélago, a do Tambora, em 1815.

No começo de abril de 1815, três pilares de fogo saídos do inferno destaparam o Tabora. Dezenas de milhares morreram quando a psicodélica lava alaranjada surfou montanha abaixo, e um tsunami de 1,5m de altura, viajando a 230km por hora, se formou perto das ilhas. Pessoas a 2.300km de distância (mais ou menos a distância entre Nova York e Dakota do Sul) ouviram a explosão inicial, e o mundo ficou escuro numa área de centenas de quilômetros ao redor, quando uma nuvem de fumaça subiu a 15km de altura, em direção ao céu. Essa fumaça transportou enormes quantidades de substâncias químicas sulfurosas. No início, esse aerossol parecia inofensivo, até agradável. Na Inglaterra, intensificou os roxos, os alaranjados e os vermelhos fortes do pôr do sol naquele verão, um espetáculo celestial que pode ter influenciado as paisagens do pintor J.M.W. Turner. Os efeitos posteriores não foram tão simpáticos. Já em 1816 – popularmente conhecido como "O ano sem verão" – a ejeção sulfúrica tinha se misturado de forma homogênea na atmosfera superior e começou a refletir a luz do sol de volta para o espaço. Essa perda de calor provocou tempestades de neve malucas, em julho e agosto, nos recém-libertos Estados Unidos, arruinando muitas colheitas (inclusive a do milho de Thomas Jefferson, em Monticello). Na Europa, Lord Byron escreveu um poema sombrio, em julho de 1816, chamado "Darkness", que tem como abertura: "I had a dream, which was not all a dream./ The bright sun was extinguish'd .../ Morn came and went – and came, and brought no day,/ And men .../ Were chill'd into a selfish prayer for light."* Por acaso, alguns escritores passaram férias com Byron naquele verão, perto do lago de Genebra, mas acharam os dias tão sombrios que ficaram o tempo todo dentro de casa. Canalizando esse estado de espírito, para se distrair, alguns resolveram contar histórias de fantasmas – uma das quais, da jovem Mary Shelley, depois se transformou no livro *Frankenstein*.

Agora, sabendo tudo isso sobre o Tambora, considere que o Toba cuspiu por um período cinco vezes maior e ejetou doze vezes mais material – milhões de toneladas de rocha vaporizada por segundo, no auge.[5] Por ser muito maior, a enorme nuvem de fumaça do Toba causou mais danos, proporcionalmente. Por causa dos ventos predominantes, a maior parte da fumaça flutuou para oeste. Alguns cientistas acreditam que o gargalo do DNA começou quando a fumaça, depois de passar pelo sul da Ásia, invadiu os campos da África onde viviam os humanos. Segundo essa teoria, a destruição aconteceu em duas fases. A curto prazo, o Toba ofuscou o sol durante seis anos, perturbando chuvas sazonais, entupindo córregos e espalhando quilômetros cúbicos de cinzas quentes (imagine-se vadeando um cinzeiro gigante) por hectares de vegetação, uma das principais fontes de alimento. Não é difícil imaginar a queda da população humana. Outros primatas podem ter sofrido menos no começo, pois os humanos estavam no lado leste da África, no caminho do Toba, enquanto a maioria dos primatas vivia no interior, protegida por montanhas. No entanto, mesmo que o Toba tenha poupado de início alguns animais, ninguém escapou da segunda fase. A Terra já estava numa Era Glacial

* Eu tive um sonho, que não era absolutamente um sonho./ O sol brilhante estava extinto .../ A manhã ia e vinha – e vinha sem trazer o dia,/ E os homens .../ Arrepiavam-se em orações egoístas por luz. (N.T.)

em 70000 a.C., e a persistente reflexão da luz do sol no espaço pode muito bem tê-la exacerbado. Temos provas de que a temperatura média caiu mais de 20°C em alguns pontos, o que deve ter feito com que as savanas africanas – nosso lar original – encolhessem como poças de água no calor de agosto. Em geral, a teoria do gargalo do Toba argumenta que a erupção inicial provocou uma grande fome, mas a radicalização da Era do Gelo foi o que realmente manteve baixa a população humana.

O DNA de símios, orangotangos, tigres, gorilas e chimpanzés também mostra sinais de gargalos bem na época do Toba, mas os humanos sofreram mais. Um estudo sugere que a população humana, no mundo todo, pode ter caído para quarenta adultos. (O recorde mundial de pessoas que cabem numa cabine telefônica é de 25.) Trata-se de uma estimativa pessimista, mesmo entre os pesquisadores catastrofistas, mas é comum encontrar cálculos de poucos milhares de adultos, menos que algumas torcidas organizadas. Como esses humanos talvez não estivessem num só lugar, mas espalhados em bolsões pequenos e isolados pela África, as consequências devem ter abalado muito o nosso futuro. Se a teoria do gargalo do Toba for verdadeira, a falta de diversidade do DNA humano tem uma explicação simples. Afinal, quase fomos extintos.

Não surpreende – mais brigas internas – que muitos arqueólogos considerem essa explicação para a baixa diversidade genética superficial demais, e a teoria permaneça sob contenda. Não é só a existência de um gargalo em si que incomoda. Já está bem estabelecido que a reprodução da população dos proto-humanos (mais ou menos o equivalente ao número de adultos férteis) caiu de forma alarmante algumas vezes no último milhão de anos. (O que, entre outras coisas, deve ter originado a difusão dos aberrantes 46 cromossomos.) Inúmeros cientistas veem fortes evidências no nosso DNA de que ocorreu ao menos um grande gargalo depois do surgimento do humano anatomicamente moderno, 200 mil anos atrás. O que incomoda os cientistas é a relação de qualquer gargalo com o Toba, a desconfiança em relação ao mau e velho catastrofismo.

Alguns geólogos afirmam que o Toba não foi tão poderoso como alegam os colegas. Outros duvidam que ele possa ter dizimado populações a milhares de quilômetros de distância, ou que uma montanha insignificante expelisse espuma sulfurosa suficiente para agravar uma Era Glacial de ação global. Alguns arqueólogos descobriram sinais (contestados, como é inevitável) de utensílios de pedra bem acima e abaixo de algumas camadas de 15cm de cinzas do Toba, o que não implica extinção, mas continuidade, exatamente onde o Toba teria causado maiores danos. Também temos razões genéticas para questionar o gargalo do Toba. A mais importante é que os geneticistas não conseguem distinguir, retroativamente, entre a falta de diversidade induzida por um breve, porém severo, gargalo e a falta de diversidade induzida por um gargalo longo e suave. Em outras palavras, há uma ambiguidade: se o Toba, de fato, nos reduziu a algumas dezenas de adultos, decerto constataríamos isso nos padrões de nosso DNA; porém, se uma população fosse reduzida a poucos milhares, mas mantida de forma consistente, o DNA dessas pessoas mostraria *as mesmas* assinaturas talvez depois de mil anos. Quanto maior o período de tempo, menos provável que o Toba tenha algo a ver com o gargalo.

William Buckland e outros teriam reconhecido esse debate de imediato: pequenas e persistentes pressões retardaram nossa inteligente espécie por tanto tempo ou isso foi fruto de um cataclismo. Já é um progresso o fato de que, ao contrário da convicção apocalíptica dos tempos de Buckland e do século de zombarias que se seguiu, os modernos catastrofistas da ciência possam dar voz à sua causa. Quem sabe? Como um dos maiores desastres do mundo, o supervulcão Toba ainda pode acompanhar os passos da rocha espacial que matou os dinossauros.

ENTÃO, A QUE SE REDUZ toda essa arqueologia do DNA? À medida que o campo ganhou vida própria, os cientistas conseguiram reunir um sumário abrangente de como os humanos modernos surgiram e se espalharam pelo planeta.

Talvez o mais importante seja que o DNA confirmou nossas origens na África. Alguns achados arqueológicos sempre indicaram que a humanidade surgiu na Índia ou na Ásia, mas em geral uma espécie mostra sua mais alta diversidade genética perto da origem, onde teve mais tempo de se desenvolver. É exatamente o que os cientistas veem na África. Um exemplo: os povos africanos têm 22 versões de um trecho específico do DNA ligado ao muito importante gene da insulina – e apenas três deles, no total, aparecem no resto do mundo. Durante muito tempo, os antropólogos agruparam todos os povos africanos numa só "raça". No entanto, a verdade genética é que a maior diversidade do mundo é mais ou menos um subconjunto da diversidade africana.

O DNA também pode ilustrar a história das origens humanas com detalhes sobre como nos comportávamos muito tempo atrás, e até como éramos fisicamente. Por volta de 220 mil anos atrás, o gene comedor de carne *APOE* apareceu e começou a se difundir, tornando possível uma velhice produtiva. Apenas 20 mil anos depois, outra mutação fez com que os cabelos de nossa cabeça crescessem indefinidamente (ao contrário dos pelos dos macacos ou do nosso corpo) – um gene "corte de cabelo". Depois de outros 30 mil anos, começamos a usar roupas de pele, fato que os cientistas determinaram comparando os relógios do DNA dos piolhos de cabeça (que só vivem no cabelo) e outros tipos de piolho, ainda que aparentados, do corpo (que só vivem nas roupas), e estabeleceram que eles divergem. Por grandes e pequenas razões, essas mudanças transformaram as sociedades.

Vestidos de forma apropriada e bem-penteados, os humanos parecem ter saído da África rumo ao Oriente Médio talvez cerca de 130 mil anos atrás (nosso primeiro impulso imperial). Mas alguma coisa – clima frio, saudades de casa, predadores, um sinal de NÃO INVADIR dos neandertais – deteve essa marcha e os mandou de volta à África. A população humana caiu num gargalo por dezenas de milhares de anos, talvez por causa do Toba. De qualquer forma, os humanos conseguiram resistir e acabaram se recuperando. Dessa vez, contudo, em lugar de se esconder e esperar pela próxima ameaça de extinção, pequenos clãs humanos, coisa de alguns milhares, no total, começaram a estabelecer assentamentos além da África, em ondas que começaram há cerca de 60 mil anos. É provável que esses clãs tenham atravessado o mar Vermelho durante a maré baixa, ao estilo de Moisés, por um ponto ao sul chamado Bab-el-Mandeb, o Portão da Dor. Como ficaram isolados por gargalos durante milênios, os clãs desenvolveram características genéticas específicas. Por isso, quando se espalharam por novas terras e sua população dobrou e quadruplicou, essas características geraram os aspectos específicos das populações europeias e asiáticas atuais. (Num fator que Buckland teria apreciado, essa dispersão tridentada a partir da África é algo chamado teoria do Portão do Éden Fraco. Mas já é uma história bem melhor que a versão bíblica: nós não perdemos o Éden, nós aprendemos a construir outros édens pelo mundo.)

Durante nossa expansão a partir da África, o DNA manteve um maravilhoso diário de viagem. Na Ásia, análises genéticas revelaram duas ondas distintas de colonização humana; uma delas, há 65 mil anos, que contornou a Índia e resultou em assentamentos na Austrália, fazendo dos aborígenes os primeiros verdadeiros exploradores da história; e uma onda posterior, que produziu os asiáticos modernos e levou à primeira explosão populacional da humanidade, 40 mil anos atrás, quando 60% da humanidade vivia nas penínsulas da Índia, da Malásia e da Tailândia. Na América do Norte, uma pesquisa sobre diferentes tendências genéticas sugere que os primeiros americanos devem ter estacionado há cerca de 10 mil anos na península de Bering, entre a Sibéria e o Alasca, como se tivessem medo de se separar da Ásia e entrar no Novo Mundo. Na América do Sul, cientistas descobriram genes MHC de ameríndios em nativos da ilha da Páscoa; a mistura uniforme desses genes e dos genes asiáticos indica que alguém realizava viagens marítimas como as do *Kon-Tiki*, de ida e volta às Américas, no início dos anos 1000, quando Colombo ainda era apenas um fragmento de DNA espalhado nas gônadas de seus tata-tata-tata-tataravós. (Análises genéticas de batatas-doces, morangas e ossos de galinha também indicam contatos antes de Colombo.) Na Oceania, cientistas relacionaram a difusão e a seleção de DNA de pessoas à difusão e à seleção de linguagens. Acontece que as pessoas do sudeste da África, o berço da humanidade, não apenas têm o DNA mais rico que qualquer outra; elas também possuem linguagens mais ricas, com mais de cem sons diferentes. Linguagens de terras diferentes e intermediárias têm menos sons (o inglês tem quarenta e alguma coisa). Linguagens em locais mais distantes da nossa antiga migração, como o Havaí, usam cerca de doze sons, e o havaiano exibe um correspondente DNA uniforme. Tudo se conjumina.

Olhando um pouco além da nossa espécie, o DNA também pode esclarecer os maiores mistérios da arqueologia: o que aconteceu com os homens de Neandertal? Depois de terem prosperado na Europa por muito tempo, alguma coisa os estrangulou lentamente em territórios cada vez menores, e os últimos expiraram cerca de 35 mil anos atrás, no sul da Europa. A profusão de teorias para explicar o que os condenou – mudança climática, doenças contraídas de humanos, competição por comida, homicídio (pelo *Homo sapiens*), doença do "Neandertal louco", resultante da ingestão excessiva de cérebros – é um sinal inequívoco de que ninguém faz a mínima ideia. Mas, com a decodificação do genoma dos homens de Neandertal, sabemos que eles não desapareceram, não de todo. Nós transportamos suas sementes dentro de nós para todo o planeta.

Depois de terem surgido na África, cerca de 60 mil anos atrás, os clãs de humanos acabaram vagando por terras de neandertalenses, no Levante. Os rapazes olharam para as garotas, os tirânicos hormônios assumiram o controle, e logo pequenos homenzinhos de Neandertal corriam por ali – uma repetição do que aconteceu quando humanoides se acasalaram com protochimpanzés (*plus ça change*). O que aconteceu depois fica difuso, mas os grupos se separaram, e de forma assimétrica. Talvez alguns idosos indignados tenham saído batendo a porta, levando seus filhos roubados e os netos humandertais. Talvez só os homens de Neandertal tenham transado com mulheres humanas, que depois partiram com o próprio clã. Talvez os grupos tenham se separado amigavelmente, mas todos os mestiços deixados sob os cuidados dos homens de Neandertal morreram quando a humanidade partiu para a colonização do planeta como um todo. De qualquer modo, quando esses paleolíticos Lewis e Clark se separaram dos namorados da família Neandertal, levaram algum DNA neandertalense na cepa genética. O suficiente, na verdade, para que ainda tenhamos uma pequena porcentagem deles em nós, até hoje – equivalente ao que herdamos de cada tata-tata-tata-tataravô. Ainda não está claro o que todo esse DNA faz, mas parte dele era imunidade MHC no DNA – o que significa que os homens de Neandertal podem involuntariamente ter ajudado a se destruir ao doar DNA aos humanos para combater novas doenças nas novas terras que tiramos deles. Estranhamente, contudo, parece não haver reciprocidade. Nenhum DNA só humano, que combatesse doenças ou qualquer outro, apareceu em um neandertalense até agora. Ninguém sabe por quê.

Na verdade, só alguns de nós absorvemos o DNA do Neandertal. Todo esse romance teve lugar na interseção entre a Ásia e a Europa, e não exatamente na África. Isso significa que as pessoas que levaram o DNA do Neandertal adiante não eram os antigos africanos (os quais, até onde os cientistas sabem, nunca se ligaram ao neandertalense), mas os primeiros asiáticos e europeus, cujos descendentes povoaram o resto do mundo. A ironia é rica demais para não ser mencionada. Quando organizaram as diferentes raças humanas em camadas, desde pouco abaixo dos anjos até um pouco acima das bestas, os presunçosos cientistas raciais dos anos 1800 classificaram a pele negra próxima de animais "sub-humanos", como os homens de Neandertal. Mas fatos são fatos: o norte-europeu puro carrega muito mais DNA de Neandertal que qualquer africano moderno. Mais uma vez, o DNA humilhou.

Só para frustrar os arqueólogos, no entanto, em 2011 surgiram evidências de que os africanos também têm suas ligações com outras espécies. Certas tribos que ficaram em casa, na África central, e que jamais viram um neandertalense, parecem ter adquirido partes de DNA não codificado de outros humanos arcaicos, não definidos e agora extintos. Também se saíram bem depois que os primeiros asiáticos e europeus partiram. À proporção que os cientistas continuarem catalogando a diversidade humana pelo mundo, as memórias do DNA de outras classes, sem dúvida, surgirão em outros grupos, e teremos de atribuir cada vez mais DNA "humano" a outras criaturas.

Na verdade, porém, determinar se este ou aquele grupo étnico tem menos DNA arcaico que outros é um equívoco. O mais importante e vital não é quem é mais neandertalense que quem. É que todos os povos, em qualquer lugar, curtiram amantes arcaicos humanos onde puderam. Essas memórias do DNA estão enterradas em nós mais profundamente que nosso id, e nos lembram que a grande saga da difusão dos humanos pelo planeta ainda precisa de ajustes e anotações pessoais, particulares e muito humanas – encontros aqui, uma escapadela ali, e a mistura de genes em quase toda parte. Ao menos podemos dizer que todos os humanos estão unidos na partilha dessa vergonha (se é que é vergonha) e na partilha desses As, Cs, Gs e Ts escarlates.

11. Tamanho é documento

Como os homens ganharam cérebros tão grotescamente grandes?

A EXPANSÃO DE NOSSOS ANCESTRAIS pelo planeta exigiu mais que sorte e persistência. Para evitar várias extinções, foi necessário também um bom cérebro. Há uma clara base biológica para a inteligência humana; ela é universal demais para não estar inscrita no nosso DNA, e (ao contrário da maioria das células) o cérebro usa quase todo o nosso DNA. Contudo, apesar de séculos de estudos em todas as áreas, de frenologistas a engenheiros da Nasa, em assuntos que variam de Albert Einstein a *idiot savants*, ninguém sabe exatamente de onde vem nossa inteligência.

As primeiras tentativas de encontrar a base biológica da inteligência partiram da ideia de que maior é melhor: maior massa cerebral significava maior capacidade de raciocínio, assim como mais músculos representam maior poder de tração. Embora intuitiva, a teoria tem suas desvantagens; as baleias, com cérebros de 10kg, não dominam o planeta. Por isso, o barão Cuvier, a mistura de Darwin com Maquiavel da França napoleônica, sugeriu que os cientistas examinassem também a proporção entre cérebro e corpo das criaturas, a fim de medir o peso relativo do cérebro.

De todo modo, os cientistas da época de Cuvier continuaram a afirmar que cérebro maior correspondia a mente mais arguta, sobretudo na *mesma* espécie. A melhor prova aqui era o próprio Cuvier, conhecido (aliás, até notável) pela grande abóbora que equilibrava acima dos ombros. Ainda assim, ninguém podia dizer nada definitivo sobre o cérebro de Cuvier até as 7h de uma terça-feira, 15 de maio de 1832, quando os maiores e mais imodestos médicos de Paris se reuniram para realizar sua autópsia. Abriram o ventre, reviraram as entranhas e determinaram que os órgãos eram normais. Cumprida essa parte, serraram o crânio com entusiasmo e extraíram um cérebro de baleia, de 1,85kg, mais de 10% maior que qualquer cérebro medido até então. O cientista mais inteligente que aqueles homens conheciam tinha o maior cérebro já visto. Bastante convincente.

Nos anos 1860, contudo, a teoria da importância do tamanho para a inteligência começou a murchar. Uma das razões era que os cientistas questionavam a precisão das medidas de Cuvier – pareciam muito exageradas. Ninguém pensou em preservar o cérebro de Cuvier num pote de conserva, infelizmente, por isso os cientistas posteriores se agarraram às provas que conseguiam encontrar. Alguém acabou desencavando o chapéu de Cuvier, realmente avantajado, caindo sobre os olhos de quase todos que o experimentaram. Mas os peritos em chapelaria declararam que o chapéu talvez tivesse alargado com o passar do tempo, levando a um cálculo superestimado. Peritos em corte de cabelo sugeriram que o volumoso penteado de Cuvier fazia sua cabeça parecer enorme, levando os médicos a antecipar (e, por antecipar, a encontrar) um vasto cérebro. Outros ainda aventaram que Cuvier talvez sofresse de hidrocefalia (inchaço do cérebro e do crânio) na juventude. Nesse último caso, o cabeção de Cuvier seria acidental, não se relacionava à sua genialidade.[1]

Debater o caso de Cuvier não resolveria coisa alguma. Por isso, para reunir mais informações sobre outras pessoas, anatomistas do crânio desenvolveram métodos para medir o volume de seu objeto de estudo. Basicamente, eles tapavam todos os buracos e enchiam o crânio (dependendo da preferência) com uma quantidade conhecida de ervilhas, feijões, arroz, farelo de milho, pimenta em grão, semente de mostarda, água, mercúrio ou chumbo de munição. Imagine as fileiras de crânios dispostas numa mesa, com funis espetados em cada um, e um assistente despejando baldes de mercúrio ou sacas de grãos dentro deles. Monografias inteiras foram publicadas sobre esses experimentos, mas os resultados só aumentaram a confusão. Será que os esquimós, que tinham os maiores cérebros, eram mesmo o povo mais inteligente do mundo? Ademais, os crânios de uma recém-descoberta espécie de Neandertal eram mais volumosos do que os dos humanos numa média de 100ml.

O barão Cuvier – biólogo meio Darwin, meio Maquiavel que liderou a ciência francesa durante e depois da era napoleônica –, um dos maiores cérebros já registrados.

Como se viu, isso era só o início da confusão. Mais uma vez, sem estar estritamente correlacionado, cérebro maior, em geral, indicava espécie mais inteligente. Como macacos, símios e humanos são bem espertos, os cientistas imaginaram que devia haver uma intensa pressão no DNA dos primatas para aumentar o tamanho dos cérebros. Tratava-se basicamente de uma corrida armamentista: primatas de cérebro grande conseguiam mais alimento e sobreviviam melhor às crises, e a única forma de vencer era ficar mais inteligente. Contudo, a natureza também pode ser econômica. Baseados em evidências fósseis e genéticas, os cientistas podem agora rastrear como a maioria das linhagens primatas evoluiu ao longo de muitos milhões de anos. Acontece que o corpo de certas espécies, e com frequência também o cérebro, encolheu com o tempo – transformando-as em nanicas cranianas. O cérebro consome um bocado de energia (cerca de 20% das calorias humanas), e em tempo de falta de alimentos, o DNA que venceu nos primatas foi o avaro DNA que economizou na formação do cérebro.

Provavelmente o nanico mais conhecido hoje é o esqueleto do "hobbit" da ilha de Flores, na Indonésia. Quando foi descoberto, em 2003, muitos cientistas o definiram como humano microcéfalo (de cabeça pequena); de jeito nenhum a evolução seria tão irresponsável a ponto de deixar diminuir tanto o cérebro (logo o órgão mais importante) de um hominídeo. Porém, agora, os cientistas aceitam que o cérebro dos hobbits (oficialmente, *Homo floresiensis*) de fato encolheu. Parte dessa redução pode se relacionar ao chamado nanismo insular: como são mais limitadas, as ilhas oferecem menos alimento, de forma que um animal pode ajustar algumas centenas de genes que controlam seu peso e tamanho para sobreviver com menos calorias. O nanismo insular reduziu mamutes, hipopótamos e outros animais isolados até as dimensões de pigmeus; e não existe motivo para que essa pressão também não reduzisse um hominídeo, mesmo que à custa de um cérebro menor.[2]

De acordo com certos padrões, os humanos modernos também são tampinhas. Quase todos já estivemos em algum museu e rimos das minúsculas armaduras de algum rei ou qualquer outra grande figura da história passada – que sujeito baixinho! Mas nossos ancestrais também ririam de nossas roupas. Desde cerca de 30 mil a.C., nosso DNA reduziu o tamanho médio do corpo humano em 10% (mais ou menos 8cm). O orgulhoso cérebro humano diminuiu pelo menos 10% nesse período também, e poucos cientistas contestam que ele encolheu ainda mais.

Claro que os pesquisadores que enchiam crânios com chumbo de munição ou quirera no início dos anos 1900 nada sabiam sobre DNA. No entanto, mesmo com seus instrumentos rudimentares, perceberam que a teoria que relacionava tamanho do cérebro e inteligência não fazia sentido. Um famoso estudo sobre a genialidade – que ganhou página dupla no *New York*

Times, em 1912 – realmente encontrou alguns órgãos vultosos. O cérebro do escritor russo Ivan Turguêniev pesava 2kg, maior que a média humana, que é de 1,4kg. Ao mesmo tempo, os cérebros do estadista Daniel Webster e do matemático Charles Babbage, que sonharam com o primeiro computador, ficavam apenas na média. E o pobre Walt Whitman revelava-se um fanfarrão, com um centro de comando de apenas 1,25kg. Pior ainda foi o caso de Franz Joseph Gall. Apesar de cientista brilhante – que propôs pela primeira vez que diferentes regiões do cérebro tinham diferentes funções –, Gall foi o criador da frenologia, a análise dos calombos na cabeça. Para sua eterna vergonha, seu cérebro pesava mísero 1,2kg.

A bem da verdade, um técnico deixou cair o cérebro de Whitman antes da medição. Ele quebrou-se em pedaços, como uma fatia de bolo seco, e não se sabe se encontraram todos os fragmentos; portanto, talvez Walt não fosse tão maldotado assim. (Mas com Gall não houve essa desculpa.) De todo modo, nos anos 1950, a teoria do tamanho vinculado à inteligência recebeu alguns golpes fatais, e qualquer associação que ainda houvesse entre peso do cérebro e inteligência morreu para sempre poucas horas depois da morte de Albert Einstein, em 1955.

Depois de sofrer um aneurisma na aorta no dia 13 de abril de 1955, Einstein foi submetido a uma junta médica internacional. Ele sucumbiu a uma hemorragia interna à 1h15 da madrugada do dia 18 de abril. Seu corpo chegou logo depois a um hospital em Princeton, Nova Jersey, para a autópsia de rotina. A essa altura, o patologista de plantão, Thomas Harvey, encontrou-se diante de uma difícil escolha.

Qualquer um de nós poderia se sentir tentado... Quem não ia querer saber o que fazia de Einstein um *Einstein*? O próprio Einstein demonstrou interesse em que seu cérebro fosse estudado depois da morte, e chegou a passar por sondagens cerebrais. Só não concordou com a preservação de sua melhor parte porque detestava a ideia de pessoas o venerando como relíquia católica medieval em pleno século XX. Mas enquanto preparava os bisturis na sala de autópsia, naquela noite, Harvey sabia que a humanidade só tinha uma chance de salvar a massa cinzenta do maior pensador da ciência ao longo de séculos. Ainda que a palavra *roubar* possa ser forte demais, às 8h da manhã seguinte – sem permissão de seus superiores e contra o desejo expresso de Einstein, que queria ser cremado –, Harvey, digamos, *liberou* o cérebro do físico e devolveu o corpo à família.

A decepção começou de imediato. O cérebro de Einstein pesava 1,22kg, bem abaixo da média normal. Antes que Harvey conseguisse medir qualquer outra coisa, a informação sobre a relíquia se tornou conhecida, como Einstein temia. No dia seguinte, durante um debate sobre a morte de Einstein, o filho de Harvey, rapaz normalmente lacônico, desembuchou: "Meu pai ficou com o cérebro dele!" Um dia depois, os jornais de todo o

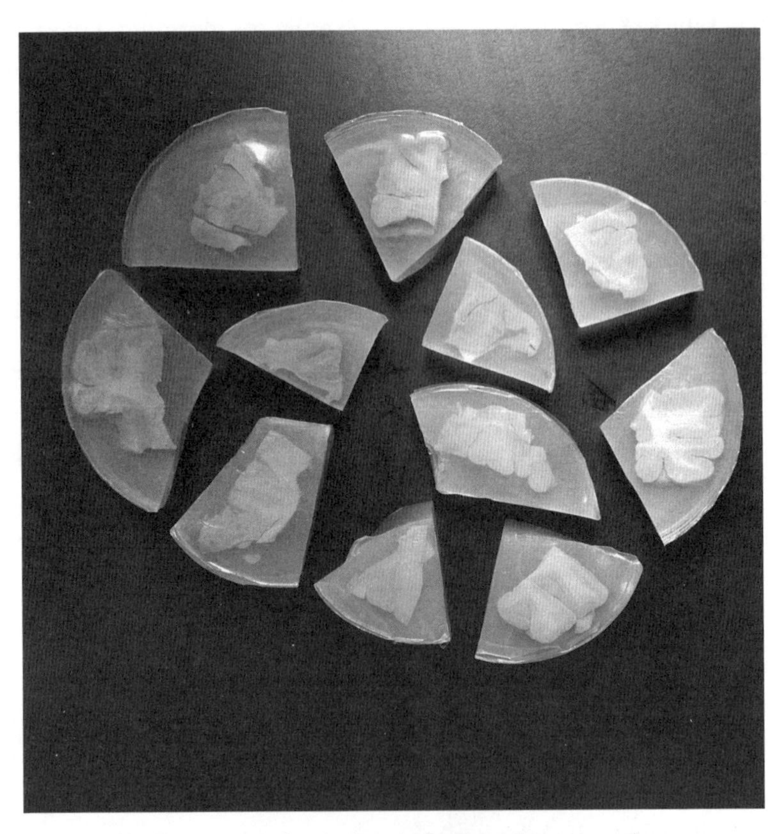

Os fragmentos do cérebro de Einstein foram envoltos em celoidina endurecida depois da autópsia, em 1955.

país comentavam os planos de Harvey nos obituários de primeira página. Harvey acabou convencendo os descendentes de Einstein, aborrecidos, e com razão, a dar o consentimento para a realização de outros estudos. Assim, depois de fazer suas medições com compassos e tirar uma foto para a posteridade com sua câmera de 35mm, em preto e branco, Harvey serrou o crânio em 240 pedaços do tamanho de balas de chupar e colou uns nos outros com celoidina. Logo depois, enviou os vidros de maionese para os neurologistas, confiante de que os futuros resultados científicos justificassem seu pecadilho.

Na verdade, não era a primeira autópsia de alguém famoso a dar em nada. Médicos separaram os ossos do ouvido de Beethoven, em 1827, para estudar sua surdez, mas uma ordem médica superior suspendeu o procedimento. A União Soviética fundou um instituto para estudar o cérebro de Lenin e saber o que determinava seu caráter revolucionário. (Os cérebros de Stálin e Tchaikovsky também mereceram preservação.) Da mesma maneira, e apesar de o corpo ter sido mutilado no linchamento, os americanos ajudaram a salvar o cérebro de Mussolini depois da Segunda Guerra Mundial, a fim de determinar o que o tornava um ditador. No mesmo ano, o Exército dos Estados Unidos recolheu 4 mil peças de carne humana dos legistas japoneses para estudar os danos provocados pela radiação nuclear. O material incluía corações, fatias de fígado, cérebros e até globos oculares, tudo armazenado por médicos em jarros a prova de radioatividade, em Washington, a um custo de US$ 60 mil por ano para os contribuintes. (Os Estados Unidos repatriaram esses restos mortais em 1973.)

De forma ainda mais grotesca, William Buckland – num episódio provavelmente apócrifo, mas no qual seus contemporâneos acreditavam – atingiu o auge de sua carreira como gourmet quando um amigo abriu uma caixa de rapé de prata para mostrar um pedaço desidratado do coração de Luís XIV. "Já comi muitas coisas estranhas, mas nunca comi o coração de um rei", ponderou Buckland. E, antes que alguém conseguisse impedir, Buckland engoliu o conteúdo. Uma das partes mais estranhas já roubadas de um corpo foi o órgão mais confidencial do patrono de Cuvier, Napoleão. Um maligno médico afanou o pênis de *L'Empereur* durante a autópsia, em 1821, e um padre desonesto o contrabandeou para a Europa. Um século depois, em 1927, a unidade foi à venda em Nova York, onde um observador o comparou a "uma maltratada fração de cadarço de sapatos". O pênis estava reduzido a pouco mais de 1cm, mas um urologista de Nova Jersey o comprou assim mesmo, por US$ 2.900.

Não podemos encerrar esse macabro catálogo sem mencionar que outro médico de Nova Jersey afanou os globos oculares de Einstein, em 1955. Tempos depois, o médico recusou uma oferta de Michael Jackson de dar milhões por eles – em parte porque o médico gostava muito de olhar para os globos. Quanto ao resto do corpo de Einstein, haja coração (desculpe). Ele foi cremado, e ninguém sabe onde a família espalhou as cinzas em Princeton.[3]

Talvez a coisa mais desanimadora em todo o fiasco de Einstein tenha sido o pouco conhecimento obtido pelos cientistas. Neurologistas acabaram publicando somente três trabalhos sobre o cérebro do físico, ao longo de quarenta anos, pois a maioria não encontrou nada de extraordinário. Harvey continuou pedindo aos cientistas que dessem mais uma olhada, porém, depois dos pífios resultados iniciais, os fragmentos foram abandonados. Harvey guardou todas as partes bem-embaladas, empilhadas em vidros de cozinha de boca larga, cheios de formaldeído. Os vidros ficavam numa caixa de papelão rotulada "Costa Cider", no escritório de Harvey, enfiada atrás de um refrigerador de cerveja vermelho. Quando Harvey perdeu o emprego e partiu para as verdes pastagens do Kansas (onde foi morar ao lado do escritor *junkie* William S. Burroughs), levou o cérebro no automóvel.

Mas, nos últimos quinze anos, a persistência de Harvey acabou se justificando um pouco. Alguns trabalhos cuidadosos têm destacado certos aspectos atípicos do cérebro de Einstein, tanto no plano microscópico quanto no macroscópico. Combinados com inúmeras pesquisas genéticas sobre o crescimento do cérebro, essas descobertas ainda podem fornecer uma visão do que distingue um cérebro humano do cérebro de um animal, e do que leva um Einstein alguns degraus além disso.

Primeiro, a obsessão pelo tamanho geral do cérebro deu lugar a uma obsessão pelo tamanho de certas partes do cérebro. Os primatas apresentam neurônios com prolongamentos particularmente carnudos (chamados axônios), quando comparados a outros animais; podem, portanto, mandar informação por intermédio de cada neurônio mais rapidamente. Ainda mais importante é a espessura do córtex, a camada mais externa do cérebro, que comanda pensamento, sonho e outros caminhos floridos. Os cientistas sabem que certos genes são cruciais para o crescimento da espessura do córtex, em parte porque fica (tristemente) óbvio quando esses genes não funcionam: as pessoas acabam com cérebros pequenos e primitivos. Um desses genes é o *ASPM*. Os primatas têm trechos extras de DNA no *ASPM*, em comparação com outros mamíferos; e esses DNAs decodificam tiras extras de aminoácidos que se acumulam no córtex. (Essas tiras, em geral, começam com os aminoácidos isoleucina e glutamina. Na abreviatura alfabética que os bioquímicos usam para os aminoácidos, a glutamina costuma ser abreviada como *Q* [o *G* já era usado], e a isoleucina como *I* – o que significa que nossa inteligência maior vem de uma tira do DNA chamada "domínio IQ",* por coincidência.)

Além de aumentar o tamanho do córtex, o *ASPM* ajuda a dirigir o processo que aumenta a densidade de neurônios nele, outra característica que se correlaciona à inteligência. Esse aumento na densidade acontece durante os primeiros dias de vida, quando temos montes de células-tronco – células não especializadas que podem escolher qualquer caminho e se tornar qualquer tipo de célula. Quando começam a se dividir no cérebro incipiente, as células-tronco podem produzir outras células-tronco ou se estabilizar, arranjar um emprego e se tornar neurônios maduros. Os neurônios são bons, claro, mas cada vez que um deles se forma, a produção de novas células-tronco (que podem formar neurônios adicionais, no futuro) deixa de acontecer. Assim, ter um cérebro grande requer, primeiro, o acúmulo da população básica de células-tronco. A chave para fazer isso é garantir que as células-tronco se dividam de modo igual: se as vísceras celulares se dividirem igualmente em células-filhas, cada uma se transformará em outra célula-tronco. Se a divisão for desigual, os neurônios se formam prematuramente.

---

* IQ é a sigla, em inglês, de "*intelligence quotient*", que significa, em português, "quociente intelectual" (QI). (N.R.T.)

Para facilitar uma divisão equivalente, o *ASPM* dirige os "fusos" que se ligam aos cromossomos e os divide de uma forma bela, limpa e simétrica. Se o *ASPM* falhar, e a divisão for desigual, os neurônios se formam cedo demais e a criança deixa de ter um cérebro normal. Deve-se dizer que o *ASPM não* é o gene responsável por cérebros grandes: a divisão celular exige uma coordenação intricada entre muitos genes, com genes mestres reguladores conduzindo tudo desde cima, também. Mas o *ASPM* pode encher o córtex de neurônios,[4] quando estiver disparando certo – ou sabotar a produção de neurônios, se os disparos falharem.

O córtex de Einstein apresentava alguns aspectos incomuns. Um dos estudos descobriu que, comparado ao de um homem normal, o cérebro tinha o mesmo número e o mesmo tamanho médio de neurônios. No entanto, parte do córtex de Einstein, o córtex pré-frontal, era mais delgada, o que proporcionava maior densidade de neurônios. Neurônios densamente empacotados podem ajudar o cérebro a processar a informação mais depressa – descoberta fascinante, se considerarmos que o córtex pré-frontal orquestra os pensamentos no cérebro e ajuda a resolver problemas que se organizam em várias etapas.

Estudos adicionais verificaram certas dobras e ranhuras no córtex de Einstein. Assim como acontecia com o tamanho do cérebro, é um mito dizer que a presença de muitas dobras torna o cérebro mais potente. Porém, as dobras, em geral, indicam funcionamento superior. Macacos menores e menos inteligentes, por exemplo, apresentam menos corrugações no córtex, como os seres humanos recém-nascidos, o que é interessante. Isso significa que, à medida que amadurecemos e nos tornamos jovens adultos, e à medida que os genes que enrugam nosso cérebro começam a funcionar, todos nós revivemos milhões de anos de evolução humana. Os cientistas também sabem que a ausência de dobras no cérebro é devastadora. A disfunção genética chamada "cérebro liso" deixa os bebês gravemente retardados, se chegarem a sobreviver. Em vez de ser sulcado e rugoso, um cérebro liso parece estranhamente polido; a secção transversal do órgão, em vez de mostrar o tecido cerebral amarrotado, parece uma fatia de fígado.

Einstein tinha rugas e sulcos incomuns no córtex do lobo parietal, região que ajuda no raciocínio matemático e no processamento de imagens. Isso é coerente com a famosa declaração dele, de que pensava em física sobretudo por meio de imagens; ele formulou a teoria da relatividade, por exemplo, em parte imaginando o que aconteceria se cavalgasse os raios de luz. O lobo parietal também integra som, visão e outras informações sensoriais ao resto do cérebro pensante. Einstein certa vez afirmou que conceitos abstratos só ganhavam significado em sua mente "pela conexão com experiências sensoriais"; sua família recorda que ele costumava praticar violino sempre que se encalacrava com algum problema de física. Uma hora depois, costumava dizer "Consegui!", e voltava ao trabalho. Parece que a informação auditiva estimulava seu pensamento. Talvez o mais revelador seja que as rugas e os sulcos parietais nos lobos de Einstein eram grossas como esteroides, 15% maiores que o normal. Enquanto nós, fracotes mentais, temos lobos parietais direitos raquíticos e lobos parietais esquerdos mais raquíticos ainda, os de Einstein eram também muito robustos.

Finalmente, uma parte do cérebro central de Einstein, o opérculo parietal, parecia ausente, ou pelo menos não se desenvolveu plenamente. Essa parte do cérebro ajuda a produzir a linguagem, e sua ausência explica por que Einstein só começou a falar aos dois anos, e por que aos sete tinha de pronunciar em voz alta, antes, qualquer sentença que quisesse formular. Mas pode haver compensações. Essa região normalmente contém uma fissura, ou pequena lacuna, e nossos pensamentos precisam se desviar no caminho. A ausência da lacuna pode indicar que Einstein conseguia processar certas informações mais depressa, com contato direto entre duas partes do cérebro que costumam estar separadas.

Tudo isso é muito empolgante. Mas seria um empolgante papo furado? Einstein temia que seu cérebro virasse uma relíquia, mas será que fizemos algo muito tolo e voltamos à frenologia? O cérebro de Einstein agora já virou bifes de fígado (até a cor é a mesma), o que obriga os cientistas a trabalhar basicamente com fotografias antigas, um método menos acurado. Sem querer ser chato, Thomas Harvey foi coautor de metade dos diversos estudos sobre os "extraordinários" aspectos do cérebro de Einstein, e com certeza tinha interesse em que a ciência aprendesse alguma coisa do órgão que furtou. Além disso, assim como o cérebro inchado de Cuvier, talvez os aspectos examinados em Einstein sejam idiossincráticos e não tenham nada a ver com genialidade; é difícil dizer só com uma amostragem. Mais enganoso ainda, não podemos dizer se os aspectos neurológicos incomuns (como as dobras mais grossas) foram causa da genialidade de Einstein ou se a genialidade permitiu que ele "exercitasse" e desenvolvesse essas partes do cérebro. Alguns neurologistas céticos observam que tocar violino desde muito cedo (e Einstein começou a ter aulas aos seis anos) pode causar alterações no cérebro como as observadas em Einstein.

Se você ainda tinha esperança de mergulhar nas fatias do cérebro em poder de Harvey e extrair algum DNA, esqueça. Em 1998, ele, seu vidro e um escritor pegaram a estrada num Buick alugado para visitar a neta de Einstein na Califórnia. Embora estranhando o cérebro do vovô, Evelyn Einstein aceitou receber os visitantes por uma razão. Ela era pobre, reconhecidamente obtusa e tinha problemas para manter o emprego – não era exatamente um Einstein. Na verdade, Evelyn ficou sabendo que fora adotada pelo filho de Einstein, Hans. Mas ela sabia calcular um pouco, e quando começou a ouvir rumores de que Einstein tinha afagado várias amigas depois da morte da esposa, percebeu que poderia ser filha bastarda do cientista. A "adoção" talvez fosse um artifício. Evelyn queria fazer um teste genético de paternidade para esclarecer as coisas, mas o processo de embalsamento desnaturara o DNA do cérebro de Einstein. Outras fontes de seu DNA ainda podem estar flutuando por aí – vestígios em escovas de bigode, saliva nos cachimbos, violinos suados –, mas, por enquanto, sabemos mais sobre os genes dos homens de Neandertal, que morreram 50 mil anos atrás, que dos genes de um homem falecido em 1955.

Se a genialidade de Einstein continua enigmática, os cientistas têm esmiuçado muito a genialidade cotidiana dos seres humanos, comparando-a à de outros primatas. Parte do DNA que impulsiona a inteligência humana faz isso de maneira indireta. Uma mutação estrutural de duas letras ocorrida alguns milhões de anos atrás desativou um gene que avolumava os músculos da nossa mandíbula. Provavelmente isso fez com que ganhássemos um crânio mais delgado e gracioso, o que, por sua vez, liberou preciosos centímetros cúbicos de crânio para a expansão do cérebro. Outra surpresa foi que *APOE*, o gene comedor de carne, ajudou bastante ao ensinar o cérebro a controlar o colesterol. Para funcionar de modo adequado, o cérebro necessita envolver seus axônios com mielina, que age como o isolamento de borracha nos fios e evita falhas ou curtos-circuitos nos sinais. O colesterol é um dos componentes principais da mielina, e certas formas de *APOE* fazem um bom trabalho na distribuição de colesterol no cérebro, onde ele for necessário. Parece que *APOE* propicia a plasticidade do cérebro.

Alguns genes levam a mudanças estruturais diretas no cérebro. O gene *LRRTM1* ajuda a determinar quais regiões exatas dos neurônios controlam fala, emoção e outras características mentais, que, por sua vez, ajudam o cérebro humano a estabelecer sua assimetria incomum e a especialização entre lados esquerdo e direito. Algumas versões do *LRRTM1* chegam a reverter partes dos lados esquerdo e direito do cérebro – e ainda aumentam a chance de ser canhoto, única associação genética conhecida dessa característica. Outro DNA altera a arquitetura do cérebro de forma quase cômica: certas mutações hereditárias podem engatilhar o reflexo de espirrar com outros reflexos arcaicos, fazendo com que as pessoas espirrem de modo incontrolável – até 43 vezes seguidas, em alguns dos casos – depois de olhar para o sol, comer demais ou ter um orgasmo. Recentemente, cientistas também detectaram 3.181 pares de base de "DNA-lixo" no cérebro de chimpanzés que foram apagados nos humanos. Essa região ajuda a interromper o crescimento descontrolado de neurônios, que pode levar a cérebros grandes, claro, mas também a tumores cerebrais. Os humanos se arriscaram ao apagar esse DNA, mas parece que o perigo vale a pena, e nosso cérebro cresceu. A descoberta mostra que nem sempre ganhamos com o DNA, que algumas vezes perdemos, e é isso que nos torna humanos. (Ou ao menos nos torna não macacos, pois os homens de Neandertal também não tinham esse DNA.)

A forma e a rapidez com que o DNA se dissemina por uma população revelam quais genes contribuem para a inteligência. Em 2005, cientistas informaram que dois genes mutantes do cérebro parecem ter se disseminado em grande quantidade nos nossos ancestrais: o da microcefalia fez isso

37 mil anos atrás, e o *ASPM* há apenas 6 mil anos. Os cientistas mediram essa disseminação usando técnicas desenvolvidas na sala das moscas da Universidade Columbia. Thomas Hunt Morgan descobriu que certas versões de genes são herdadas em aglomerados, simplesmente porque residem perto umas das outras nos cromossomos. Como exemplo, as versões *A*, *B* e *D* de três genes podem normalmente aparecer juntas; ou (em minúsculas) *a*, *b* e *d* podem aparecer juntas. Com o tempo, porém, seguidos cruzamentos cromossômicos misturam os grupos, gerando combinações como *a*, *B* e *D*; ou *A*, *b* e *D*. Depois de um número suficiente de gerações, todas as combinações aparecem.

Vamos dizer que, a certa altura, *B* muda para B_0, e que B_0 dá um grande impulso no cérebro das pessoas. Nesse momento, ele poderia se espalhar por uma população, já que o pessoal do B_0 vai ser mais esperto que os demais. (A disseminação será especialmente facilitada se a população diminuir muito, pois o novo gene terá menos concorrência. Os gargalos não são tão ruins!) Deve-se notar que, à medida que B_0 se difundir pela população, as versões de *A*/*a* e *D*/*d* que por acaso estiverem por perto de B_0 na primeira pessoa com a mutação *também* vão se espalhar pela população, simplesmente porque o cruzamento não vai ter tempo de dividir o trio. Em outras palavras, esses genes irão de carona com o gene vantajoso, no processo denominado efeito carona. Cientistas veem sinais especialmente fortes de caronas no *ASPM* e no gene da microcefalia, o que significa que eles se disseminaram de maneira bem rápida, e que talvez tenham fornecido uma vantagem muito acentuada.

Além de genes propulsores do cérebro, a regulação do DNA poderia explicar muito sobre nossa massa cinzenta. Uma diferença flagrante entre o DNA de humanos e o dos macacos é que nossas células cerebrais dividem o DNA com mais frequência, cortando e editando a mesma fileira de letras para muitos e diferentes efeitos. Os neurônios mexem tanto no DNA, aliás, que alguns cientistas acham que derrubam um dogma central da biologia – o de que as células do nosso corpo têm o mesmo DNA. Por alguma razão, nossos neurônios permitem muito mais liberdade entre as partes móveis do DNA, os "genes saltadores" que se infiltram de forma aleatória nos cromossomos. Isso muda os padrões do DNA nos neurônios, o que pode mudar a maneira como eles funcionam. Como observa um neurocientista: "Como a mudança nos padrões de disparo de neurônios individuais pode ter efeitos marcantes sobre o comportamento, ... é provável que algum [DNA móvel], em algumas células, em alguns humanos, tenha efeitos significativos, se não profundos, na estrutura e na função finais do cérebro dos homens." Mais uma vez, partículas semelhantes a vírus podem se mostrar importantes para nossa humanidade.

Se você for cético quanto à possibilidade de explicarmos algo tão inefável quanto a genialidade estudando algo tão redutível como o DNA, um bom número de cientistas acha exatamente o mesmo. De tempos em tempos aparece um caso como o do *savant* Kim Peek. Esse caso zomba de nossa compreensão de como a arquitetura do DNA e do cérebro influencia a inteligência, e de tal modo que até o mais entusiasmado neurocientista afoga as mágoas numa dose de uísque e começa a pensar seriamente em mudar de profissão.

Nativo de Salt Lake City, Kim Peek era, na verdade, um mega-*savant*, uma versão turbinada do que é conhecido de forma indelicada, porém precisa, como *idiot savant*. Em vez de se limitar a habilidades rudes e vazias, como desenhar círculos perfeitos ou listar todos os imperadores romanos em ordem, Peek tinha um conhecimento enciclopédico de geografia, ópera, história dos Estados Unidos, Shakespeare, música clássica, Bíblia – basicamente, de toda a civilização ocidental. Ainda mais intimidante, ele tinha uma memória de tipo Google de todas as sentenças dos 9 mil livros que lera desde os dezoito meses de idade. (Quando terminava um livro, ele o devolvia à estante com a lombada de cabeça para baixo, a fim de indicar que estava lido.) Se você quer se sentir ainda mais inseguro, Peek sabia de cor um monte de inutilidades, como o sistema de código de endereçamento postal dos Estados Unidos. Memorizou também *Rain Man*, filme inspirado nele, e conhecia a teologia dos mórmons em torturantes detalhes.[5]

Para se ter alguma medida, de qualquer tipo, dos talentos de Peek, médicos de Utah começaram a sondar seu cérebro em 1988. Em 2005, a Nasa se envolveu nisso por alguma razão e realizou testes de tomografia e ressonância magnética completos nos interstícios mentais de Peek. Os exames revelaram que ele não tinha o tecido que liga o hemisfério direito ao esquerdo do cérebro. (O pai de Peek se recorda, aliás, de que o filho podia mover os dois olhos de forma independente, quando criança, provavelmente pela desconexão entre os hemisférios.) O hemisfério esquerdo, que se concentra nas ideias mais abrangentes, também parecia malformado – mais amassado e cheio de calombos que o normal. Porém, os cientistas foram pouco além desses detalhes. No final, nem a tecnologia de ponta da Nasa conseguiu revelar os aspectos anormais, os *problemas* no cérebro de Peek. Se você queria saber por que Peek não conseguia abotoar a própria roupa ou por que nunca lembrava onde estavam os talheres, apesar de morar na casa dos pais há décadas, aí está. Quanto à base de seus talentos, a Nasa deu de ombros.

Os médicos sabiam também, contudo, que Peek tinha uma rara disfunção genética, a síndrome FG, em que um só gene disfuncional não consegue ligar o comutador de uma faixa de DNA de que os neurônios precisam para se desenvolver adequadamente. (São muito seletivos, esses neurônios.) Como ocorre com a maioria dos *idiot savants*, as consequências desses problemas se situavam no lado esquerdo do cérebro de Peek, talvez porque a orientação de maior abrangência do hemisfério esquerdo leva mais tempo para se desenvolver no útero. Portanto, um gene danificado tem mais tempo de provocar estragos ali. Porém, numa estranha distorção, uma lesão no hemisfério esquerdo, normalmente dominante, pode despertar os talentos do hemisfério direito, mais atento aos detalhes. De fato, o talento da maioria dos *idiot savants* – imitações artísticas, perfeita regurgitação musical, grandes feitos quanto a cálculos e calendários – se encontra na metade direita do cérebro, menos vulnerável. Infelizmente, talvez esses talentos reprimidos do cérebro direito só consigam emergir quando o dominante hemisfério esquerdo sofre alguma lesão.

Geneticistas fizeram descobertas semelhantes usando o genoma do Neandertal. Atualmente os cientistas estão investigando o DNA humano e do Neandertal em busca de caronistas, tentando identificar o DNA que se espalhou pela humanidade depois da divisão entre humanos e neandertalenses, ajudando na diferenciação. Foram encontradas cerca de duzentas regiões até agora; a maioria contém ao menos alguns genes. Algumas dessas diferenças entre humanos e neandertalenses podem ser superficialidades relacionadas ao desenvolvimento ósseo ou ao metabolismo. Mas os cientistas também identificaram um punhado de genes relacionados à cognição. De maneira paradoxal, contudo, certas variantes desses genes – longe de estar ligados ao Prêmio Nobel ou que tais – aumentam o risco de síndrome de Down, autismo, esquizofrenia e outras disfunções mentais. Parece que a mente mais complicada é também a mais frágil; se esses genes aumentam nossa inteligência, sua admissão também introduz riscos.

Todavia, apesar de toda essa fragilidade, um cérebro com um DNA defeituoso pode, milagrosamente, resistir em outras circunstâncias. Nos anos 1980, um neurologista da Inglaterra escaneou a enorme cabeça de um jovem enviado para exame geral. Achou pouca coisa dentro do crânio além do fluido cerebrospinal (sobretudo água e sal). O córtex do jovem era basicamente um balão de água, um saco de 1mm de espessura ao redor de uma cavidade de líquido. Os cientistas calcularam que o cérebro devia pesar 150g. O jovem tinha um QI de 126 e era destacado estudante de matemática na universidade. Os neurologistas nem sequer fingem saber como esses chamados hidrocéfalos de alto funcionamento (literalmente, cabeças de água) conseguem ter vida normal, mas um médico que estudou outro hidrocéfalo famoso, um funcionário público francês com dois filhos, sugere que se o cérebro se atrofiar lentamente sua plasticidade será suficiente para repor importantes funções antes de se perder de todo.

Peek – que tinha uma moringa do tamanho da de Cuvier – revelou um QI de 87. Provavelmente era baixo por ele se concentrar em detalhes e não conseguir processar ideias mais intangíveis. Por exemplo, os pesquisadores notaram que ele não conseguia entender provérbios comuns – o salto da metáfora era muito longo. Quando o pai pediu a Peek que abaixasse a voz no restaurante, ele foi para baixo da cadeira, a fim de aproximar a laringe do chão. (Ele entendia que trocadilhos eram teoricamente engraçados, por envolverem uma substituição matemática de significados e palavras. Uma vez respondeu a uma questão sobre o endereço de Lincoln em Gettysburg com a frase "Casa de Will, 227 NW Front St. Mas ele só ficou lá uma noite – e fez o discurso no dia seguinte".) Peek tinha problemas com outras abstrações também, e era uma pessoa indefesa e desprotegida, como uma criança aos cuidados do pai. Mas, dados seus outros talentos, esse QI de 87 parece criminosamente injusto e decerto não o descreve na totalidade.[6]

Peek morreu de um ataque cardíaco, perto do Natal de 2009, e seu corpo foi enterrado. Por isso não haverá vida depois da morte para seu cérebro notável. Ainda se faz mapeamento de cérebro, porém, por enquanto, eles apenas nos atormentam, mostrando as lacunas do que não sabemos sobre a escultura da mente humana – o que separava Peek de Einstein, ou mesmo o que separa a inteligência humana cotidiana da inteligência dos símios. Qualquer avaliação mais profunda da inteligência humana exige a compreensão do DNA, que projeta e constrói a teia de neurônios que pensa nossos pensamentos e capta cada um de nossos "Ahah!". Mas exige também o entendimento de influências ambientais que, como as lições de violino de Einstein, moldam nosso DNA e permitem que nosso grande cérebro realize seu potencial. Einstein foi Einstein por causa de seus genes, mas não só isso.

O ambiente que influenciou Einstein e os demais gênios no dia a dia não surgiu por acidente. Ao contrário dos outros animais, o ser humano projeta e constrói o ambiente imediato: nós temos cultura. Mesmo que o DNA que turbinou o cérebro tenha sido necessário para criar a cultura, ele não foi suficiente. Já tínhamos cérebro grande (talvez maior do que o atual) quando ainda éramos coletores. No entanto, para chegar a uma cultura sofisticada, foi necessário espalhar os genes para digerir alimento cozido e usufruir um estilo de vida mais sedentário. Talvez, acima de tudo, precisemos de genes relativos ao comportamento, que nos ajudem a ser tolerantes com os estranhos, a viver em paz de acordo com as regras e a tolerar o sexo monogâmico. Genes que aumentam nossa disciplina e nos permitam adiar as gratificações e a construir coisas na escala de tempo das gerações. Acima de tudo, os genes moldaram a cultura que temos, mas a cultura ricocheteou e moldou também o nosso DNA. O entendimento das maiores realizações da cultura – arte, ciência, política – exige a compreeensão de como DNA e cultura se interceptam e evoluem juntos.

12. A arte do gene

Quanto da genialidade artística está em nosso DNA?

ARTE, MÚSICA, POESIA, PINTURA... Não há expressões mais lindas de brilho neural. Assim como a genialidade de Einstein e Peek, a genética pode iluminar alguns inesperados aspectos das belas-artes. A genética e as artes visuais chegam mesmo a percorrer caminhos paralelos nos últimos 150 anos. Paul Cézanne e Henri Matisse não poderiam ter desenvolvido seus cativantes estilos de cor se os químicos europeus não tivessem inventado novos pigmentos e tintas, nos anos 1800. Esses pigmentos e tintas permitiram também que os cientistas estudassem os cromossomos, pois enfim podiam distingui-los com uma cor diferente do tom uniforme do resto da célula. Aliás, os cromossomos receberam esse nome a partir da palavra grega para cor, *chroma*, e algumas técnicas para tingir cromossomos – como transformá-los em "congo vermelho", ou em fundos escuros, luzentes e esverdeados – teriam provocado uma ponta de inveja em Cézanne ou Matisse. Enquanto isso, a tintura prateada – produto residual das novas artes fotográficas – forneceu as primeiras imagens nítidas de outras estruturas celulares. A própria fotografia possibilitou que cientistas estudassem lapsos de tempo na divisão das células e entendessem como os cromossomos passavam de umas a outras.

Movimentos como o cubismo e o dadaísmo – sem mencionar a fotografia – levaram muitos artistas a abandonar o realismo e a experimentar novos tipos de arte, no começo do século XX. Aproveitando essas novas imagens de células tingidas, no início dos anos 1930 o fotógrafo Edward Steichen lançou a "bioarte", primeira incursão na engenharia genética. Jardineiro esmerado que era, uma primavera Steichen começou (por razões obscuras) a deixar sementes de delfínio de molho em seu remédio contra gota. Isso dobrou o número de cromossomos das flores púrpuras, e, embora algumas sementes tenham gerado "dejetos débeis e febris", outras produziram uma flora de proporções jurássicas, com hastes de quase 1m. Em 1936, Steichen expôs quinhentos delfínios no Museu de Arte Moderna de Nova York e recebeu os comentários mais arrebatadores de jornais de dezessete estados: "Espigões gigantes, ... azuis profundos e brilhantes", escreveu um dos críticos, "um vermelho-azulado jamais visto, ... assustadores olhos negros." Os vermelhos e azuis podem ter espantado, mas Steichen – um panteísta amante da natureza – ecoou Barbara McClintock ao insistir em que a verdadeira arte estava no controle do desenvolvimento dos delfínios. Essa visão da arte afastou alguns críticos, no entanto Steichen persistiu: "Uma coisa é bela quando realiza seu propósito – quando funciona."

Já nos anos 1950, a preocupação com a forma e a função acabou levando os artistas ao abstracionismo. Por coincidência, os estudos do DNA seguiram o mesmo caminho. Como qualquer escultor, Watson e Crick passaram muitas horas criando modelos físicos, produzindo diversas maquetes de DNA em lata ou cartolina. Os dois se decidiram pelo modelo da dupla-hélice em parte porque sua beleza austera os encantava. Watson recordou, certa feita, que cada vez que via uma escada em espiral ficava mais convencido de que o DNA seria igualmente elegante. Crick pediu à esposa, Odile, artista plástica, que desenhasse a requintada dupla-hélice que subia e descia à margem do famoso texto dos dois sobre o DNA. Mais tarde, Crick se lembrou de um Watson bêbado observando o modelo esguio e curvo, uma noite, e murmurando: "É tão bonito, veja só, tão bonito." Crick acrescentou: "Claro que era."

Mas quanto aos palpites sobre as formas do A, C, G e T, as adivinhações de Watson e Crick sobre o formato genérico do DNA apoiavam-se numa base meio capenga. Pautados na velocidade com que as células se dividem, nos anos 1950 os biólogos calcularam que a dupla-hélice teria de se desemaranhar a 150 voltas por segundo para se manter, o que era um ritmo furioso. Mais preocupante ainda, certos matemáticos se inspiraram na teoria dos nós para argumentar que a separação das fitas do

DNA helicoidal – o primeiro passo para uma cópia – era topologicamente impossível. Isso porque duas fitas de uma hélice não podem se separar lateralmente – estão muito entrecruzadas, emaranhadas. Assim, em 1976, alguns cientistas começaram a promover uma estrutura rival para o DNA, um "zíper torcido". Aqui, em vez da hélice longa, suave e orientada para a direita, hélices voltadas para a esquerda e para a direita alternavam-se acima e abaixo do comprimento do DNA, o que permitia que elas se separassem naturalmente. Para responder as críticas às duplas-hélices, Watson e Crick chegaram a pensar em formas alternativas de DNA, mas os dois (Crick em especial) as descartaram quase de imediato. Crick costumava dar sólidas razões técnicas para suas dúvidas, mas, uma vez, acrescentou com convicção: "Ainda por cima, os modelos são feios." No fim, os matemáticos tinham razão: as células não podem mesmo desenrolar as duplas-hélices. Por isso, usam proteínas especiais para aparar o DNA, sacudir as ondulações e soldá-las outra vez. À parte a elegância em si, a dupla-hélice implica um método terrivelmente desajeitado de replicação.[1]

Nos anos 1980, cientistas já tinham desenvolvido instrumentos de engenharia genética, e os artistas começaram a se aproximar deles para estabelecer uma colaboração em "arte genética". Honestamente, é preciso grande tolerância com as tolices ou estar meio drogado para levar a sério certas afirmações da arte genética: citando o bioartista George Gessert, "será que plantas ornamentais, mascotes, animais de esportes e plantas que alteram a consciência" realmente constituem "uma vasta e não reconhecida arte genética folclórica"? Algumas perversidades foram criadas – como um rato albino reconfigurado com genes de medusa para ter brilho esverdeado –, segundo admitiu o próprio artista, sobretudo para impressionar as pessoas. Contudo, apesar de toda a superficialidade, parte da arte genética cumpre bem seu papel provocador; como a ficção científica de qualidade, questiona nossas suposições a respeito da ciência. Uma peça famosa consistia apenas no DNA do espermatozoide de um homem numa moldura de aço, um "retrato" que o artista afirmava ser "o perfil mais realista da [London's National] Portrait Gallery" – porque, afinal, exibia o DNA do doador. Isso talvez pareça áspero demais. Porém, o "tema" do retratista acabou determinando o braço britânico do projeto biológico mais reducionista de todos os tempos, o Projeto Genoma Humano. Artistas encamparam também citações do Gênesis acerca do domínio do homem sobre a natureza na sequência comum A-C-G-T da bactéria comum – palavras que, caso a bactéria copie seu DNA com alta fidelidade, poderiam sobreviver milhões de anos mais que a Bíblia. Desde os antigos gregos, o impulso de Pigmaleão – o desejo de produzir obras de arte "vivas" – tem motivado os artistas, e com o avanço da biotecnologia só irá se intensificar.

Os próprios cientistas às vezes sucumbem às tentações de transformar o DNA em arte. Para estudar como os cromossomos se emaranham em três dimensões, os pesquisadores vêm desenvolvendo formas de "pintar" esses cromossomos com tintas fluorescentes. Os cariótipos – as conhecidas imagens de 23 cromossomos pareados como bonecas de papel – perderam o aspecto opaco e dicromático para se transformar em imagens tão exageradas e incandescentes que fariam corar um expressionista. Cientistas também têm usado o próprio DNA para construir pontes, flocos de neve, "nanofrascos", rostinhos sorridentes e mapas com a projeção de Mercator de todos os continentes. Há móbiles com DNAs "andadores" que descem escadas, assim como caixas de DNA com tampas que se abrem com uma "chave" DNA. Os cientistas-artistas chamam essas fantasiosas construções de "origamis de DNA".

Para criar um origami de DNA, os praticantes podem começar com um bloco virtual numa tela de computador. Mas, em vez de sólido, como o mármore, o bloco consiste em tubos alinhados, como um pacote retangular de canudinhos. Para "esculpir" alguma coisa – digamos, o busto de Beethoven –, eles primeiro cinzelam virtualmente a superfície, removendo pequenos segmentos dos tubos, até que tubos e fragmentos restantes assumam a forma adequada. Depois tecem uma longa fita de DNA monofilático em cada tubo. (Esse entrelaçamento acontece virtualmente, mas o computador usa a fita de DNA de um vírus real.) A fita acaba passando na ida e na volta, até ligar todo o contorno do rosto e do cabelo de Beethoven. A essa altura, o artista-cientista elimina os tubos para revelar um puro DNA desdobrado, o modelo do busto.

Para construir o busto real, o artista-cientista examina a fita do DNA dobrada. Especificamente, procura as pequenas sequências que ficam longe da corrente linear desdobrada do DNA, mas que está próxima na configuração dobrada. Vamos dizer que ele encontre as sequências AAAA e CCCC próximas uma da outra. Agora vem o passo de mestre, quando ele constrói um fragmento separado do verdadeiro DNA, TTTTGGGG, cuja primeira metade complementa uma dessas sequências de quatro letras e cuja segunda metade complementa a outra. Eles constroem esse complemento base por base, usando substâncias químicas e equipamentos comerciais, e misturam num longo e desenrolado DNA viral. Em algum ponto, o TTTT do fragmento toca no AAAA da fita mais longa, e os dois se juntam. Em meio à agitação molecular, o fragmento do GGGG acaba encontrando e aderindo ao CCCC também, "grampeando" ali a longa fita de DNA. Se existir apenas um prendedor para cada outra junção, a escultura se monta sozinha, já que cada prendedor vai ligar no lugar partes distantes do DNA viral. Ao todo, demora uma semana para elaborar a escultura e preparar o DNA. Depois, o artista-cientista mistura os prendedores e o DNA viral, incuba as coisas a 60°C por uma hora e as deixa esfriar em temperatura ambiente por mais uma semana. Resultado: um bilhão de microbustos de Ludwig van Beethoven.

Além de ser possível tecer o DNA numa obra de arte, essas duas coisas estão interligadas num plano mais profundo. Mesmo nas sociedades mais miseráveis da história humana houve tempo para esculpir, colorir e cantarolar, forte sugestão de que a evolução galvanizou esses impulsos nos nossos genes. Até os animais mostram inclinações artísticas. Quando apresentados à pintura, chimpanzés costumam pular refeições para continuar borrando telas, e às vezes têm acessos de raiva quando cientistas retiram os pincéis e as paletas. (Cruzes, sol brilhante e círculos são os principais temas desses trabalhos, e os chimpanzés preferem traços no estilo de Juan Miró.) Alguns macacos também têm preferências musicais tão impiedosas quanto qualquer crítico,[2] assim como pássaros. Os pássaros e outras criaturas são conhecedores muito mais exigentes quanto à dança que nosso *Homo sapiens* médio, pois muitas espécies dançam para se comunicar ou cortejar os pares.

Mas ainda não está claro como situar esses impulsos em alguma molécula. Será que algum "DNA artístico" produz um RNA musical? Proteínas poéticas? Ademais, os humanos desenvolveram uma arte qualitativa, diferente da arte animal. Para os macacos, um bom olho para traços fortes e simetria talvez os ajude a construir melhores instrumentos na natureza, nada mais. No entanto, os seres humanos infundem significados simbólicos mais profundos na arte. Os alces pintados nas paredes da caverna não são apenas alces, são *alces que vamos caçar amanhã*, ou *deuses alces*. Por essa razão, muitos cientistas imaginam que a arte simbólica se origina na linguagem, pois a linguagem nos ensina a associar símbolos abstratos (como imagens e palavras) a objetos reais. E já que a linguagem tem raízes genéticas, talvez o desvendamento do DNA da linguagem possa esclarecer as origens da arte.

Talvez. Assim como na arte, muitos animais são galvanizados com habilidades protolinguísticas em seus guinchos e trinados. Estudos de gêmeos humanos mostram que mais ou menos metade da variabilidade da nossa aptidão média normal com sintaxe, vocabulário, grafia e compreensão auditiva – quase tudo – remete ao DNA. (Disfunções de linguagem mostram uma correlação genética ainda mais forte.) O problema é que as tentativas de relacionar habilidades ou deficiências linguísticas ao DNA sempre recaem num trançado de genes. A dislexia, por exemplo, relaciona-se pelo menos a seis genes, cada qual contribuindo em proporções desconhecidas. Ainda mais confuso, mutações genéticas semelhantes podem produzir diferentes efeitos em pessoas diferentes. Por essa razão, os cientistas se encontram na mesma posição que Thomas Hunt Morgan na sala das moscas-das-frutas. Eles sabem que há genes e DNA regulador "para" a linguagem; mas ninguém conhece exatamente como o DNA melhora nossa eloquência. Aumentando a contagem dos neurônios? Embainhando células cerebrais de forma mais eficiente? Mexendo com os níveis dos neurotransmissores?

Em vista dessa confusão, é fácil entender o entusiasmo, e até o modismo, com que foi acolhida a recente descoberta de um suposto gene mestre da linguagem. Em 1990, linguistas inferiram a existência do gene depois de estudar três gerações de uma família de Londres conhecida apenas como KE. Num padrão simples de único gene dominante, metade dos KE sofria de um estranho conjunto de disfunções da linguagem. Eles tinham problemas na coordenação de lábios, mandíbula e língua, e tropeçavam na maioria das palavras, tornando-se especialmente incompreensíveis ao telefone. Também sofriam quando lhes pediam que imitassem uma sequência de expressões faciais simples, como abrir a boca, botar a língua para fora ou emitir um som como Uuuuaaaahh. Contudo, alguns cientistas argumentaram que os problemas dos KE iam além da habilidade motora e invadiam a gramática. A maior parte da família sabia que o plural de *livro* era *livros*, mas parece que só por terem memorizado isso. Se tivessem de pôr no plural palavras inventadas, como *zivro* ou *vivro*, eles não sabiam; não viam relação entre *livro/livros* e *zivro/zivros*, mesmo depois de anos de terapia linguística. Também não conseguiam preencher testes sobre conjugação de verbos no passado, adotando palavras erradas, como "trazeu". O QI dos KE afetados era bem baixo – 86, na média, contra o QI de 104 dos KE não afetados. Mas as lacunas linguísticas talvez não fossem um simples déficit cognitivo. Alguns KE afetados tinham índices de QI não verbal acima da média e conseguiam localizar falácias lógicas em argumentos, quando testados. Ademais, cientistas descobriram que eles entendiam muito bem a forma reflexiva (por exemplo, "ele o lavou" versus "ele se lavou"), bem como voz passiva versus voz ativa e possessivos.

O que deixava os pesquisadores perplexos era que um gene pudesse causar tais sintomas disparatados. Por isso, em 1996, eles resolveram localizar e decodificar esse gene. Centraram as atenções em cinquenta genes no cromossomo 7, e trabalhavam laboriosamente em cada um deles quando tiveram um golpe de sorte. Surgiu outra vítima, CS, de outra família. O garoto apresentava os mesmos problemas mentais e mandibulares, e os médicos localizaram um translado em seus genes: uma espécie de cromossomo Filadélfia entre os filamentos de dois cromossomos que interrompiam o gene *FOXP2* no cromossomo 7.

Assim como a vitamina A, a proteína produzida pelo *FOXP2* se prende a outros genes e os ativa. Também como a vitamina A, o *FOXP2* tem longo alcance, interagindo com centenas de genes e coordenando o desenvolvimento fetal de mandíbula, vísceras, pulmões, coração e em especial do cérebro. Todos os mamíferos têm o *FOXP2*. E, apesar dos bilhões de anos de evolução, todas as versões são bem semelhantes; os seres humanos acumularam apenas três aminoácidos diferentes, quando comparados aos ratos. (Esse gene é semelhante em pássaros canoros também, e está especialmente ativo quando eles aprendem novos cantos.) É intrigante que os seres humanos tenham ficado com duas das alterações do nosso aminoácido depois de se separar dos chimpanzés. Essas alterações permitem que o *FOXP2* interaja com muitos outros genes. Ainda mais intrigante, quando os cientistas criaram ratos mutantes com *FOXP2* humano, eles apresentaram uma arquitetura diferente numa região do cérebro que (em nós) processa a linguagem, e passaram a conversar com amigos ratos soltando guinchos em tom grave, de barítono.

Inversamente, no cérebro dos KE afetados, as regiões que ajudam a produzir a linguagem são frágeis e têm baixa densidade de neurônios. Os cientistas rastrearam essas deficiências até uma única mutação A por G. A substituição alterava somente um dos 715 aminoácidos do *FOXP2*, mas é o suficiente para impedir que a proteína se prenda ao DNA. Por infortúnio, essa mutação ocorre numa diferente parte do gene que aquele das mutações nos seres humanos e nos chimpanzés, e por isso não explica muito a evolução e a aquisição original da linguagem. Ainda assim, os cientistas estão diante de uma mistura de causa e efeito, no caso dos KE: foram as deficiências neurológicas que causaram a falta de aptidão facial, ou foi a falta de aptidão facial que provocou uma atrofia no cérebro, com o desestímulo da prática da linguagem? De qualquer maneira, o *FOXP2* não pode ser o único gene da linguagem, uma vez que mesmo os membros mais afetados do clã KE sabiam usar a linguagem; eles eram muito mais eloquentes que qualquer símio. (Às vezes pareciam mais criativos que os cientistas que os testavam. Foram apresentados ao enigma "Todo dia ele anda 15km. Ontem ele andou ___". Em vez de responder "*andou* 15km", um dos KE murmurou "descansou".) No todo, então, embora o *FOXP2* revele alguma coisa sobre a base genética da linguagem e o pensamento simbólico, até agora ele se mostrou inarticulado.

Mesmo a única coisa sobre a qual todos os cientistas concordavam quanto ao *FOXP2* – que ele só existia nos humanos – estava errada. O *Homo sapiens* se separou de outra espécie de *Homo* centenas de milhares de anos atrás, mas os paleogeneticistas descobriram, recentemente, a versão humana do *FOXP2* no homem de Neandertal. Isso talvez não diga nada. Mas pode significar que o neandertalense também tinha boa capacidade motora para linguagem, ou pelo menos os recursos para isso, ou as duas coisas: melhor capacidade motora facilitava o uso da linguagem; quando usavam a linguagem, devem ter descoberto que tinham mais a dizer.

O certo é que a descoberta do *FOXP2* torna mais urgente outro debate sobre os neandertalenses, que é a arte do Neandertal. Em cavernas ocupadas por eles, os arqueólogos descobriram flautas feitas de fêmur de ursos e conchas de ostra manchadas de vermelho e amarelo, perfuradas como contas de colares. Contudo, como decidir o que essas bugigangas significavam? Mais uma vez, talvez o neandertalense apenas imitasse os humanos e não atribuísse qualquer significado simbólico a seus brinquedos. Ou talvez os humanos, que com frequência colonizaram sítios dos neandertalenses depois que eles morreram, tenham simplesmente jogado suas velhas flautas e conchas no lixo Neandertal, embaralhando a cronologia. A verdade é que ninguém faz ideia de quão articulados e artísticos eram os homens de Neandertal.

Portanto, até os cientistas encontrarem outra brecha – outra família KE com diferentes lacunas de DNA, ou desencavarem mais genes inesperados do Neandertal –, as origens genéticas da linguagem e da arte simbólica permanecerão difusas. Enquanto isso, teremos de nos contentar com a forma como o DNA pode incrementar, ou bagunçar, o trabalho de artistas modernos.

Assim como acontece com os atletas, pequenos fragmentos de DNA podem determinar se músicos em potencial realizarão seus talentos e ambições. Uns poucos estudos descobriram um padrão dominante parecido com o déficit da família KE, já que pessoas com ouvido universal passam esse dom para metade dos filhos. Outros estudos detectaram contribuições genéticas menores e mais sutis para o ouvido universal, e constataram que esse DNA deve agir em concerto com influências ambientais (como aulas de música) para desenvolver o dom. Além do ouvido, atributos físicos também destacam ou arruinam um músico. As mãos gigantescas de Sergei Rachmaninoff – provavelmente resultado da síndrome de Marfan, uma disfunção genética – podiam alcançar 32cm, uma oitava e meia, no piano, o que lhe permitia compor músicas que romperiam os ligamentos de pianistas menos dotados. Na outra ponta, a carreira de Robert Schumann como concertista de piano entrou em colapso por causa da distonia focal – uma perda de massa muscular que fez com que seu dedo médio direito se curvasse ou sofresse espasmos involuntários. Muitas pessoas nessa condição têm uma suscetibilidade genética, e Schumann compensou a sua compondo ao menos uma peça em que não usava o dedo afetado. Mas ele abandonou seu férreo cronograma de exercícios, e a armação mecânica rudimentar que inventou para alongar os dedos pode ter exacerbado os sintomas.

Porém, na longa e gloriosa história de músicos inválidos ou convalescentes, nenhum DNA se mostrou amigo mais ambivalente e inimigo mais ambíguo que o do músico Niccolò Paganini, do século XIX, o mais virtuoso de todos os virtuosos do violino. O compositor (e conhecido epicurista) Gioacchino Rossini não gostava de reconhecer que já havia chorado, e uma das três vezes em que chorou foi ao ouvir uma apresentação de Paganini.[3] Rossini chorou de soluçar, e não foi o único a se deixar encantar pelo deselegante italiano. Paganini usava longos cabelos escuros e realizava seus concertos de casaca e calça pretas, o que deixava seu rosto pálido e suado com a aparência de um espectro pairando no palco. Costumava também distorcer os lábios em ângulos bizarros durante as apresentações, e às vezes cruzava os cotovelos em ângulos impossíveis, nos furiosos movimentos de arco. Alguns peritos consideravam esses concertos histriônicos, e acusavam Paganini de enfraquecer as cordas do violino antes das apresentações para se romperem de maneira dramática durante a performance. Mas ninguém jamais negou seu talento: o papa Leão XII nomeou-o Cavaleiro da Espora Dourada, e as casas da moeda reais cunharam moedas com seu perfil. Muitos críticos o consideram o maior violinista de todos os tempos, e ele se mostrou a única exceção de uma regra na música clássica, a de que apenas compositores conquistam a imortalidade.

Raramente Paganini executava composições dos velhos mestres em seus concertos, preferindo as próprias, que destacavam sua incrível habilidade com os dedos. (Homem de palco, incluía também passagens toscas em que imitava jumentos e galos ao violino.) Desde a adolescência, nos anos 1790, Paganini aprimorou sua música. Mas entendia também de psicologia, por isso encorajou várias lendas sobre as origens sobrenaturais de seus dons. Dizia-se que um anjo tinha aparecido no nascimento de Paganini, declarando que nenhum homem jamais tocaria violino com tamanha doçura. Seis anos depois, a graça divina aparentemente o resgatou do destino, como Lázaro. Depois de entrar em coma cataléptico, os pais o deram por morto – e o envolveram numa mortalha etc. –, quando, de repente, alguma coisa fez com que ele se mexesse embaixo do pano, salvando-o por um triz do enterro prematuro. Apesar desses milagres, era mais frequente as pessoas atribuírem o talento de Paganini à necromancia, insistindo em que havia feito um pacto com Satã e trocado a alma imortal pelo desavergonhado talento musical. (Paganini alimentava esses rumores realizando concertos em cemitérios, no crepúsculo, e dando a suas composições títulos como *Gargalhada do diabo* e *Dança das bruxas*, como se tivesse vivido um contato de primeiro grau.) Outros diziam que tinha adquirido sua perícia em calabouços, onde teria ficado encarcerado durante oito anos por ter esfaqueado um amigo e não ter nada melhor a fazer a não ser praticar violino. Tipos mais sóbrios riam dessas histórias de bruxarias e iniquidades. Explicavam pacientemente que Paganini havia contratado um cirurgião desonesto para cortar os ligamentos que limitavam seus movimentos das mãos. Quer mais?

Ainda que ridícula, a última explicação é a que mais se aproxima do alvo. Pois além da paixão, do carisma e da dedicação ao trabalho, Paganini tinha mãos mais flexíveis que o normal. Conseguia estender e esticar os dedos de modo inimaginável, sua pele quase se rompia. As juntas dos dedos também eram uma aberração de flexibilidade. Ele esticava o polegar por cima das costas da mão e tocava o mindinho (tente fazer isso), e movimentava o dedo médio *lateralmente*, como um pequeno metrônomo. Por isso, Paganini conseguia tocar fraseados e arpejos que nenhum outro violinista ousava interpretar, alcançando notas altas e baixas em rápida sucessão – chegava a mil notas por minuto, afirmam alguns. Tocava várias notas de uma só vez e com facilidade. Aperfeiçoou técnicas incomuns, como o *pizzicato* com a mão esquerda, técnica que tirava vantagem de sua flexibilidade. Em geral é a mão direita (a do arco) que faz o *pizzicato*, obrigando o violinista a escolher entre tocar com o arco ou com os dedos em cada passagem. Com o *pizzicato* de mão esquerda, Paganini não precisava fazer essa escolha. Seus dedos ágeis tocavam uma nota com o arco e puxavam a seguinte, como se houvesse dois violinos tocados ao mesmo tempo.

Além de flexíveis, seus dedos eram surpreendentemente fortes, sobretudo os polegares. O grande rival de Paganini, Karol Lipiński, assistiu a um concerto uma noite, em Pádua, e depois foi ao quarto de Paganini para uma ceia e um bate-papo com o músico e seus amigos. À mesa, Lipiński considerou a refeição frugal demais para alguém da estatura de Paganini, consistindo basicamente de ovos e pão. (Paganini não comeu nem aquilo, contentando-se com algumas frutas.) Mas, depois de tomar um pouco de vinho e de uma sessão improvisada de violão e trompete, Lipiński examinou as mãos de Paganini. Chegou a pegar nos "pequenos dedos ossudos" do mestre, observando-os de vários ângulos. "Como é possível", admirou-se Lipiński, "que dedos tão pequenos consigam coisas que exigem uma força extraordinária?" Paganini respondeu: "Ah, meus dedos são mais fortes do que você pensa." Em seguida, pegou um pires de cristal grosso, com quatro dedos embaixo, o polegar em cima. Os amigos riram – já tinham visto o truque. Enquanto Lipiński observava, espantado, Paganini flexionou o polegar de forma quase imperceptível e, tlec, partiu o pires em dois. A fim de não ficar para trás, Lipiński pegou um pires e tentou quebrá-lo com o polegar, mas não conseguiu, tampouco os amigos de Paganini. "Os pires continuaram intactos", relatou Lipiński, "enquanto Paganini ria com malícia" daquela futilidade. Parecia quase injusta a combinação de força e agilidade, e os que conheciam melhor Paganini, como seu médico pessoal, Francesco Bennati, atribuíam explicitamente seu sucesso às maravilhosas mãos de tarântula.

Claro que, a exemplo do hábito de Einstein de tocar violino, é difícil aqui separar causa e efeito. Paganini foi uma criança frágil, adoentada e sujeita a tosses e infecções respiratórias, mas assim mesmo começou a estudar violino com afinco aos sete anos. Então, talvez tenha soltado os dedos durante os exercícios. Porém, outros sintomas indicam que ele tinha uma condição genética chamada síndrome de Ehlers-Danlos (SED). Pessoas

Considerado o maior violinista de todos os tempos,
Niccolò Paganini devia muito de seu talento a uma disfunção
genética que tornava suas mãos monstruosamente flexíveis.
Atenção para a abertura grotesca do polegar.

com SED não produzem muito colágeno, fibra que confere certa rigidez aos tendões e ligamentos e endurece os ossos. Um dos benefícios de ter menos colágeno é a flexibilidade circense. Assim como outras pessoas com SED, Paganini podia dobrar as juntas para trás de forma alarmante (daí suas contorções no palco). Mas o colágeno faz mais que impedir que toquemos a ponta dos pés com as mãos: a falta crônica da substância pode levar à fadiga muscular, pulmões fracos, intestinos irritáveis, visão fraca e pele translúcida, passível de danos. Estudos modernos têm mostrado que os músicos apresentam altas taxas de SED e outras síndromes de mobilidade (bem como os dançarinos). Se isso lhes dá grande vantagem inicial, ao longo do tempo eles tendem a desenvolver dores debilitantes nos joelhos e nas pernas, principalmente no caso, como era o de Paganini, de se apresentarem de pé.

As constantes turnês exauriram Paganini, depois de 1810, e embora ele tivesse pouco mais de trinta anos, seu corpo começou a ceder. Apesar da grande fortuna, um locador de Nápoles o despejou em 1818, convencido de que alguém tão magro e abatido deveria estar tuberculoso. Paganini começou a cancelar compromissos, incapacitado de desempenhar sua arte, e nos anos 1820 teve de renunciar às turnês a fim de se recuperar. Ele não tinha como saber que a SED era a causa desse infortúnio, pois os médicos só descobriram a síndrome oficialmente em 1901. Mas a ignorância só aumentava seu desespero, e Paganini consultou médicos e farmacêuticos. Depois do diagnóstico de sífilis, tuberculose e sabe-se mais o quê, os médicos prescreveram pílulas purgantes à base de mercúrio, o que devastou suas já frágeis vísceras. A tosse persistente piorou e a voz sumiu completamente, deixando-o mudo. Ele teve de usar óculos de lentes azuis para proteger as retinas irritadas, e em algum momento o testículo esquerdo inchou até ficar do tamanho de "uma pequena abóbora", segundo seus lamentos. Por conta de lesões crônicas provocadas pelo mercúrio nas gengivas, tinha de amarrar os dentes com um cordel para comer.

Determinar a causa final da morte de Paganini, em 1840, é como perguntar o que derrubou o Império Romano – faça sua escolha. É provável que o abuso de drogas à base de mercúrio tenha causado os maiores danos, mas o dr. Bennati, que conhecia Paganini antes de ele usar esse medicamento e foi o único médico que o compositor não dispensou num acesso de raiva por ter sido ludibriado, diagnosticou um problema anterior. Depois de examiná-lo, Bennati declarou espúrios os diagnósticos de tuberculose e sífilis. E relatou: "Quase todas as indisposições recentes [de Paganini] podem ser remetidas à extrema sensibilidade de sua pele." O médico achava que a pele fina causada pela SED tornava o compositor vulnerável a resfriados, suores e febres, e agravava sua frágil constituição. Bennati também descreveu as membranas da garganta, dos pulmões e do cólon de Paganini – áreas afetadas pela SED – como altamente suscetíveis a irritações. Precisamos ter cuidado para não interpretar demais um diagnóstico feito nos anos 1830, mas Bennati nitidamente atribuiu a vulnerabilidade de Paganini a algo que ele tinha de nascença. À luz do conhecimento atual, parece provável que as torturas e os talentos físicos de Paganini tivessem a mesma origem genética.

A pós-vida de Paganini não foi mais feliz. Em seu leito de morte, em Nice, ele recusou a comunhão e a confissão, acreditando que isso apressaria sua morte. Morreu assim mesmo, e logo durante a Páscoa; e, por não ter realizado os sacramentos, a Igreja católica se recusou a enterrá-lo da forma adequada. (A família foi obrigada a mudar o corpo de lugar durante meses. No começo, ele ficou sessenta dias na casa de um amigo, antes da interferência de funcionários da saúde pública. Depois o corpo foi transferido para um hospital de leprosos indigentes, onde um zelador desonesto cobrava dos curiosos para vê-lo, e mais tarde para um tubo de cimento, numa fábrica de processamento de óleo de oliva. A família, afinal, conduziu os ossos em segredo para Gênova e enterrou o compositor num jardim particular, onde permaneceu por 36 anos, até que a Igreja, por fim, o perdoou e permitiu que ele fosse enterrado.[4])

Os fatos transcorridos depois da morte alimentaram especulações de que os mores da Igreja não simpatizavam com Paganini. Na verdade, ele nada doou à instituição em seu generoso testamento. As histórias faustianas de ter vendido a alma também não devem ter ajudado. Mas a Igreja tinha muitas razões não fictícias para rejeitar o violinista. Paganini era um jogador inveterado, chegando a apostar o violino antes de uma apresentação. (E perdeu.) Pior ainda, farreou com criadas, faxineiras e damas de sangue azul por toda a Europa, demonstrando grande apetite pela fornicação. Em uma de suas mais ousadas conquistas, ele afirmava ter seduzido duas irmãs de Napoleão e depois as dispensado. "Sou feio como o pecado, mas só preciso tocar meu violino para as mulheres se atirarem aos meus pés", vangloriou-se certa feita. A Igreja não se deixou impressionar.

De qualquer forma, a atividade hipersexual de Paganini revela uma questão de genética e de belas-artes. Dada sua onipresença, é provável que o DNA decodifique alguns tipos de impulsos artísticos, mais quais? Por que nossa resposta à arte é tão forte? Uma das teorias é de que o cérebro anseia por afirmação e interação social, e histórias, canções e imagens compartilhadas ajudam as pessoas a se relacionar. Desse ponto de vista, a arte promove a coesão social. Porém, mais uma vez, nosso anseio talvez seja um acidente. Nossos circuitos cerebrais evoluíram de forma a favorecer certas imagens, sons e emoções do ambiente original, e as belas-artes simplesmente exploram esses circuitos e comunicam imagens, sons e emoções em doses concentradas. Nessa perspectiva, a arte e a música manipulam nosso cérebro mais ou menos da mesma maneira que o chocolate manipula nossa língua.

No entanto, muitos cientistas explicam nossa paixão pela arte por um processo chamado seleção sexual, prima da seleção natural. Na seleção sexual, as criaturas que mais se acasalam transmitem seu DNA não necessariamente em razão de vantagens na sobrevivência, mas apenas porque são mais bonitos, mais sensuais. Para a maior parte dos seres, sensual significa vigoroso, bem-proporcionado ou ostensivamente enfeitado – pense nos chifres do alce ou na cauda do pavão. Mas o canto e a dança também chamam atenção para a saúde física robusta. A pintura e a poesia espirituosa destacam o poder mental e a agilidade de um indivíduo – talentos cruciais para negociar alianças e hierarquias na sociedade primata. A arte, em outras palavras, revela uma aptidão mental sensual.

Agora, se talentos como os de Matisse ou Mozart parecem um tanto sofisticados para levar uma mulher para a cama, você tem razão. Contudo, a abundância imodesta também é uma marca registrada da seleção sexual. Imagine como a cauda dos pavões evoluiu. Penas brilhantes tornaram alguns pavões mais atraentes, muito tempo atrás. Mas penas grandes e brilhantes logo se tornaram rotina, já que os genes dessas características se disseminaram nas gerações seguintes. Depois, só machos com penas cada vez maiores e mais brilhantes atraíam a atenção. Outra vez, com o caminhar das gerações, todos se equipararam. Por isso, atrair a atenção passou a exigir mais ostentação – até as coisas saírem do controle. Da mesma forma, criar um soneto perfeito ou esculpir uma estátua de mármore perfeita (ou de DNA) seria o equivalente da plumagem longa dos macacos, dos chifres de catorze pontas e dos traseiros vermelhos dos babuínos.[5]

Mesmo que os talentos de Paganini o tenham levado ao auge da sociedade europeia, seu DNA mal se prestou para material de estudo: ele era uma ruína física e mental. Isso só demonstra que os desejos sexuais das pessoas podem facilmente se desalinhar com a necessidade utilitária de transmitir bons genes. A atração sexual tem sua própria potência e seu poder, e a cultura pode superar nossos instintos e aversões sexuais mais profundos, fazendo com que até tabus genéticos, como o incesto, pareçam atraentes. Tão atraentes, aliás, que em certas circunstâncias essas mesmas perversões informam e influenciam a nossa grande arte.

Com Henri Toulouse-Lautrec, pintor e cronista do Moulin Rouge, as linhagens da arte e da genética parecem tão entrelaçadas como as fitas de uma dupla-hélice. A família de Toulouse-Lautrec remontava a Carlos Magno, e os diversos condes de Toulouse governaram o sul da França como reis de fato, durante séculos. Embora orgulhosos e prontos a desafiar o poder dos papas – que excomungaram os Toulouse-Lautrec em dez ocasiões –, a linhagem também produziu o devoto Raymond IV, que pela glória de Deus comandou centenas de milhares de homens durante as pilhagens da Primeira Cruzada, em Constantinopla e Jerusalém. Em 1864, quando Henri nasceu, a família tinha perdido o poder político, mas ainda governava diversas províncias, e a vida tinha se estabilizado no refúgio baronial, com intermináveis caçadas, pescarias e bebedeiras.

Para manter as terras da família indivisas, os vários Toulouse-Lautrec costumavam casar entre si. Esses laços consanguíneos abrem brechas para que prejudiciais mutações recessivas saiam da toca. Todos os seres humanos vivos carregam algumas mutações malignas, e só sobrevivemos porque dispomos de duas cópias de cada gene, permitindo que o mocinho vença o vilão. (O corpo se dá bem com 50% da capacidade total de fabricação, ou até menos. A proteína *FOXP2* é uma exceção.) A probabilidade de duas pessoas ao acaso terem mutações deletérias no mesmo gene é muito baixa. No entanto, parentes com DNA semelhante podem transmitir com facilidade duas cópias de um defeito para os filhos. Os pais de Henri eram primos em primeiro grau; as avós de ambos os lados eram irmãs.

Aos seis meses, Henri pesava apenas 5kg, e relatos dizem que sua moleira só se fechou aos quatro anos. O crânio também parecia oco, e os braços e pernas atrofiados se encaixavam em ângulos estranhos. Já adolescente, ele às vezes usava bengala para andar, mas isso não o impediu de cair duas vezes e fraturar os dois fêmures, e nenhum dos dois ficou bem-curado. Os médicos modernos não conseguem concordar no diagnóstico, mas todos aceitam que Toulouse-Lautrec sofria de uma disfunção genética recessiva que, entre outras agruras, deixou seus ossos quebradiços e atrofiou seus membros inferiores. (Embora digam que ele tinha 1,50m, as estimativas de sua estatura como adulto chegam a 1,35m – um torso de homem apoiado em pernas de criança.) Tampouco ele foi a única vítima da família. Seu irmão morreu na infância, e seus primos tampinhas, também produtos de casamentos consanguíneos, tinham deformidades ósseas e de estatura.[6]

Na verdade, Toulouse-Lautrec escapou ileso se comparado a outros aristocratas europeus frutos de casamentos consanguíneos, como a infeliz dinastia dos Habsburgo, na Espanha do século XVII. Assim como a maioria dos soberanos ao longo da história, os Habsburgo relacionavam incesto e "pureza" de linhagem, e só iam para a cama com outro Habsburgo cujo pedigree conhecessem intimamente. (Com diz o ditado, da nobreza nasce a familiaridade.) Os Habsburgo ocuparam muitos tronos na Europa, mas o ramo ibérico parecia favorecer o amor entre primos – quatro de cada cinco Habsburgo espanhóis se casaram com membros da própria família. Nos vilarejos espanhóis mais atrasados da época, 20% dos camponeses morriam ainda bebês. Esse número subia para 30% entre os Habsburgo, cujos mausoléus eram lotados de fetos abortados e natimortos; outros 20% dos filhos morriam aos dez anos. Os infelizes sobreviventes costumavam ter – como se pode ver nos retratos reais – o "lábio dos Habsburgo", uma mandíbula prognata malformada que lhes dava aparência simiesca.[7] A maldição dos lábios aumentava a cada geração, culminando com o último rei Habsburgo da Espanha, o pobre Carlos II.

A mãe de Carlos era sobrinha do pai dele, e sua tia era também sua avó. O incesto do passado já estava tão estabelecido que Carlos era um pouco *mais* incestuoso que o filho de uma irmã com seu irmão. O resultado era feio em todos os sentidos. Sua mandíbula era tão deformada que ele mal conseguia mastigar, a língua, tão inchada que mal podia falar. O frágil monarca só começou a andar aos oito anos, e embora tenha morrido pouco antes dos quarenta, teve uma vida senil, cheia de alucinações e surtos convulsivos. Incapazes de aprender a lição, conselheiros dos Habsburgo importaram mais uma prima para se casar com Carlos e lhe dar filhos. Por sorte, ele tinha ejaculação precoce e acabou impotente, por isso, não gerou herdeiros, e a dinastia se extinguiu. Carlos e outros reis dos Habsburgo contrataram alguns dos maiores artistas do mundo para documentar seus reinados, mas nem Ticiano, Rubens e Velázquez conseguiram disfarçar os conhecidos lábios – e a queda geral dos Habsburgo em toda a Europa. Ainda assim, numa época de duvidosos registros médicos, os lindos retratos de sua feiura continuam a ser uma valiosa ferramenta para rastrear a decadência e a degeneração genéticas.

Apesar da carga genética, Toulouse-Lautrec escapou da desgraça mental dos Habsburgo. Sua inteligência rendeu-lhe inclusive popularidade entre os pares – preocupados com suas pernas e membros arqueados, amigos de infância o carregavam de um lugar para outro, a fim de que ele pudesse brincar. (Depois os pais compraram para ele um triciclo imenso.) Todavia, o pai do garoto nunca perdoou as deficiências. Mais que qualquer outro, o robusto, atraente e bipolar Alphonse Toulouse-Lautrec romantizava o passado da família. Costumava se trajar com armaduras de cota de metal, como Raymond IV, e certa vez chegou a lamentar para um arcebispo: "Ah, Monseigneur! Passou o tempo em que os condes de Toulouse podiam sodomizar e enforcar um monge como quisessem." Alphonse gostava de gerar filhos só para ter companheiros de caçadas, e quando ficou claro que Henri jamais sairia pelo campo empunhando uma arma, Alphonse deserdou o garoto.

Em lugar da caça, Toulouse-Lautrec preferiu outra tradição da família: a arte. Vários tios tinham sido bons artistas amadores, mas o interesse de Henri era mais profundo. Desde a infância, ele estava sempre desenhando e fazendo rabiscos. Ao comparecer a um funeral, aos três anos, ainda sem saber assinar o nome, ofereceu-se para pintar um boi no livro de registro dos convidados. Já adolescente, quando ficou acamado, com a perna quebrada, começou a desenhar e a pintar com seriedade. Aos quinze anos, ele e a mãe (também rejeitada pelo conde Alphonse) se mudaram para Paris a fim de que Toulouse-Lautrec obtivesse o grau de bacharel. Mas, quando chegou à capital da arte, o rapaz jogou os estudos para o alto e entrou para a turma dos pintores boêmios apreciadores de absinto. Os pais tinham estimulado suas ambições artísticas no começo, mas agora começavam a desaprovar aquela vida dissoluta. Outros membros da família se mostravam indignados. Um tio mais reacionário desencavou os bens juvenis deixados para trás na propriedade da família e fez uma fogueira das vaidades ao estilo de Savonarola.

Mas Toulouse-Lautrec estava imerso no cenário artístico de Paris. E foi assim, nos anos 1880, que seu DNA começou a moldar sua arte. A disfunção genética o tornou pouco atraente, tanto de corpo quanto de rosto – seus dentes apodreceram, o nariz inchou e os lábios, sempre entreabertos, babavam. A fim de se tornar mais atraente para as mulheres, deixou crescer a barba e, como Paganini, estimulou certos rumores. (Dizia ter ganhado o apelido de "Trípode" por suas pernas atarracadas e o longo… Você sabe.)

O pintor Toulouse-Lautrec, filho de primos-irmãos,
sofria de uma disfunção genética que prejudicou seu
crescimento e moldou sua arte de forma sutil. Costumava
desenhar ou pintar a partir de pontos de vista incomuns.

Mesmo assim, o "anão" disforme andava desesperado atrás de uma amante, por isso começou a vagar com as mulheres dos bares e bordéis periféricos de Paris, às vezes desaparecendo por dias. Como toda a nobreza de Paris, foi ali que aquele aristocrata encontrou sua inspiração. Conheceu inúmeras meretrizes e diversos marginais. Apesar da baixa extração dessas pessoas, Toulouse-Lautrec arranjou tempo para pintá-las. Seu trabalho, mesmo beirando o cômico ou o erótico, lhes conferiu dignidade. Ele via alguma coisa humana, até nobre, em quartos esquálidos e salas esfumaçadas. Ao contrário de seus predecessores impressionistas, renunciou ao pôr do sol, a lagoas, bosques silvestres ou a qualquer cenário externo. "A natureza me traiu", explicava. Renegou a natureza, preferiu tomar coquetéis e retratar as mulheres de má reputação que posavam para ele.

O DNA de Toulouse-Lautrec deve ter influenciado o tipo de arte que ele produziu. Com braços deformados e mãos de que zombava, chamando-as de *grosses pates* (patonas), não era fácil manipular pincéis e pintar durante longos períodos. Isso pode ter contribuído para sua decisão de dedicar tanto tempo a cartazes e gravuras, mídias menos valorizadas. Também fez muitos desenhos. Nem sempre o Trípode estava em bordéis. Nos períodos de descanso, produziu milhares de desenhos de mulheres em momentos íntimos e contemplativos. E mais: tanto nesses desenhos quanto nos retratos mais formais do Moulin Rouge, ele costumava adotar pontos de vista incomuns: figuras vistas de baixo ("vistas das narinas"); pernas cortadas da cena (ele detestava retratar pernas por causa de suas próprias deficiências); cenas enfocadas de ângulos enviesados, que alguém de maior estatura e com menos dotes artísticos jamais teria percebido. Uma modelo observou certa vez: "Você é um gênio da deformação." Ele respondeu: "Claro que sou."

Infelizmente, as tentações do Moulin Rouge – sexo casual, noites em claro e, em especial, "esganar", eufemismo de Toulouse-Lautrec para beber até cair – exauriram seu corpo nos anos 1890. A mãe tentou desintoxicá-lo com uma internação, mas ele jamais se curou. (Em parte por ter uma bengala oca, feita de encomenda, para encher de absinto e beber escondido.) Depois de uma recaída, em 1901, Toulouse-Lautrec sofreu um sério derrame cerebral e morreu de falência renal dias depois, aos 36 anos. Como havia pintores em sua gloriosa família, é provável que ele tivesse alguns genes de talento artístico escondidos dentro de si; os condes de Toulouse também lhe legaram o esqueleto deformado. E, em vista de sua conhecida história de dipsomania, é possível que também lhe tivessem transmitido os genes do alcoolismo. Assim como Paganini, se o DNA de Toulouse-Lautrec o transformou em artista, em certo sentido, ele também foi sua ruína final.

PARTE IV

O oráculo do DNA

Genética no passado, no presente e no futuro

13. O passado é um prólogo... às vezes

O que os genes podem (ou não podem) nos ensinar sobre os heróis históricos?

NENHUM DELES TEM mais salvação, por isso não está claro por que nos preocupamos com isso. Mas seja ele Chopin (fibrose cística?), Dostoiévski (epilepsia?), Poe (raiva?), Jane Austen (catapora na idade adulta), Vlad, o Empalador (porfiria?), ou Vincent van Gogh (em parte DTS), ainda insistimos em diagnosticar os mortos famosos. Na verdade, teimamos em tentar adivinhar, pois os registros são dúbios. Até personagens de ficção recebem aconselhamentos médicos não requisitados. Doutores confiantes já diagnosticaram Ebenezer Scrooge de distúrbio obsessivo-compulsivo (OCD), Sherlock Holmes de autismo e Darth Vader de disfunção limítrofe de personalidade.

O tolo fascínio por nossos heróis decerto explica parte desse impulso, e é inspirador saber como eles superaram grandes ameaças. Nisso há também certa presunção: *nós* resolvemos um mistério que gerações anteriores não conseguiram solucionar. Acima de tudo, como observou um médico no *Journal of American Medical Association*, em 2010: "O aspecto mais divertido do diagnóstico retrospectivo [é que] há sempre espaço para debate e, dada a inexistência de provas, para novas teorias e afirmações." Essas assertivas costumam assumir a forma de extrapolações – aspectos de doenças misteriosas que explicariam a origem de obras-primas ou de guerras. Será que a hemofilia derrubou a Rússia czarista? A gota terá provocado a Revolução Americana? Mordidas de mosquitos ajudaram a criar as teorias de Charles Darwin? Embora nosso amplificado conhecimento de genética torne as varreduras de antigas evidências cada vez mais tentadoras, na prática a genética, em geral, aumenta a confusão moral e clínica.

Por várias razões – fascínio pela cultura, grande suprimento de múmias, hordas de mortes não esclarecidas –, os historiadores da medicina dedicaram especial atenção ao Egito e a faraós como Amenhotep IV (Akhenaton). Ele já foi chamado de Moisés, Édipo e Jesus Cristo em um só pacote. Se, por um lado, as heresias que praticou acabaram destruindo sua própria dinastia, elas também asseguraram sua imortalidade, ainda que de forma elíptica. No quarto ano de seu reinado, em meados dos anos 1300 a.C., Amenhotep mudou o nome para Akhenaton ("espírito do Deus Sol Amon-Rá"). Esse foi o primeiro passo na rejeição do rico politeísmo de seus ancestrais, rumo a uma veneração monoteísta. Akhenaton logo construiu uma nova "cidade-sol" para venerar Aton, e transferiu os serviços religiosos egípcios, em geral noturnos, para as primeiras horas da tarde. Ele anunciou, ainda, a conveniente descoberta de que era o filho havia muito perdido de Aton. Quando o populacho começou a resmungar por causa das mudanças, Akhenaton ordenou que os brutamontes pretorianos destruíssem todas as imagens de divindades que não fossem seu suposto pai, em monumentos públicos ou nas louças das famílias pobres. Ele chegou a se tornar um nazista da gramática, purgando todos os traços do hieróglifo plural *deuses* no discurso público.

Os dezessete anos de reinado de Akhenaton também presenciaram mudanças heréticas na arte. Em murais e baixos-relevos do período, pássaros, peixes, cervos e flores começam a parecer realistas, pela primeira vez. Seu harém de artistas retratou também a família real – inclusive Nefertiti, sua esposa favorita, e Tutankamon, seu suposto herdeiro – em cenas mundanas, chocantemente domésticas, fazendo refeições ou trocando carícias e agrados. Mas, apesar do esforço para captar bem os detalhes, os corpos dos membros da família parecem grotescos, até deformados. O mais misterioso é que os serviçais e outros seres humanos menos exaltados continuavam a parecer, bem, humanos. Os faraós do passado se retratavam como Adônis do norte da África, ombros quadrados e físicos de dançarinos. Mas não Akhenaton. Em meio a um cenário sobretudo naturalista, ele, Tutankamon, Nefertiti e outros de sangue azul parecem alienígenas totais.

Arqueólogos que descrevem essa arte real ecoam os anunciantes das casas de horrores. Um promete que "você vai se espantar com esse epítome de repugnância física". Outro chama Akhenaton de "louva-deus humanoide rezando". O catálogo de características aberrantes pode se estender por páginas: cabeça em forma de amêndoa, torso atarracado, braços de aranha, pernas de galinha (inclusive com joelhos dobrados para trás), nádegas de hotentote, lábios de botox, peito côncavo, barriga pendular, e assim por diante. Em muitas imagens, Akhenaton tem seios, e em sua única estátua nua conhecida, ele é andrógino, com virilha de boneco. Em resumo, esses trabalhos são antíteses de *David* e da *Vênus de Milo* na história da arte. A exemplo do que acontece com os retratos dos Habsburgo, alguns egiptólogos veem essas figuras como evidências de deformidades hereditárias da linhagem faraônica. Outros indícios também confirmam essa ideia. O irmão mais velho de Akhenaton morreu na infância de uma misteriosa doença, e alguns estudiosos acreditam que Akhenaton tenha sido excluído de cerimônias da corte por causa da aparência física. Na tumba de seu filho Tutankamon, mesmo depois da pilhagem, os arqueólogos descobriram 130 bengalas, muitas com sinal de uso. Incapazes de resistir, médicos vêm fazendo diagnósticos retroativos desses faraós e enumerando todos os tipos de doença, como síndrome de Marfan e elefantíase. Mas, ainda que sugestivos, todos eles sofrem de falta de evidência, o que os invalida.

Entra a genética. O governo egípcio hesitou muito tempo até deixar que os geneticistas examinassem as múmias mais preciosas. É inevitável que a perfuração de tecidos e ossos destrua pequenas partes da amostra, e no início os paleólogos se mostraram bem indignados com a contaminação e os resultados não conclusivos. Só em 2007 o Egito cedeu, permitindo que cientistas colhessem DNA de cinco gerações de múmias, inclusive as de Tutankamon e Akhenaton. Quando combinada a meticulosas varreduras feitas por tomografia computadorizada (TC), a pesquisa genética ajudou a esclarecer alguns enigmas sobre a política e a arte do período desses faraós.

Em primeiro lugar, o estudo não encontrou grandes defeitos em Akhenaton ou em sua família, o que sugere que a realeza egípcia era formada

O faraó egípcio Akhenaton (sentado, à esquerda) fez com que o artista da corte o retratasse e à sua família como figuras bizarras, quase alienígenas. Isso levou os médicos modernos a diagnósticos retroativos de que Akhenaton seria vítima de doenças genéticas.

por pessoas "normais". Isso significa que os retratos de Akhenaton – que, sem dúvida, não parecem naturais – não se interessavam pela verossimilhança, eram mera propaganda. Parece que o faraó decidiu que seu status como filho de um deus imortal o deixava tão acima da ralé humana que tinha de habitar outro tipo de corpo nos retratos públicos. Algumas das estranhas características das figuras (barriga distendida, ancas porcinas) remetem a deuses da fertilidade, e talvez ele também quisesse se retratar como o útero do bem-estar egípcio.

Dito isso, as múmias mostravam deformidades mais sutis, como pés chatos e lábios leporinos. Cada geração sucessora tinha de suportar novos males. Tutankamon, da quarta geração, herdou os pés chatos e o lábio leporino. Também quebrou o fêmur ainda novo, como Toulouse-Lautrec, e seus ossos do pé gangrenaram por uma deficiência congênita no fluxo sanguíneo. Cientistas descobriram as mazelas de Tutankamon quando examinaram seus genes. Algumas "gagueiras" do DNA (trechos de base repetidos) passam intactas de pai para filho, por isso há uma forma de rastrear as linhagens. Infelizmente para Tutankamon, seus pais tinham as mesmas gagueiras – porque mãe e pai eram irmãos. Nefertiti pode ter sido a mais celebrada esposa de Akhenaton, mas, para resolver o importante negócio de produzir um herdeiro, ele preferiu a irmã.

É provável que esse incesto tenha comprometido o sistema imunológico de Tutankamon e acabado com a dinastia. Segundo observou um historiador, Akhenaton tinha "uma falta de interesse patológica" por qualquer coisa fora o Egito, e os inimigos externos do império atacaram livremente a periferia do reino, pondo em perigo a segurança do Estado. O problema persistiu depois da morte de Akhenaton, e, poucos anos depois de Tutankamon assumir o trono, aos nove anos de idade, o garoto renunciou às heresias do pai e restaurou os deuses antigos, na esperança de um futuro melhor, o que não aconteceu. Enquanto trabalhavam na múmia de Tutankamon, os cientistas encontraram montes de DNA de malária nos ossos. A malária não era doença incomum na época. Testes similares revelaram que os dois avós de Tutankamon tiveram malária pelo menos duas vezes, e os dois viveram até os cinquenta e tantos anos. Contudo, a malária de Tutankamon, segundo cientistas, "acrescentou a doença que faltava a um corpo que" – por causa dos genes incestuosos – "não conseguia mais aguentar a carga". Ele sucumbiu aos dezenove anos. Na verdade, algumas estranhas manchas marrons nas paredes internas de sua tumba forneceram pistas sobre quanto foi rápida sua decadência. Análises químicas e de DNA revelaram que as manchas tinham origem biológica: a morte de Tutankamon foi tão súbita que a pintura decorativa das paredes internas da tumba ainda não tinha secado, ganhando novos matizes quando seu séquito o lacrou. O pior é que Tutankamon ampliou seus defeitos genéticos na geração seguinte, ao se casar com uma meia-irmã. Os únicos filhos conhecidos que os dois tiveram morreram aos cinco e sete meses de idade, terminando como múmias patéticas na tumba de Tutankamon, acréscimo macabro à sua máscara de ouro e às bengalas.

Forças poderosas no Egito jamais esqueceram os pecados da família, e quando Tutankamon morreu, sem herdeiros, um general do Exército usurpou o trono. Acabou morrendo sem filhos, mas outro comandante, Ramsés, assumiu. Ramsés e seus sucessores expurgaram quase todos os sinais de Akhenaton, Tutankamon e Nefertiti dos anais dos faraós, apagando-os com a mesma determinação mostrada por Akhenaton ao eliminar os outros deuses. Num insulto final, Ramsés e seus herdeiros ergueram construções sobre a tumba de Tutankamon a fim de ocultá-la. Aliás, foi tão bem-escondida que mesmo os ladrões tiveram de pelejar para encontrá-la. Em consequência, os tesouros de Tutankamon sobreviveram quase intactos durante séculos – tesouros que, com o passar do tempo, garantiriam a ele e à sua família herege e incestuosa algo semelhante à imortalidade.

A BEM DIZER, para cada retrodiagnóstico bem-fundamentado – Tutankamon, Toulouse-Lautrec, Paganini, Golias (gigantismo, definitivamente) – há algumas esquisitices. Talvez o mais egrégio retrodiagnóstico tenha começado em 1962, quando um médico publicou um trabalho sobre a porfiria, conjunto de disfunções das células sanguíneas.

A porfiria leva ao acúmulo de resíduos tóxicos que podem (dependendo do tipo) desfigurar a pele, fazer nascer pelos indesejáveis, ou interferir nos nervos e induzir a psicose. O médico achou que a descrição correspondia aos lobisomens, e lançou a ideia de que as difundidas fábulas acerca dos homens-lobos teriam base médica. Em 1982, um bioquímico canadense deu um passo adiante. Observou outros sintomas de porfiria – bolhas causadas pela luz do sol, dentes proeminentes, urina cor de sangue – e começou a dar palestras sugerindo que a doença parecia inspirar outras histórias, sobre seres vampirescos. Quando pressionado a dar explicações, recusou-se a escrever um trabalho científico e preferiu (mau sinal) comparecer a um programa de entrevistas em rede nacional, nos Estados Unidos, no Dia das Bruxas. Os espectadores ouviram-no explicar que "vampiros" com porfiria andavam à noite por causa das bolhas, e que era provável se sentir melhora bebendo sangue, para substituir a perda de algumas substâncias. E as famosas mordidas infecciosas dos vampiros? Os genes da porfiria são encontrados em membros de uma mesma família, ele discorreu, mas costumam se manifestar depois de tensões ou choques. Um irmão ou irmã mordendo você e sugando o seu sangue é certamente algo estrassante.

O programa chamou muita atenção, e logo pessoas com porfiria ficaram preocupadas, perguntando a seus médicos se iriam se transformar em vampiros bebedores de sangue. (Poucos anos depois, um transtornado homem da Virgínia chegou a esfaquear e desmembrar um amigo com porfiria para se proteger.) Tais incidentes se mostraram ainda mais infelizes porque a teoria é uma tolice. As características do considerado vampirismo clássico, como a natureza noturna, não eram comuns nos vampiros do folclore. (A maior parte do que sabemos hoje vem de metáforas inventadas por Bram Stoker no século XIX.) Nem os supostos fatos científicos fazem sentido. Beber sangue não traria alívio, pois os componentes do sangue que curariam a porfiria não sobrevivem à digestão. Em termos genéticos, embora muitos doentes de porfiria sofram de queimaduras de sol, as bolhas e queimaduras horríveis que evocariam um dano sobrenatural se limitam a um tipo raro de mutação da doença. Até agora, só foram documentadas algumas centenas de casos desse tipo, o que é muito pouco para explicar a alastrada histeria acerca de vampiros nos séculos passados. (Alguns vilarejos da Europa Oriental revistavam os cemitérios uma vez por semana em busca de vampiros.) Em geral, então, o fiasco da porfiria explica mais a moderna credulidade – quanto as pessoas querem acreditar em coisas que tenham respaldo científico – que as origens dos monstros folclóricos.

Um caso mais plausível (mas ainda muito discutível) de história envolvendo a porfiria aconteceu durante o governo do rei britânico Jorge III. Ele não se queimava se fosse exposto ao sol, mas sua urina parecia vinho rosé, entre outros sinais de porfiria, como constipação e olhos amarelados. Também era acometido por acessos de insanidade. Certa vez cumprimentou solenemente um galho de carvalho, convencido de que tinha o prazer de conhecer o rei da Prússia. Num sintoma tipicamente vampiresco, queixava-se de não conseguir mirar o espelho. Quando os sintomas se agravaram, os ministros puseram Jorge numa camisa de força. Sim, os sintomas de Jorge não se encaixavam perfeitamente no quadro de porfiria, e seus acessos mentais tinham uma intensidade nada comum nos que padecem dessa doença. Contudo, seus genes talvez tivessem aspectos complicadores. A loucura hereditária era endêmica na realeza europeia entre os anos 1500 e 1900, a maior parte dela era parenta de Jorge. Independentemente da causa, o rei teve seu primeiro acesso no início de 1765, o que assustou o Parlamento o suficiente para votar uma lei esclarecendo quem assumiria o poder caso ele enlouquecesse de vez. Ofendido, Jorge demitiu o primeiro-ministro. Em meio a esse caos, a Lei do Selo foi aprovada, o que começou a envenenar as relações das colônias americanas com Jorge. Quando o novo primeiro-ministro assumiu, o desprezado ex-primeiro-ministro resolveu permanecer no poder e castigar as colônias, seu passatempo favorito. Outro influente estadista, William Pitt, que queria manter a América do Norte sob seu império, poderia ter abrandado a vingança, mas ele sofria de outra doença hereditária, a gota (possivelmente acionada por uma rica dieta de vinho português barato com tintura de chumbo). Acamado, Pitt faltou aos debates políticos cruciais, em 1765 e depois, e o governo do louco rei Jorge acabou pressionando demais os habitantes das colônias americanas.

Os então recentes Estados Unidos se livraram das linhas dinásticas e contornaram a insanidade hereditária dos dementes governantes europeus. Claro que os presidentes do país tiveram seus males. John F. Kennedy era um doente congênito – passou dois terços da infância adoentado – e, enquanto cursava a escola preparatória, foi diagnosticado (incorretamente) com hepatite e leucemia. Quando chegou à idade adulta, os médicos abriam sua coxa a cada dois meses para injetar cápsulas de hormônios, e consta que a família mantinha estojos de primeiros socorros em cofres por todo o país. Ainda bem. Kennedy tinha frequentes desmaios e recebeu extrema-unção várias vezes antes de se tornar presidente. Historiadores sabem, hoje, que ele tinha doença de Addison, que arruína as glândulas suprarrenais e priva o corpo de cortisona. Um dos efeitos colaterais comuns dessa doença, a pele bronzeada, talvez fosse responsável pela cútis brilhante e atraente de Kennedy.

Mas essa é uma doença séria, e embora seus rivais à Presidência, em 1960 – primeiro Lyndon Johnson, depois Richard Nixon –, não soubessem exatamente o que afligia Kennedy, eles não se intimidaram, e espalharam rumores de que JFK poderia (que medo) morrer durante o primeiro mandato. Em resposta, os correligionários de Kennedy enganaram o público com declarações bem-formuladas. Os médicos descobriram a doença de Addison nos anos 1800, como efeito colateral da tuberculose, que se tornou a doença de Addison "clássica". Por isso, o pessoal de Kennedy dizia com a maior cara de pau: "Ele não sofre agora, nem jamais sofreu, de qualquer moléstia classicamente descrita como doença de Addison, a destruição tuberculosa da suprarrenal." Na verdade, a maioria dos casos de Addison é inata e representa ataques imunológicos coordenados por genes MHC. Ademais, é provável que Kennedy tivesse ao menos uma suscetibilidade genética à doença de Addison, pois sua irmã Eunice também sofria desse mal. Contudo, a não ser que se desenterre Kennedy, a contribuição exata da genética (se é que havia) permanecerá obscura.

Em relação à genética de Abraham Lincoln, os médicos têm um caso ainda mais obscuro, pois não sabem ao certo se ele sofria de alguma doença. A primeira indicação surgiu em 1959, quando um médico diagnosticou a síndrome de Marfan num menino de sete anos. Depois de seguir a doença pela árvore genealógica da família do garoto, os médicos descobriram, oito gerações antes, um certo Mordecai Lincoln Jr., tataravô de Abraham. Embora fosse um bom palpite – o físico esquelético e os membros de aranha de Lincoln parecem clássicos da síndrome, uma mutação genética dominante que ocorre nas famílias –, a descoberta não provou nada, uma vez que o garoto poderia ter herdado a mutação da síndrome de Marfan de qualquer outro ancestral.

O gene alterado da síndrome cria uma versão defeituosa da fibroína, proteína que fornece apoio estrutural aos tecidos moles. A fibroína ajuda a formar os olhos, por exemplo, por isso as vítimas da síndrome de Marfan costumam enxergar mal. (Isso explica por que alguns médicos modernos diagnosticaram a doença em Akhenaton; ele teria preferido o reinado do deus-sol às divindades egípcias noturnas.) Mais importante ainda, a fibroína envolve os vasos sanguíneos. Vítimas da síndrome de Marfan costumam morrer cedo, quando suas artérias se desgastam e se rompem. Aliás, o exame de vasos sanguíneos e outros tecidos moles foi a única maneira exata de diagnosticar a síndrome de Marfan durante um século. Por isso, sem uma amostra dos tecidos moles de Lincoln, os médicos só podiam esmiuçar fotos e registros médicos, e se apoiar em ambíguos sintomas secundários.

A ideia de fazer um teste no DNA de Lincoln surgiu nos anos 1990. A morte violenta do presidente produziu vários fragmentos de crânio, pedaços de fronhas e punhos de camisa ensanguentados de onde extrair DNA. Até a bala da pistola retirada de sua cabeça teria traços de DNA. Assim, em 1991, nove peritos se reuniram para debater a viabilidade (e a ética) de realizar os testes. De imediato, um deputado de Illinois entrou na contenda e exigiu que os peritos determinassem, entre outras coisas, se Lincoln aprovaria aquele projeto. Isso era muito difícil. Lincoln não apenas morreu antes de Friedrich Miescher ter descoberto o DNA, como também não deixou testamento (por que deixaria?) de seus pontos de vista a respeito de privacidade e pesquisas médicas póstumas. Além disso, os testes genéticos exigiam o esmagamento de pedacinhos de artefatos preciosos – e mesmo assim os cientistas poderiam não obter uma resposta definitiva. Afinal, o Comitê Lincoln percebeu tarde demais as complicações do diagnóstico. Trabalhos da época mostravam que a síndrome de Marfan podia surgir de inúmeras mutações diferentes de fibroína. Por isso, os geneticistas teriam de pesquisar longas fileiras de DNA para chegar a um diagnóstico – perspectiva muito mais árdua que procurar uma mutação pontual. Se não descobrissem nada, Lincoln ainda poderia ter sofrido da síndrome, ainda que de uma mutação desconhecida. Ademais, outras doenças simulam a síndrome de Marfan embaralhando outros genes e aumentando ainda mais a encrenca. De repente, uma séria aventura científica começou a tremer nas bases, e o surgimento de pomposos rumores de que um laureado do Nobel queria clonar e vender o "autêntico DNA de Lincoln" guardado em joias de âmbar não aumentou a confiança de ninguém. O comitê acabou abandonando a ideia, que até hoje permanece em suspenso.

Apesar de fútil, a tentativa de estudar o DNA de Lincoln acabou por fornecer algumas diretrizes para se julgar o valor de projetos retrogenéticos. A questão científica mais importante é sobre a qualidade da tecnologia atual e se (apesar da frustração da espera) os cientistas devem suspender tudo e deixar que as futuras gerações façam o trabalho. Além do mais, embora pareça óbvio que os pesquisadores precisam primeiro provar que podem fazer diagnósticos confiáveis de doenças genéticas em pessoas vivas, no caso de Lincoln eles começaram sem essa certeza. Tampouco a tecnologia de 1991 teria contornado a inevitável contaminação do DNA de artefatos muito manipulados, como punhos de camisa e fronhas ensanguentados. (Por essa razão, um dos peritos sugeriu fazer um teste nos ossos anônimos de amputados durante a Guerra Civil que se empilham nos museus nacionais.)

Quanto às questões éticas, alguns cientistas argumentaram que os historiadores já invadem os diários e registros médicos das pessoas, e que a retrogenética apenas amplia essa licença. Mas a analogia não se sustenta, pois a genética pode revelar problemas que até a pessoa em questão desconhecia. Isso não é tão terrível se a pessoa estiver morta e em segurança. Contudo, qualquer descendente vivo pode não gostar da história. Se a invasão da privacidade for inevitável, o trabalho ao menos deveria tentar responder a questões de peso, que não seriam resolvidas de outra forma. Geneticistas poderiam facilmente realizar testes para determinar se Lincoln tinha cerume seco ou molhado, mas isso não determina o homem Lincoln. Um diagnóstico da síndrome de Marfan faria isso. Boa parte das vítimas dessa síndrome morre jovem, pela ruptura da aorta. Então, talvez Lincoln, assassinado aos 56 anos,[1] estivesse fadado a não concluir o segundo mandato. Se os testes descartassem a síndrome de Marfan, isso indicaria outra coisa. Lincoln deteriorou visivelmente durante os últimos meses no cargo. Em março de 1865, o *Chicago Tribune* publicou um editorial pedindo que ele tirasse um tempo para descansar, com guerra ou sem guerra, antes que o excesso de trabalho o matasse. Mas talvez não fosse estresse. Ele poderia ter outra doença do tipo da síndrome de Marfan. Como esses males produzem dores significativas e até câncer, Lincoln talvez *soubesse* que iria morrer no cargo (como aconteceu depois com Franklin Roosevelt). Isso traria nova luz sobre a mudança do vice-presidente de Lincoln, em 1864, e acerca das mudanças de plano quanto à Confederação, depois da guerra. Os testes genéticos também revelariam se o taciturno Lincoln tinha alguma propensão genética para a depressão, teoria popular, porém, até hoje, apenas circunstancial.

Questões semelhantes se aplicam a outros presidentes. Em vista do mal de Addison de Kennedy, talvez seu projeto tivesse expirado prematuramente, de qualquer forma. (Talvez Kennedy não se esforçasse para subir tão depressa na política se não tivesse sentido a presença da morte.) A genética da família de Thomas Jefferson apresenta fascinantes contradições a respeito de sua visão da escravatura.

Em 1802, vários jornais questionáveis passaram a sugerir que Jefferson era pai de filhos com "concubinas" escravas. Em Paris, ele prestara atenção em Sally, quando ela trabalhou para Jefferson no período em que fora representante norte-americano na cidade. (Provavelmente ela era meia-irmã da última esposa dele; o padrasto de Jefferson tinha uma amante escrava.) Em algum momento, depois de voltar para casa em Monticello, consta que Jefferson foi amante de Sally. Os inimigos dele na imprensa ironizavam-na como "Vênus Africana". A legislatura de Massachusetts debateu publicamente a moral de Jefferson, inclusive o caso Hemings, em 1805. Porém, mesmo as testemunhas oculares amistosas se lembravam dos filhos de Sally como cópias em tom escuro de Jefferson. Um convidado viu o garoto Hemings perto da mesa, atrás de Jefferson, durante um jantar, e a semelhança entre os dois o deixou surpreso. Examinando diários e outros documentos, os historiadores determinaram que o presidente morara em Monticello nove meses antes do nascimento de cada filho de Sally, e Jefferson emancipou todos eles assim que completavam 21 anos, privilégio que não estendeu a outros escravos. Depois de se mudar da Virgínia, um desses escravos libertos, Madison, vangloriou-se nos jornais de saber que Jefferson era seu pai. Outro, Eston, mudou o sobrenome para Jefferson, em parte por causa da semelhança com as estátuas de Thomas Jefferson em Washington.

Mas Jefferson sempre negou ser pai de qualquer filho escravo, e muitos de seus contemporâneos também não acreditavam nessas suposições; alguns preferiam culpar primos próximos ou outros parentes. Porém, nos anos 1990, cientistas conseguiram ligar Jefferson a um polígrafo genético. Como o cromossomo Y não pode se cruzar nem combinar com outros cromossomos, os homens transmitem o Y integral e inalterado para todos os filhos. Jefferson não tinha filhos reconhecidos, mas outros parentes homens com o mesmo Y que ele, como seu tio, tinha. Os filhos de Field Jefferson tiveram filhos, e os filhos também, e o Y de Jefferson acabou sendo transmitido para alguns homens hoje vivos. Por sorte, a linhagem de Eston Hemings também produziu homens a cada geração, e os geneticistas rastrearam membros das duas famílias até 1999. Os cromossomos Y combinavam perfeitamente. Claro, os testes só provaram que *um* Jefferson era pai dos filhos de Sally, mas não qual deles. Em vista das provas históricas, a tese de que Jefferson teve filhos com Sally parece robusta.

Mais uma vez, é fascinante especular sobre a vida particular de Jefferson – o amor brotando em Paris, seu anseio por Sally enquanto estava ocupado na sombria Washington –, no entanto, o *affaire* também esclarece a personalidade dele. Teria se tornado pai de Eston Hemings em 1808, seis anos depois de surgirem as primeiras acusações, o que revela uma grande paixão ou uma sincera devoção a Sally. No entanto, a exemplo de muitos dos monarcas ingleses que tanto desprezava, Jefferson não reconheceu os filhos bastardos a fim de manter sua reputação. O que é mais inquietante, ele se opunha publicamente ao casamento entre negros e brancos (e produziu legislação para torná-lo ilegal), por temores escusos de miscigenação e impureza racial. Parece uma grande hipocrisia daquele que talvez seja o mais filosófico dos presidentes dos Estados Unidos.

Desde as revelações sobre Jefferson, o teste do cromossomo Y tornou-se instrumento importantíssimo da genética histórica. Isso tem uma desvantagem, pois o Y patrilinear define alguém de forma estrita: só se pode saber sobre um de muitos ancestrais em qualquer geração. (Limitações semelhantes surgem com o mtDNA matrilinear.) Apesar desse problema, o Y pode revelar muita coisa surpreendente. Por exemplo, o teste do Y revela que o maior garanhão biológico da história não foi Casanova ou o rei Salomão, mas Gêngis Khan, o ancestral de 16 milhões de homens, hoje. Um em cada duzentos homens no planeta porta seus cromossomos, de acordo com os testes. Quando conquistavam um território, os mongóis geravam o maior número de filhos possível com as mulheres locais, para ligá-las aos novos senhores. ("Fica bem claro o que faziam quando não estavam lutando", comentou um historiador.) Parece que Gêngis Khan assumiu boa parte dessa tarefa, e até hoje a Ásia está cheia de descendentes seus.

Arqueólogos têm estudado o Y e outros cromossomos para desvendar também a história dos judeus. As crônicas do Velho Testamento contam como eles se dividiram nos reinos da Judeia e de Israel, Estados independentes que provavelmente desenvolveram marcas genéticas distintas, já que as pessoas tendiam a se casar no interior da família extensa. Depois de muitos milênios de exílios e diásporas dos judeus, inúmeros historiadores perderam a esperança de rastrear com exatidão onde foram parar os remanescentes de cada reino. Mas a prevalência de assinaturas genéticas específicas (inclusive doenças) entre os judeus asquenazes modernos, bem como outras assinaturas específicas entre os judeus orientais e sefarditas, permitiu que os geneticistas seguissem antigas linhagens, determinando que as divisões bíblicas originais vêm persistindo ao longo do tempo. Estudiosos também seguiram origens genéticas de castas sacerdotais judaicas. No judaísmo, os *cohanim* [membros da família sacerdotal], todos descendentes de Abraão, irmão de Moisés, têm regras cerimoniais em rituais nos templos. Essa honra passa do *cohanim* pai ao *cohanim* filho, exatamente como o Y. Acontece que os *cohanim* do mundo todo têm cromossomos Y muito semelhantes, indicando uma só linhagem patriarcal. Novos estudos demonstram que esse "Abraão cromossômico Y" viveu mais ou menos na época de Moisés, confirmando a veracidade da tradição judaica. (Pelo menos nesse caso. Os levitas, grupo judaico correlato, porém distinto, também transmitem privilégios religiosos por linha paterna. Mas os levitas do mundo dificilmente partilham o mesmo Y, por isso a tradição judaica errou nessa história[2] ou as esposas levitas dormiam com outros homens sem que os maridos soubessem.

Além disso, o estudo do DNA judaico ajudou a confirmar uma lenda pouco confiável sobre os membros da tribo Lemba, na África. Os Lemba sempre afirmaram que tinham raízes judaicas – que, éons atrás, um homem chamado Buba os levou de Israel para o sul da África, onde continuam até hoje, abstêmios de carne de porco, circuncisando os filhos, usando quepes como o quipá e enfeitando as casas com emblemas de elefantes rodeados de estrelas de seis pontas. A história de Buba foi desacreditada por arqueólogos, que explicavam esses "hebreus negros" como um caso de transmissão cultural, não de migração humana. Mas o DNA dos Lemba ratifica suas raízes judaicas: 10% dos homens Lemba, em geral, e metade dos homens entre os anciãos das famílias mais reverenciadas – a casta sacerdotal – têm a assinatura do Y de *cohanim*.

EMBORA O ESTUDO DO DNA possa ser útil para responder a certas questões, nem sempre se pode dizer que alguém famoso sofria alguma disfunção genética apenas testando seus descendentes. Isso porque, mesmo que os cientistas encontrem o claro sinal genético de uma síndrome, não há garantia de que os descendentes tenham adquirido o DNA defeituoso de seu famoso tataratataravô. Esse fato, bem como a relutância da maior parte dos agentes funerários em desenterrar antigos ossos para exame, deixa muitos historiadores da medicina com análises genéticas fora de moda – mapeando doenças em árvores genealógicas e reunindo diagnósticos a partir de uma constelação de sintomas. Talvez o paciente mais intrigante e constrangedor atualmente em análise seja Charles Darwin, tanto pela natureza enganadora de sua doença quanto pela possibilidade de que a tenha transmitido aos filhos, ao se casar com uma parenta próxima – um mau exemplo de seleção natural.

Depois de se matricular na escola de medicina de Edimburgo, aos dezesseis anos, Darwin desistiu do curso dois anos depois, quando começaram as aulas de cirurgia. Em sua autobiografia, ele relata de maneira concisa as cenas que presenciou. Ao descrever a operação de um garoto doente, dá para imaginar a brutalidade e os gritos, numa época em que não havia anestesia. Foi ao mesmo tempo um momento de mudança e presságio na vida de Darwin. Mudança, pois o convenceu a desistir e a fazer outra coisa para viver. Presságio porque a cirurgia embrulhou o estômago de Darwin, premonição da saúde frágil que o acompanharia desde então.

Sua saúde começou a desmoronar a bordo do HMS *Beagle*. Darwin já evitara se submeter a uma avaliação física antes da viagem, realizada em 1831, convencido de que seria reprovado. Em alto-mar, revelou-se um inveterado marinheiro de água doce, constantemente acometido de enjoo. Seu estômago só conseguia suportar uvas-passas durante as refeições, e ele escreveu cartas aflitas ao pai, que era médico, em busca de conselhos. Darwin mostrou-se em forma durante as paradas temporárias do *Beagle*, fazendo caminhadas de 45km, na América do Sul, para recolher montanhas de amostras. Porém, quando voltou à Europa, em 1836, e se casou, seu corpo chegou a um estado de quase invalidez, tornando-se uma ruína ofegante que chegava a repugná-lo.

Teria sido necessário o gênio do maior caricaturista da corte de Akhenaton para captar quanto Darwin se sentia tenso, enjoado e indisposto. Sofria de furúnculos, desmaios, taquicardia, dormência nos dedos, insônia, enxaqueca, tontura, eczema, via "linhas brilhantes e nuvens negras" pairando diante dos olhos. O sintoma mais estranho era um zumbido nos ouvidos, depois do qual – assim como o trovão segue o relâmpago – ele sempre sofria horríveis crises de gases. Mas, acima de tudo, Darwin regurgitava. Regurgitava depois do café da manhã, depois do almoço, depois do lanche, depois do chá – sempre –, e continuava até esvaziar o estômago. Nas crises mais graves, chegava a vomitar vinte vezes em uma hora, e certa vez vomitou 27 dias seguidos. O cansaço mental invariavelmente piorava seu estômago, e nem Darwin, o biólogo mais fecundo do período, conseguia entender aquilo. "O que o pensamento tem a ver com a digestão de carne assada", disse certa vez, "eu não consigo entender."

A doença limitou toda a existência de Darwin. Em busca de um ar mais saudável, ele retirou-se para Down House, a 23km de Londres. As indisposições intestinais o impediam de visitar as pessoas, por medo de evacuar em privadas alheias. Passou a inventar desculpas, razões não convincentes para os amigos não o visitarem: "Sofro de uma saúde frágil de tipo peculiar", escreveu a um deles, "que me impede de qualquer agitação mental, sempre seguida por acessos espasmódicos, e acho que não resistiria a uma conversa com você, que me traria tanta alegria." Não que esse isolamento o tenha curado. Darwin jamais conseguiu escrever por mais de vinte minutos sem algumas pontadas de dor em alguma parte, e aos poucos foi perdendo anos de trabalho por causa das crises. Chegou a instalar uma espécie de latrina atrás de uma meia-parede, em seu estúdio, por questões de privacidade – e até deixou crescer a famosa e longa barba para esconder o eczema, sempre coçando no rosto.

Desse modo, a doença de Darwin tinha suas vantagens. Ele nunca precisou dar palestras ou lecionar, deixando seu fiel defensor T.H. Huxley fazer o trabalho sujo de lutar contra o bispo Wilberforce e outros oponentes, enquanto ficava em casa aprimorando seu trabalho. Meses no lar sem ser interrompido também permitiram que mantivesse sua correspondência em dia, e por meio dela reuniu valiosas provas da evolução. Despachou muitos naturalistas perplexos para tarefas ridículas, como, digamos, contar penas da cauda de pombos ou procurar mastins com manchas perto dos olhos. Esses pedidos parecem estranhamente específicos, mas revelaram formas de evolução intermediárias. Eles comprovaram a seleção natural. Em certo sentido, a invalidez dele foi tão importante na produção de *A origem das espécies* quanto sua visita às Galápagos.

É compreensível que Darwin não conseguisse ver o benefício de enxaquecas e indisposições, por isso passou anos em busca de alívio. Costumava engolir boa parte da tabela periódica sob a forma de diversos medicamentos. Chapinhava em ópio, chupava limão e tomava cervejas que seguiam uma "receita" médica. Tentou uma das primeiras terapias de eletrochoque – um "cinto de galvanização" carregado por baterias que eletrizava seu abdômen. O método mais excêntrico foi a "cura pela água", ministrada por um ex-colega da escola de medicina. O dr. James Manby Gully não tinha planos sérios de praticar medicina enquanto estava na escola, mas a plantação de café da família na Jamaica faliu quando os escravos jamaicanos foram libertados, em 1834, e Gully não teve escolha a não ser tratar de pacientes em tempo integral. Abriu uma casa de repouso em Malvern, no oeste da Inglaterra, nos anos 1840, que logo se tornou um prestigiado spa vitoriano; Charles Dickens, Alfred, Lord Tennyson e Florence Nightingale procuraram o local em busca de cura. Darwin partiu para Malvern em 1849, com a família e os serviçais.

A cura pela água consistia basicamente em manter os pacientes molhados o tempo todo. Depois de uma imitação de canto de galo, às 5h, os serviçais envolviam Darwin em lençóis molhados, mantendo o nível de umidade com baldes de água fria. A prática era seguida por caminhadas em grupo que incluíam várias paradas para hidratação em diversos poços e fontes minerais. Quando voltavam aos chalés, os pacientes comiam biscoito e bebiam mais água, e a conclusão do desjejum inaugurava o dia para a principal atividade em Malvern: os banhos. A ideia era que a água retirava o sangue dos órgãos internos inflamados e o transportava para a superfície da pele, produzindo alívio. No intervalo dos banhos, os pacientes podiam fazer enemas com água fresca ou se afivelar numa compressa abdominal chamada "Véu de Netuno". Em geral os banhos iam até a hora do jantar, que invariavelmente consistia em carneiro, peixe cozido e, claro, alguns borrifos de H_2O local. O longo dia se encerrava com Darwin dormindo numa cama (seca).

Ainda bem que funcionou. Depois de quatro meses nesse sanatório hídrico, Darwin sentiu-se forte, melhor do que estava antes da viagem no *Beagle*, capaz de andar 10km por dia. De volta a Down House, continuou o tratamento de forma menos concentrada. Construiu uma sauna para usar todas as manhãs e depois dava um mergulho de urso-polar numa imensa cisterna (2.500 litros) cheia de água à temperatura de 4,5°C. Mas, à medida que o trabalho se acumulava, Darwin voltou a se estressar, e a cura pela água perdeu seu poder. Ele acabou deixando o tratamento, desesperado por não conseguir descobrir a causa de sua fragilidade.

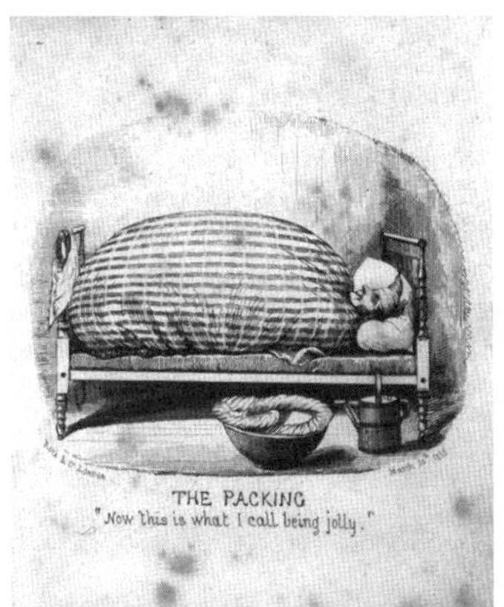

Cenas da popular "cura pela água" na era vitoriana, para pacientes com doenças renitentes. Charles Darwin passou por práticas semelhantes para curar a misteriosa doença que o perseguiu por grande parte da vida adulta.

Os médicos atuais não se saíram melhor. Uma lista de retrodiagnósticos mais ou menos prováveis inclui problemas no ouvido médio, alergia a pombos, "hepatite incubada", lúpus, narcolepsia, agorafobia, síndrome de fadiga crônica e tumor na suprarrenal (este último explicaria o tom bronzeado, *à la* Kennedy, adquirido por Darwin na velhice, embora tenha sido sempre um inglês pálido, que passava a maior parte dos dias em recintos fechados.) Um diagnóstico razoavelmente convincente é de doença de Chagas, que provoca sintomas análogos aos da gripe. Darwin pode ter contraído a doença do inseto "barbeiro" na América do Sul, pois tinha um deles como mascote a bordo no *Beagle*. (Ficava deliciado com a forma como o animal sugava sangue de seu dedo, inchando como um carrapato.) Mas nem todos os sintomas se encaixam na doença de Chagas. É possível que esse mal tenha apenas prejudicado seu trato digestivo e o deixado vulnerável a latentes problemas genéticos mais profundos. Aliás, outros diagnósticos também plausíveis, como "síndrome dos vômitos cíclicos" e grave intolerância à lactose,[3] também têm fortes componentes genéticos. Além do mais, boa parte da família de Darwin teve uma infância doentia, e sua mãe, Susannah, morreu de um problema abdominal indeterminado quando ele tinha oito anos.

Essas questões genéticas se tornam ainda mais pungentes pelo que aconteceu com os filhos de Darwin. Cerca de 10% da classe ociosa vitoriana se casava com parentes de sangue, e Darwin fez sua parte ao se unir a Emma Wedgwood, sua prima em primeiro grau. (Tinham o mesmo avô, Josiah Wedgwood, o inovador da cerâmica.) Dos dez filhos do casal, a maioria sofreu de algum mal. Três se revelaram adultos inférteis e três morreram jovens, o que era o dobro da taxa de mortalidade infantil na Inglaterra. Um, Charles Waring, sobreviveu dezenove meses; Mary Eleanor viveu 23 dias. Quando sua filha favorita, Anne Elizabeth, ficou doente, Darwin a levou ao dr. Gully para ser curada pela água. Sua morte, aos dez anos, eliminou os últimos vestígios de fé religiosa no cientista.

Apesar de possíveis ressentimentos em relação a Deus, Darwin culpava sobretudo a si mesmo pelas enfermidades dos filhos. Ainda que filhos nascidos de primos em primeiro grau sejam saudáveis (até 90% dos casos), eles correm mais riscos de apresentar defeitos de nascença e problemas médicos, e o número é ainda maior nas famílias sem sorte. Darwin antecipou-se à sua época ao suspeitar desse perigo. Testou os efeitos da miscigenação em plantas, por exemplo, não só para apoiar suas teorias de hereditariedade e seleção natural, mas também para ver se conseguia esclarecer as enfermidades de sua família. O biólogo encaminhou uma petição ao Parlamento para incluir uma questão sobre casamentos consanguíneos e saúde no censo de 1871. A petição não foi considerada, mas a ideia continuou a vicejar, e os filhos sobreviventes de Darwin herdaram suas ansiedades. Um deles, George, argumentou em favor da ilegalidade do casamento entre primos na Inglaterra, e seu filho, Leonard (que não teve filhos), foi presidente do I Congresso Internacional de Eugenia, em 1912, evento dedicado, ironicamente, a produzir seres humanos mais aptos.

A ciência só poderia identificar a enfermidade de Darwin com uma amostra de DNA. Mas, ao contrário de Lincoln, ele morreu tranquilamente, de ataque cardíaco, sem deixar fronhas ensanguentadas. Até hoje, a abadia de Westminster se recusa a permitir que retirem uma amostra dos ossos de Darwin, em parte porque médicos e geneticistas não conseguem chegar a um acordo quanto ao que procurar nos testes. Para complicar as coisas, alguns médicos concluem que a doença de Darwin contava também com boa dose de hipocondria, ou se originava de outras causas que não podemos identificar com tanta facilidade. Aliás, nossa atenção para o DNA de Darwin pode até ser um equívoco, um produto de nossa época. Talvez sirva de alerta o fato de que, na época da ascensão das doutrinas de Freud, muitos cientistas viam a doença de Darwin como consequência de uma luta edipiana: a afirmação de que, incapaz de depor seu pai biológico (um homem autoritário), Darwin preferiu "matar o Pai do céu, no domínio da história natural", como bradou certo médico. Nessa linha de raciocínio, o sofrimento de Darwin "obviamente" derivava de culpa reprimida pelo parricídio cometido.

Quem sabe, um dia, nossas tentativas de buscar as raízes das doenças de Darwin nas sequências de DNA irão parecer ingênuas. De qualquer forma, elas passam ao largo de uma questão fundamental em relação a Darwin e aos outros: o fato de eles terem perseverado, a despeito de suas enfermidades. Tendemos a tratar o DNA como alma secular, nossa essência química. Porém, mesmo a representação total do DNA de alguém só consegue revelar algumas coisas.

14. Três bilhões de pedacinhos

Por que os homens têm mais genes que outras espécies?

Considerando escala, escopo e ambição, o Projeto Genoma Humano (PGH) – empreitada de muitas décadas e de bilhões de dólares para sequenciar todo o DNA humano – foi apropriadamente chamado de Projeto Manhattan da biologia. Mas no início poucos previram que o PGH estaria envolvido em tantas ambiguidades morais quanto a aventura em Los Alamos. Peça a seus amigos biólogos que façam um resumo do projeto e você terá uma boa ideia dos valores de cada um. Será que eles veem os cientistas do governo engajados no PGH como pessoas altruístas e firmes, ou burocratas vacilantes? Enxergam o desafio do setor privado ao Estado uma rebelião heroica ou um ambicioso plano de engrandecimento próprio? Acham que o projeto deu certo ou salientam seu fiasco? Como qualquer épico complicado, o sequenciamento do genoma humano pode ter múltiplas e quase infinitas leituras.

O PGH teve origem nos anos 1970, quando o biólogo britânico Frederick Sanger, já laureado pelo Nobel, inventou um método de sequenciamento do DNA – para registrar a ordem dos As, Cs, Gs e Ts e assim (esperava-se) determinar o que faz o DNA. Em resumo, o método de Sanger envolvia três passos básicos: aquecer o DNA em questão até as duas fitas se separarem; quebrar essas fitas em fragmentos; e usar os As, Cs, Gs e Ts individuais para formar novas fitas complementares baseadas nos fragmentos. De forma engenhosa, Sanger borrifou versões radioativas específicas de cada base, que se incorporaram aos complementos. Como conseguia distinguir se A, C, G ou T estavam produzindo radioatividade em qualquer ponto ao longo do complemento, Sanger podia também deduzir qual base se situava ali e registrar a sequência.[1]

Sanger teve de ler essas bases uma a uma, num processo extenuante e tedioso. Mas isso lhe permitiu sequenciar o primeiro genoma, as 5400 bases e os onze genes do vírus φ-X174. (O trabalho rendeu-lhe um segundo Prêmio Nobel em 1980, nada mau para alguém que certa vez confessou que jamais teria estudado na Universidade de Cambridge "se meus pais não fossem mais ou menos ricos".) Em 1986, dois biólogos da Califórnia automatizaram o método de Sanger. Em vez de usar bases radioativas, eles substituíram as versões fluorescentes de A, C, G e T, e cada uma delas produzia uma cor diferente quando atingida por um laser – DNA em tecnicolor. Essa máquina, operada por computador, de repente fez com que os projetos de sequenciamento em larga escala parecessem viáveis.

De modo estranho, porém, a agência governamental dos Estados Unidos que financiava a maioria das pesquisas biológicas, o National Institutes of Health (NIH), mostrou interesse zero no sequenciamento do DNA. "Quem", ponderou o NIH, "ia querer vadear por 3 bilhões de letras de dados informes?" Outros departamentos também se mostraram indiferentes. Mas o Department of Energy (DE) considerou o sequenciamento uma extensão natural de seu trabalho sobre como a radioatividade prejudica o DNA, e valorizou o potencial transformador do trabalho. Assim, em abril de 1987, o DE inaugurou o primeiro projeto genoma do mundo, empreendimento de sete anos e US$ 1 bilhão, sediado em Los Alamos, do outro lado da cidade onde foi realizado o Projeto Manhattan. É engraçado notar que, assim que ouviram a palavra com b de bilhão, os burocratas do NIH decidiram que o sequenciamento fazia sentido. Desse modo, em setembro de 1988, o NIH fundou um instituto rival para colher sua parcela da fatia orçamentária. Em um golpe científico, garantiu que James Watson fosse o diretor.

Já nos anos 1980, Watson havia adquirido a reputação de "Calígula da biologia", alguém que, como definiu um historiador da ciência, "tinha licença para dizer qualquer coisa que passasse pela cabeça e ser levado a sério. Infelizmente ele fazia isso com uma desfaçatez leviana e brutal". Mesmo assim, embora fosse visto com aversão pessoal por alguns, Watson conservava o respeito intelectual de seus colegas, o que se provou crucial para o novo trabalho, pois poucos grandes nomes da biologia partilhavam seu entusiasmo pelo sequenciamento. Alguns biólogos desaprovavam a abordagem reducionista do PGH, que ameaçava rebaixar os seres humanos a uma enxurrada de dados. Outros temiam que, por décadas, o projeto pudesse engolir todos os recursos de pesquisa disponíveis sem gerar resultados utilizáveis, caso típico de enrolação pública. Outros, ainda, consideravam o trabalho insuportavelmente monótono, mesmo com o auxílio de máquinas. (Um cientista zombou dizendo que apenas sujeitos encarcerados deveriam fazer o sequenciamento – "vinte megabases [cada um]", sugeriu, "com intervalos para descanso para serem precisos".) Acima de tudo, os cientistas tinham medo de perder a autonomia. Projeto tão extenso precisaria de uma coordenação centralizada, e os biólogos não gostavam da ideia de se tornar "serviçais contratados", recebendo ordens quanto à pesquisa a ser feita. "Muita gente da comunidade científica americana", resmungou um dos primeiros entusiastas do PGH, "prefere apoiar uma pequena mediocridade a considerar a possibilidade de um feito de grande excelência."

Apesar de toda sua rispidez, Watson acalmou os temores dos colegas e ajudou o PGH a resgatar o controle do projeto do DE. Ele percorreu o país fazendo palestras curtas e grossas sobre a urgência do sequenciamento, enfatizando que o PGH não iria sequenciar apenas o DNA humano, mas também de ratos e moscas-das-frutas, de forma a beneficiar todos os geneticistas. Sugeriu também mapear primeiro os cromossomos humanos, localizando todos os seus genes (à semelhança do que fez Charles Sturtevant, em 1911, com as moscas-das-frutas). Com o mapa, argumentou Watson, qualquer cientista poderia encontrar seu gene favorito e progredir no estudo, sem ter de esperar quinze anos, o cronograma do sequenciamento do PGH. Com esse último argumento, Watson estava também de olho no Congresso, cujos membros inconstantes e desinformados talvez quisessem cortar o financiamento se não vissem resultados imediatos. Para convencer o Congresso, alguns entusiastas do PGH só faltaram prometer que, se as propostas fossem aprovadas, o projeto libertaria os seres humanos da maioria das doenças. (E não só de doenças; alguns insinuavam que fome, pobreza e crime também seriam eliminados.) Watson engajou cientistas de outros países para conferir prestígio internacional ao sequenciamento, e logo o PGH ganhava vida.

Mas Watson, por ser Watson, logo se intrometeu. No terceiro ano como diretor do PGH, descobriu que o NIH planejava patentear alguns genes descobertos por um dos neurocientistas. A ideia de registrar o uso exclusivo de genes repugnava a maioria dos pesquisadores, sob o argumento de que as restrições da patente iriam interferir na pesquisa básica. Para aumentar o problema, o NIH admitiu que havia localizado apenas os genes que queria patentear, mas não tinha ideia do que eles faziam. Até cientistas que apoiavam as patentes de DNA (como os executivos de biotecnologia) empalideceram diante dessa revelação. Eles temiam que o NIH estabelecesse um terrível precedente, que iria promover a célere descoberta de genes. Previram uma "corrida ao genoma", em que os interesses do negócio promoveriam o sequenciamento e logo patenteariam todo gene encontrado, para depois cobrar "pedágio" sempre que alguém os usasse para qualquer propósito.

Watson, que afirmava não ter sido consultado sobre tudo aquilo, ficou apoplético, e com razão. A patente dos genes poderia minar os argumentos de benefício público do PGH e decerto alimentaria a desconfiança dos cientistas. Porém, em vez de expor suas preocupações de forma calma e profissional, Calígula queimou sua chefe no NIH, dizendo pelas costas que ela era uma política atrasada e destrutiva. Seguiu-se uma luta pelo poder, e a supervisora de Watson mostrou ser melhor guerreira burocrática. Ela espalhou boatos pelos bastidores, segundo Watson, sobre conflitos de interesses no estoque biotécnico dele, e prosseguiu nas tentativas de atingi-lo. "Ela criou condições nas quais não havia como eu continuar", resmungou Watson. E logo pediu demissão.

Mas não antes de provocar outras encrencas. Os neurocientistas do NIH que tinham descoberto os genes haviam adotado, para isso, um processo automático que envolvia computadores, robôs e pouco trabalho humano. Watson não aprovou os procedimentos, pois eles só poderiam identificar 90% dos genes humanos, não todo o conjunto. E mais ainda – sempre esbanjando elegância –, ele advertiu que faltavam arte e estilo ao método. Num depoimento ao Senado dos Estados Unidos sobre as patentes, Watson qualificou a operação de algo que "poderia ser feito por macacos". Isso não agradou muito ao "macaco" do NIH em questão, um tal J. Craig Venter. Aliás, em parte por culpa de Watson, Venter logo se tornou infame, um vilão científico internacional. Mas ele se mostrou bem adequado a seu papel. Quando Watson se foi, de repente as portas se abriram para Venter, talvez o único cientista vivo ainda mais polêmico e que podia despertar sentimentos ainda mais animosos.

CRAIG VENTER COMEÇOU a aprontar todas desde a infância, quando entrava de bicicleta nos aeroportos para apostar corrida com os aviões (não havia cercas) e depois fugia dos policiais que o perseguiam. No ensino básico, perto de São Francisco, começou a boicotar os testes de soletração; no curso médio, o pai de uma namorada de Venter apontou uma arma para sua cabeça por causa do superativo cromossomo Y do rapaz. Tempos depois, Venter fechou a escola em que estudava para dois dias de marchas de protesto contra a demissão de seu professor favorito – que, por acaso, tinha lhe dado uma nota péssima.[2]

Apesar de ser um aluno bem abaixo da média, Venter se convenceu de que realizaria algo de magnífico na vida, mas lhe faltava propósito por trás dessa ilusão. Aos 21 anos, em agosto de 1967, ele se alistou como enfermeiro num hospital de campanha no Vietnã, como no filme *MASH*. No ano seguinte, viu morrer centenas de homens de sua idade, às vezes em suas mãos, enquanto tentava ressuscitá-los. A perda de vidas o deixou enojado. Sem mais razão alguma para viver, resolveu se suicidar, e saiu nadando pelo mar verde e cintilante do sul da Ásia, a fim de se afogar. A pouco mais de 1km da costa, serpentes marinhas subiram à tona ao seu redor. Logo um tubarão começou a empurrá-lo, testando sua presa. Como se despertasse de repente, Venter lembra-se de ter pensado: "Que droga eu estou fazendo?" Deu meia-volta e começou a nadar em direção à praia.

O Vietnã despertou em Venter o interesse pela pesquisa médica, e, poucos anos depois de concluir o doutorado em psicologia, em 1975, ele aterrissou no NIH. Entre outras pesquisas, Venter queria identificar todos os genes usados pelas nossas células cerebrais, mas se desesperou com o tédio de encontrar os genes à sua disposição. A salvação surgiu quando ouviu falar do método de um colega para identificar rapidamente o RNA mensageiro que as células usam a fim de produzir proteínas. Venter percebeu que essa informação poderia revelar as subjacentes sequências dos genes, pois seria possível para ele transcrever reversamente o RNA em DNA. Ao automatizar a técnica, ele reduziu o preço da detecção de cada gene de US$ 50 mil para US$ 20, e em poucos anos já descobrira surpreendentes 2.700 genes novos.

Foram esses genes que o NIH tentou patentear, e a celeuma estabeleceu um padrão na carreira de Venter. Ele tinha faniquitos para fazer algo grandioso, se irritava com qualquer progresso mais lento e tentava sempre encontrar atalhos. Alguns cientistas denunciaram seu trabalho como fraude. Uma pessoa declarou que seu processo de descoberta de genes correspondia a sir Edmund Hillary embarcar num helicóptero para subir parte do monte Everest. Isso fazia com que Venter tentasse obrigar seus detratores a se curvar. Mas sua arrogância e seu mau humor acabaram afastando também os aliados. Por essas razões, a sua reputação tornou-se cada vez pior nos anos 1990. Um laureado com o Nobel se apresentou de brincadeira diante de Venter, examinou-o de cima a baixo e disse: "Eu achei que você tinha chifres." Venter tinha se tornado uma espécie de Paganini da genética.

Demoníaco ou não, Venter obteve resultados. Frustrado com a burocracia do NIH, ele se demitiu em 1992 e aderiu a uma organização híbrida e incomum. Ela dispunha de um ramo não lucrativo, o TIGR (The Institute of Genomic Research), dedicado à ciência pura. Mas também tinha – mau sinal para os cientistas – um ramo voltado para a obtenção de lucro, apoiado por uma corporação de cuidados com a saúde e dedicado a capitalizar com as pesquisas a partir do patenteamento de genes. A empresa enriqueceu Venter, enchendo-o de ações, e depois apinhou o TIGR de talentos científicos, roubando trinta integrantes da equipe do NIH. E, fiel à sua conduta rebelde, assim que a equipe do TIGR se estabeleceu, nos anos seguintes, aprimorou o "sequenciamento *shotgun*", versão mais radical dos antigos métodos de sequenciamento de Sanger.

O consórcio do NIH planejava passar os primeiros anos e seu primeiro bilhão de dólares elaborando mapas meticulosos de cada cromossomo. Uma vez completo o mapeamento, os cientistas dividiriam cada cromossomo em segmentos, que enviariam para diferentes laboratórios. Cada laboratório faria cópias do segmento e depois os "sequenciaria por *shotgun*" – usando intensas ondas sonoras ou algum outro método para fragmentá-los em pedacinhos superpostos de cerca de mil bases de comprimento. Depois os cientistas sequenciariam cada pedaço, estudando como se superpunham, e os juntariam numa sequência abrangente e coesa. Como notaram alguns observadores, o processo era análogo a dividir um romance em capítulos, depois cada capítulo em sentenças. Eles fotocopiariam cada sentença e sequenciariam todas as cópias em frases aleatórias – "famílias felizes são todas", "são todas iguais; todas infelizes", "toda família infeliz é infeliz" e "infeliz do seu próprio jeito". Depois reconstruiriam cada sentença, baseados nas sobreposições. Finalmente, os mapas dos cromossomos, como o índice remissivo de um livro, diriam onde a passagem estava situada no conjunto.

A equipe de Venter adorou o sequenciamento *shotgun*, mas resolveu pular o lento processo de mapeamento. Em vez de dividir o cromossomo em capítulos e sentenças, eles queriam explodir o livro todo em fragmentos superpostos, logo de cara. Depois recomporiam tudo de uma vez, usando bancos de dados de computador. O consórcio havia cogitado essa abordagem do sequenciamento *shotgun*, mas acabou descartando-a como algo precipitado, que deixaria lacunas e situaria os segmentos no lugar errado. Venter, no entanto, proclamava que, a curto prazo, a velocidade triunfaria sobre a precisão. Naquele momento, os cientistas precisavam ter alguma informação, qualquer informação, e de imediato, argumentava ele, e não dados precisos dentro de quinze anos. Ele teve a sorte de começar a trabalhar nos anos 1990, quando a tecnologia da computação eclodiu e tornou a impaciência quase uma virtude.

Quase uma virtude – pois outros cientistas não se sentiram tão empolgados. Alguns geneticistas pacientes vinham trabalhando desde os anos 1980 para sequenciar o primeiro genoma de uma criatura viva inteira, uma bactéria. (Sanger só sequenciou vírus, que não são totalmente vivos; as bactérias têm genomas muito maiores.) Esses pesquisadores se arrastavam como tartarugas para concluir seu genoma quando, em 1994, a equipe de Venter começou a explorar os 2 milhões de bases da *Haemophilus influenzae*, outra bactéria. No meio do processo, Venter pediu financiamento do NIH para seu trabalho. Meses depois, recebeu um cartão vermelho negando o dinheiro em razão da técnica "impossível" que ele propunha. Venter riu. Seu genoma estava 90% completo. Pouco depois, a lebre ganhou a corrida: o TIGR venceu os lentos rivais e publicou seu genoma apenas um ano depois de ter começado a pesquisa. Poucos meses mais tarde, completou outro sequenciamento completo de uma bactéria, a *Mycoplasma genitalium*. Sempre exibido, Venter não apenas se vangloriou por ter concluído os dois trabalhos primeiro – e sem um centavo do NIH –, como também imprimiu camisetas para o segundo triunfo, que diziam I ♥ MY GENITALIUM.

Por mais relutantes e impressionados que se sentissem, os cientistas do PGH tinham dúvidas razoáveis acerca da viabilidade de se aplicar o que fizera com o DNA bacteriano no desvendamento do muito mais complexo genoma humano. O consórcio governamental queria reunir um genoma "composto" – uma mistura de DNA de múltiplos homens e mulheres que faria a média de suas diferenças e definiria um ideal platônico de cada cromossomo. O consórcio considerava que só uma abordagem cuidadosa, sentença por sentença, poderia diferençar todas as perturbadoras repetições, os palíndromos e inversões no DNA humano, de modo a alcançar aquele ideal. Enquanto isso, microprocessadores e sequenciadores ficavam cada vez mais velozes, e Venter apostou que, se sua equipe reunisse informação suficiente e deixasse os computadores mastigarem-na, ele poderia vencer o consórcio. Dando-se o devido crédito, Venter não inventou o sequenciamento *shotgun* nem elaborou os cruciais algoritmos computacionais que juntaram as sequências. Mas teve firmeza (ou insolência) suficiente para ignorar seus ilustres detratores e seguir adiante.

E seguiu mesmo. Em maio de 1998, ele anunciou que havia cofundado uma nova empresa, em parte para destruir o consórcio internacional. Especificamente, ele planejava sequenciar o genoma humano em três anos –

quatro anos antes da conclusão do consórcio – e por um décimo do orçamento de US$ 3 bilhões. (A equipe de Venter traçou os planos tão depressa que a empresa ainda não tinha nome; acabou por se chamar Celera.) Para funcionar, uma corporação prima da Celera forneceria centenas de sequenciadores de ponta, de US$ 300 mil cada, máquinas que (ainda que talvez pudessem ser operadas por macacos) deram a Venter mais poder de sequenciamento que ao resto do mundo. A fim de processar os dados, a Celera construiria também o maior supercomputador não militar do planeta. Como última zombaria, embora seu trabalho ameaçasse torná-los supérfluos, Venter sugeriu aos líderes do consórcio que eles ainda podiam realizar um valioso trabalho, como o de sequenciar o DNA de ratos.

O desafio de Venter desmoralizou o consórcio público. Watson comparou Venter a Hitler, ao invadir a Polônia. A maioria dos cientistas do PGH temia que ele se saísse bem. Apesar da vantagem inicial que tinham, não parecia implausível que Venter os alcançasse e até os ultrapassasse. Para apaziguar as demandas de independência por parte dos pesquisadores, o consórcio distribuíra o sequenciamento para inúmeras universidades dos Estados Unidos e fechara parcerias com laboratórios na Alemanha, no Japão e na Grã-Bretanha. Mesmo com o projeto tão disseminado, alguns membros internos do PGH acreditavam que os satélites não terminariam a tarefa a tempo. Em 1998, o oitavo dos quinze anos do PGH, todos os grupos reunidos tinham sequenciado apenas 4% do DNA humano. Os cientistas americanos sentiam-se especialmente temerosos. Cinco anos antes, o Congresso vetara o supercolisor de hádrons, gigantesco acelerador de partículas, no Texas, depois que atrasos e despesas extras haviam inchado o orçamento em bilhões de dólares. O PGH parecia igualmente vulnerável.

Cientistas vitais para o projeto, porém, recusavam-se a recuar. Francis Collins assumiu o consórcio depois da saída de Watson, ainda que contrariando alguns pesquisadores. Collins trabalhara em genética fundamental na Universidade de Michigan. Descobriu o DNA responsável pela fibrose cística e pelo mal de Huntington, e fora consultor do projeto de estudar o DNA de Lincoln. Era também cristão fervoroso, e alguns o consideravam "ideologicamente insano". (Quando recebeu a oferta de trabalho no consórcio, ele passou a tarde rezando na capela, em busca da orientação de Jesus. E Jesus disse "Vá nessa!") Não ajudou muito o fato de que, ao contrário do vaidoso Venter, Collins parecesse desleixado, certa vez definido como alguém que "cortava o cabelo em casa e usava um bigode *à la* Ned Flanders". Mas ele se mostrou hábil político. Logo depois de Venter anunciar seus planos, Collins encontrou-se durante um voo com um dos chefões de Venter na empresa associada da Celera, faminta por dinheiro. A 30.000m de altitude, Collins alugou o ouvido do chefão, e quando os dois aterrissaram já o havia convencido a fornecer os mesmos sequenciadores modernos aos laboratórios do governo. Isso deixou Venter furioso. Em seguida, para tranquilizar o Congresso, Collins anunciou que o consórcio faria as mudanças necessárias para concluir o sequenciamento integral dois anos mais cedo, e já em 2001 lançaria um "esboço rudimentar". Tudo aquilo soava muito bem. Contudo, em termos práticos, o novo cronograma obrigou Collins a eliminar muitos dos programas satélites mais lentos, cortando-os totalmente do projeto histórico. (Um cientista dispensado se queixou de que o NIH "passou vaselina" antes de... bem, você sabe o quê.)

O equivalente britânico valentão e barbudo de Collins era John Sulston, um homem de Cambridge que ajudou no sequenciamento do primeiro genoma animal, um verme. (Sulston foi também o doador de esperma cujo DNA aparecia no já mencionado retrato realista de Londres.) Durante a maior parte de sua carreira, Sulston foi um rato de laboratório – apolítico e satisfeito quando ficava entocado em lugares fechados fuçando os equipamentos. Porém, em meados dos anos 1990, a empresa que fornecia os sequenciadores de DNA começou a interferir em seus experimentos, negando a Sulston acesso a bancos de dados brutos, a não ser que ele adquirisse uma senha cara, e argumentando que a companhia tinha o direito de analisar os dados, possivelmente com propósitos comerciais. A reação de Sulston foi hackear o aplicativo do sequenciador e reescrever o código, deixando a empresa de fora. A partir desse momento, ele começou a desconfiar dos interesses comerciais, e tornou-se um firme defensor da necessidade de os cientistas intercambiarem livremente informações sobre o DNA. Seu ponto de vista tornou-se influente quando Sulston começou a dirigir um dos laboratórios de milhões de dólares do consórcio no (Fred) Sanger Centre, na Inglaterra. Por acaso, a empresa parceira da Celera era a mesma companhia com que ele tinha se desentendido por causa dos dados. Sulston via a Celera como a própria cobiça encarnada, pronta para tornar reféns os dados sobre o DNA e cobrar taxas exorbitantes dos pesquisadores que quisessem consultá-los. Ao ouvir o anúncio de Venter, Sulston convocou seus colegas cientistas para um verdadeiro discurso do Dia de São Crispim,* durante uma conferência. O clímax do pronunciamento foi a afirmação de que seu instituto iria dobrar o financiamento para lutar contra Venter. Os combatentes deram hurras e bateram palmas.

E foi assim que começou: Venter versus o consórcio. Uma furiosa competição científica, mas muito peculiar. A vitória dependia menos da abordagem, do raciocínio e da habilidade – os critérios tradicionais da boa ciência – e mais do trabalho bruto para produzir depressa. A resistência mental também era importante, já que a competição pelo genoma apresentava, como notou um cientista, "todos os ingredientes psicológicos de uma guerra". Era uma corrida armamentista. Cada equipe gastava dezenas de milhões para incrementar seu poder de sequenciamento. Havia subterfúgios. A certa altura, dois cientistas do consórcio resenharam para uma revista os novos e modernos sequenciadores usados pela Celera. Deram opiniões ambíguas, mas, enquanto isso, seus patrões negociavam secretamente a compra de dezenas de máquinas para uso próprio. Havia intimidação. Alguns cientistas terceirizados receberam um aviso de que suas carreiras estariam acabadas se colaborassem com Venter, e este afirma que o consórcio tentara bloquear a publicação de seu trabalho. Havia tensão entre supostos aliados. Venter entrou em inúmeras brigas

* Referência ao discurso proferido por Henrique V, na peça homônima de Shakespeare, conclamando os bravos cavaleiros ingleses, seus seguidores, a lutar contra a força muito mais numerosa da França, na Batalha de Azincourt (1415). (N.T.)

com agentes, e um cientista alemão gritou histericamente com colegas japoneses por cometerem enganos durante uma reunião do consórcio. Havia propaganda. Venter e a Celera comemoravam todas as suas realizações, mas sempre que faziam isso Collins desqualificava o feito como genoma da "revista *Mad*", ou Sulston aparecia na televisão para dizer que a Celera tinha aprontado outra "vigarice". Havia inclusive conversas sobre munição. Quando funcionários receberam ameaças de morte de grupos radicais contra a tecnologia, a Celera cortou as árvores próximas a seu campus corporativo para evitar que abrigassem franco-atiradores, e o FBI recomendou a Venter que verificasse sua correspondência para o caso de um pretenso Unabomber ir atrás dele.

Naturalmente, o jogo sujo da competição estimulou o público e monopolizou as atenções. Mas, durante todo esse tempo, começava a surgir um trabalho de valor científico verdadeiro. Sob o fogo das críticas, a Celera sentiu que precisava, mais uma vez, provar que o sequenciamento *shotgun* funcionava. Para isso, deixou de lado suas aspirações ao genoma humano e, em 1999, começou a sequenciar (em colaboração com uma equipe da Universidade da Califórnia em Berkeley, financiada pelo NIH) o genoma de 120 milhões de bases da mosca-das-frutas. Para surpresa de muitos, a produção foi um sucesso: durante uma reunião, pouco depois do fim do trabalho da Celera, cientistas especializados na drosófila aplaudiram Venter. E quando as duas equipes tomaram embalo no trabalho do genoma humano, o ritmo foi de tirar o fôlego. Ainda havia disputas, claro. Quando a Celera afirmou que tinha ultrapassado a marca de 1 bilhão de bases, o consórcio contestou, porque a empresa (para proteger seus interesses comerciais) não liberou os dados para avaliação dos cientistas. Um mês depois, o consórcio vangloriou-se de ter superado a marca de 1 bilhão de bases; quatro meses mais tarde, afirmou ter ultrapassado os 2 bilhões de bases. Mas a disputa não podia ofuscar o que realmente interessava: em apenas alguns meses os cientistas haviam sequenciado mais DNA, muito mais, que nas duas décadas anteriores. Os pesquisadores tinham acusado Venter, durante sua permanência no NIH, de anunciar informações genéticas sem conhecer sua função. Agora todos faziam seu jogo: uma *Blitzkrieg* de sequenciamento.

Outros valiosos conhecimentos surgiram quando os cientistas começaram a analisar todos aqueles dados de sequenciamento, mesmo de modo preliminar. Um deles era que os seres humanos tinham montes de DNA que pareciam microbianos, uma possibilidade espantosa. Mais ainda, tudo indicava que nossos genes não eram suficientes. Antes do PGH, a maioria dos pesquisadores estimava que, com base na complexidade dos homens, nós tínhamos 100 mil genes. Em particular, Venter lembra-se de cálculos que chegavam a 300 mil. Mas, à medida que a Celera e o consórcio exploravam o genoma, a estimativa caiu para 90 mil, depois para 70 mil e 50 mil – e continuava a despencar. Nos primeiros dias do sequenciamento, 165 cientistas fizeram um bolão de US$ 1.200 para ser entregue a quem chegasse mais perto do número correto. Normalmente esses tipos de aposta formam uma curva de sino em que a resposta correta se concentra na parte mais elevada da curva. Mas isso não aconteceu no caso dos genes; com o passar dos dias, as estimativas mais baixas pareciam as prováveis vencedoras.

Felizmente, contudo, sempre que a ciência ameaçava se tornar o principal atrativo da história do PGH, alguma coisa substancial acontecia para distrair todo mundo. Por exemplo, no início de 2000, o presidente Bill Clinton anunciou, sem razão aparente, que o genoma humano pertencia aos povos do mundo, e conclamou todos os cientistas, inclusive os do setor privado, a partilhar desde logo informações sobre o sequenciamento. Houve também rumores de que o governo poria fim às patentes de genes, o que assustou os investidores que tinham posto dinheiro nas empresas de sequenciamento. A Celera foi atropelada, perdendo US$ 6 bilhões em valor de mercado – e US$ 300 milhões de Venter – em poucas semanas. Em busca de um bálsamo contra esta e outras vicissitudes, Venter tentou se apossar de um pedaço do cérebro de Einstein, para ver se alguém conseguia, afinal, sequenciar seu DNA,[3] mas o plano deu em nada.

De forma quase comovente, algumas pessoas continuaram esperançosas de que a Celera e o consórcio ainda conseguissem trabalhar juntos. Sulston tinha eliminado a possibilidade de um cessar-fogo com Venter em 1999, mas pouco depois alguns cientistas abordaram Venter e Collins para tentar uma trégua. Chegaram a propor a ideia de o consórcio e a

Celera divulgarem o esboço completo dos 90% do genoma humano numa publicação em conjunto. As negociações caminharam, mas os cientistas do governo continuaram relutantes quanto aos interesses comerciais da Celera e se irritaram com sua recusa de publicar os dados de imediato. Durante as negociações, Venter mostrou seu charme habitual: um dos cientistas do consórcio insultou-o cara a cara, enquanto inúmeros outros faziam isso pelas costas. Um perfil de Venter na revista *New Yorker* da época abria com a citação (covarde e anônima) de um destacado cientista: "Craig Venter é um imbecil." Não surpreende que os planos para uma publicação em conjunto acabassem se desintegrando.

Assustado com o bate-boca e de olho na próxima eleição, Bill Clinton afinal interveio e convenceu Collins e Venter a comparecer a uma entrevista coletiva na Casa Branca, em junho de 2000. Lá, os dois rivais anunciaram que a corrida pelo sequenciamento do genoma humano tinha terminado... empatada. A trégua era arbitrária e, em vista dos ressentimentos no ar, bastante ilusória. No entanto, em vez de rosnarem um para o outro, Collins e Venter abriram sorrisos autênticos naquele dia de verão. E por que não? Fazia menos de um século que os cientistas haviam identificado o primeiro gene humano, e menos de cinquenta anos que Watson e Crick tinham elucidado a dupla-hélice. Agora, no novo milênio, o sequenciamento do genoma humano prometia ainda mais. Tinha inclusive mudado a natureza da ciência biológica. Quase 3 mil cientistas contribuíram para os dois textos que anunciavam o primeiro esboço do genoma humano. Ficou famosa a declaração de Clinton: "A era do grande governo acabou." Começava a era da grande biologia.

Os DOIS TRABALHOS com o primeiro esboço do genoma humano foram lançados no início de 2001. A história deveria agradecer por não terem sido publicados em conjunto. Um só texto teria obrigado os dois grupos a chegar a um falso consenso, enquanto os artigos em duelo ressaltavam a abordagem específica de cada lado – e expunham factoides que eram sacralizados como verdades científicas.

Em sua exposição, a Celera reconheceu que tinha extraído dados do consórcio livre para ajudar a estruturar parte de seu sequenciamento – o que claramente solapava a atitude rebelde de Venter. Além disso, os cientistas do consórcio argumentavam que a Celera não teria seguido adiante sem os mapas do consórcio para guiar a montagem das peças sequenciadas aleatoriamente. (A equipe de Venter publicou furiosas contestações.) Sulston também contestou a ideia nos termos de Adam Smith, dizendo que a concorrência aumentava a eficiência e obrigava os dois lados a correr riscos inovadores. Em vez disso, argumentava ele, a Celera fizera energia do sequenciamento em prol de uma tola atitude pública, e acabara apressando a divulgação de um esboço "falso".

Claro que os cientistas adoraram o esboço, por mais tosco que fosse, e que o consórcio nunca teria se esforçado a publicar nada tão depressa se não tivesse diante de si um Venter muito agressivo. Mesmo que o consórcio sempre tenha sido retratado como a parte adulta – os que não se importavam com a velocidade do genoma, mas com a precisão –, a maioria dos cientistas que examinaram os dois esboços proclamou que a Celera fez um trabalho melhor. Alguns disseram que seu sequenciamento era duas vezes melhor e menos permeável a contaminação por vírus. O consórcio também se enrolou (em silêncio) em suas críticas a Venter, ao copiar a abordagem do sequenciamento *shotgun* em projetos posteriores de sequenciamento, como o do genoma do rato.

Àquela altura, no entanto, Venter não estava por perto para aborrecer o consórcio público. Depois de várias disputas administrativas, a Celera dispensou-o, em janeiro de 2002. (Um dos motivos foi que ele se recusara a patentear quase todos os genes descobertos por sua equipe; nos bastidores, ele era um capitalista monomaníaco e indiferente.) Quando Venter se afastou, a Celera perdeu seu *momentum* no sequenciamento, e o consórcio bradou vitória, em voz alta, quando produziu, sozinho, uma sequência do genoma humano, no início de 2003.[4]

Depois de anos de competição intensa, contudo, Venter, como um astro de futebol em declínio, não podia simplesmente ir embora. Em meados de 2002, ele distraiu a atenção do sequenciamento que o consórcio então fazia ao revelar que o genoma composto da Celera continha, na verdade,

60% de DNA de seu próprio esperma: Venter fora o principal doador "anônimo". Sem se deixar perturbar pelo falatório que se seguiu à revelação – "presunçoso", "egocêntrico" e "cabotino" eram alguns dos adjetivos mais leves –, Venter resolveu analisar seu DNA puro, inalterado pelo de outros doadores. Para essa finalidade, fundou um novo instituto, o Center for the Advancement of Genomics, e gastaria US$ 100 milhões em quatro anos para sequenciar apenas e tão somente a si mesmo.

Aquele seria o primeiro caso de um genoma individual completo – o primeiro genoma que, ao contrário do PGH platônico, incluía as contribuições genéticas da mãe, do pai e de cada linhagem de mutação que particulariza uma pessoa. Mas como o grupo de Venter passou quatro anos inteiros refinando seu genoma, base por base, um grupo rival de cientistas resolveu entrar no jogo e sequenciar outro indivíduo – ninguém menos que a antiga nêmesis de Venter, James Watson. Ironicamente, a segunda equipe – chamada Projeto Jim – pegou uma dica de Venter e tentou vencer a corrida com métodos novos de sequenciamento, mais baratos e contaminados, esmiuçando o genoma de Watson inteiro, em quatro meses, pela modesta soma de US$ 2 milhões de dólares. Venter, como sempre, se recusou a admitir a derrota, e essa segunda competição pelo genoma terminou, talvez de forma inevitável, com outro empate. No verão de 2007, as duas equipes puseram seus sequenciamentos on-line com dias de diferença. As máquinas velozes do Projeto Jim maravilharam o mundo, porém, mais uma vez, o sequenciamento de Venter se mostrou mais preciso e mais útil para os pesquisadores.

(A corrida para a fama ainda não terminou. Venter continua ativo na pesquisa, tentando atualmente determinar [subtraindo DNA de micróbios, gene por gene] o genoma mínimo necessário à vida. Por mais cabotina que pareça sua atitude, a divulgação do próprio genoma individual pode tê-lo orientado rumo ao Prêmio Nobel – honra que ele cobiça, de acordo com as conversas de bastidores dos cientistas, tarde da noite. Um Nobel só pode ser dividido entre três pessoas, no máximo, mas Venter, Collins, Sulston, Watson e outros também merecem o prêmio. O Comitê do Nobel, na Suécia, talvez tenha de perdoar a falta de decoro de Venter. No entanto, se lhe outorgar o prêmio pela solidez de seu excelente trabalho, ele poderá dizer, afinal, que ganhou a guerra do genoma.[5])

Então, o que essa competição pelo PGH nos proporcionou em termos científicos? Depende de quem responder à pergunta.

Quase todos os geneticistas do genoma humano queriam curar doenças, e todos tinham certeza de que o PGH revelaria quais genes estavam relacionados a doenças cardíacas, diabetes e outros problemas comuns. Na verdade, o Congresso gastou US$ 3 bilhões, em grande parte, por essa promessa implícita. Mas, como Venter e outros já apontaram, praticamente nenhuma cura baseada na genética surgiu desde 2000; tampouco parece iminente que isso aconteça. Até Collins teve de engolir em seco e reconhecer, o mais diplomaticamente possível, que o ritmo das descobertas deixou todos frustrados. Acontece que muitas doenças comuns têm diversos genes alterados associados a elas, e é quase impossível elaborar uma droga que atinja mais que alguns genes. Pior, nem sempre os cientistas podem diferençar as mutações significativas das inofensivas. Em alguns casos, eles nem conseguem encontrar mutações nas quais interferir. Baseados nos padrões de hereditariedade, eles sabem que certas doenças comuns devem ter componentes genéticos representativos – e mesmo quando comparam os genes das vítimas dessas doenças, os pesquisadores encontram pouco ou nada em comum em relação a danos genéticos. O "DNA culpado" ainda não foi descoberto.

Há algumas razões possíveis para esses reveses. Talvez os verdadeiros vilões das doenças se localizem no DNA não codificado, que está fora dos genes, em regiões que os cientistas entendem apenas de modo vago. Talvez a mesma mutação cause doenças diversas em pessoas diferentes pela interação com outros genes, também diferentes. Talvez o fato anômalo de algumas pessoas terem cópias duplicadas de certos genes de alguma forma seja muito importante. Talvez o sequenciamento, que explode os cromossomos em pedaços, destrua informações cruciais sobre a estrutura e a variação arquitetônica do cromossomo que poderia dizer aos cientistas quais genes funcionam juntos e como. Talvez mais assustadora – por destacar nossa ignorância fundamental – seja a ideia de que a noção de uma "doença" comum e singular é ilusória. Quando observam diferentes sintomas em pessoas diversas – variações do açúcar no sangue, dores nas juntas, colesterol alto –, os médicos supõem que eles se originam de causas similares. Mas a regulação do açúcar ou do colesterol exige que uma série de genes funcione junta, e uma mutação em qualquer gene da cascata poderia desequilibrar todo o sistema. Em outras palavras, mesmo que os sintomas em larga escala sejam idênticos, as causas genéticas subjacentes – aquelas de que os médicos precisam para localizar e tratar – podem ser diferentes. (Alguns cientistas citam erroneamente Tolstói para afirmar o seguinte: talvez todos os corpos saudáveis se pareçam um com o outro, enquanto cada corpo não saudável seja não saudável de uma forma específica.) Por essas razões, alguns médicos e cientistas têm afirmado que o PGH foi um fiasco – até agora, mais ou menos. Se for isso, talvez a melhor comparação com a "grande ciência" não seja o Projeto Manhattan, mas sim o Programa Espacial Apollo, que levou o homem à Lua e depois não levou a nada.

De qualquer forma, sejam quais forem as deficiências (até agora) da medicina, o sequenciamento do genoma humano surtiu efeitos que revigoraram, se não reinventaram, quase todos os campos da biologia. O sequenciamento do DNA resultou em relógios moleculares mais precisos e revelou que os animais abrigam grandes trechos de DNA viral. Auxiliou os cientistas a reconstruir as origens e a evolução de centenas de ramificações da vida, inclusive as de nossos antepassados primatas. O sequenciamento ajudou a rastrear a migração global dos humanos e mostrou quanto estivemos perto da extinção. Confirmou o número reduzido de genes que os seres humanos têm (a estimativa mais baixa, 25.947, foi a que ganhou o bolão) e obrigou os pesquisadores a perceber que as características excepcionais dos homens derivam não tanto de ter um DNA especial, mas da regulagem e da divisão específicas do DNA.

Finalmente, dispor de um genoma humano total – e em especial dos genomas individuais de Watson e Venter – enfatizou uma questão que muitos cientistas perderam de vista no clima agitado do sequenciamento: a diferença entre ler e entender um genoma. Os dois homens arriscaram um bocado ao divulgar seus genomas. Cientistas do mundo inteiro esmiuçaram-nos letra por letra, em busca de falhas ou revelações constrangedoras, e cada um deles mostrou uma atitude particular em relação a esse risco. O gene *APOE* implementa nossa capacidade de comer carne, mas também (em algumas versões) multiplica o risco do mal de Alzheimer. A avó de Watson sucumbiu ao Alzheimer anos atrás, e a perspectiva de perder a razão era demais. Por isso pediu que os cientistas não revelassem que tipo de *APOE* ele tinha. (Infelizmente, os pesquisadores nos quais confiou para esconder o resultado não foram bem-sucedidos.[6]) Venter não barrou nada de seu genoma e até disponibilizou alguns prontuários médicos. Dessa forma, os cientistas puderam correlacionar os genes à sua altura, ao peso e a diversos aspectos de sua saúde – informações que, combinadas, são muito mais úteis em termos clínicos que apenas os dados do genoma. Resultou que Venter tem genes que o tornam propenso a alcoolismo, cegueira, doenças cardíacas e mal de Alzheimer, entre outras. (Mais estranho, Venter apresenta também longos trechos de DNA não encontrados normalmente em seres humanos, mais comuns em chimpanzés. Ninguém sabe por quê, mas sem dúvida alguns de seus inimigos desconfiam dos motivos.) Além disso, uma comparação entre o genoma de Venter e o genoma platônico do PGH revelou muito mais desvios do que se esperava – 4 milhões de mutações, inversões, inserções, eliminações e outras peculiaridades, e qualquer delas poderia ter sido fatal. Ainda assim, Venter, que agora está perto dos setenta anos, vem escapando desses problemas de saúde. Da mesma forma, cientistas observaram dois locais no genoma de Watson com duas cópias de mutações recessivas devastadoras – da síndrome de Usher (que deixa as vítimas surdas e cegas) e da síndrome de Cockayne (que reduz o crescimento e faz com que as pessoas envelheçam prematuramente). Mas Watson, com bem mais de oitenta anos, nunca mostrou qualquer sinal desses problemas.

Então, o que acontece? Será que os genomas de Watson e Venter estão mentindo para nós? O que há de errado com nossa leitura desses genomas? Tampouco temos razão para pensar que Watson e Venter sejam especiais. Um exame ingênuo do genoma de qualquer pessoa talvez a sentenciasse a doenças, deformidades e morte rápida. Contudo, a maioria de nós escapa. Parece que, por mais que seja poderosa, a sequência A-C-G-T pode ser circunscrita por fatores extragenéticos – inclusive os epigenéticos.

15. O que vem fácil vai fácil?

Por que gêmeos idênticos não são idênticos?

O PREFIXO *epi* implica uma coisa cavalgando outra. Plantas epífitas crescem em outras plantas. Epitáfios e epígrafes aparecem em lajes tumulares e em livros portentosos. Coisas verdes como a grama refletem ondas de luz a 550 nanômetros* (o fenômeno), mas nosso cérebro registra essa luz como *cor*, algo carregado de memórias e emoções (o epifenômeno). Quando o Projeto Genoma Humano de alguma forma fez com que os cientistas soubessem quase menos do que sabiam antes – como era possível que 22 mil míseros genes, menos que em algumas uvas, criassem seres humanos complexos? –, os geneticistas renovaram sua ênfase na regulação de genes e nas interações genéticas ambientais, inclusive as *epi*genéticas.

Assim como a genética, a epigenética envolve a transmissão de certas características biológicas. Porém, ao contrário das mudanças genéticas, as epigenéticas não alteram a sequência A-C-G-T herdada, pois a herança epigenética afeta a maneira como as células acessam, interpretam e usam o DNA. (Podemos pensar nos genes como hardwares e nas epigenias como softwares.) Embora a biologia costume diferençar meio ambiente (criação) e genes (natureza), a epigenética combina natureza e ambiente de novas maneiras. Ela chega a sugerir que às vezes podemos herdar a parte adquirida – isto é, herdar memórias biológicas do que nossas mães e pais (ou avós e avôs) comeram, respiraram e das coisas às quais resistiram.

Para dizer a verdade, é complicado separar uma herança epigenética (ou hereditariedade "*soft*") de outras interações entre genes e ambiente. Também não ajuda o fato de que a epigenética tem sido um saco de ideias,

* 1 nanômetro (nm) = 1×10^{-9}m. (N.T.)

o lugar onde os cientistas jogam todos os padrões estranhos de hereditariedade que descobrem. Além de tudo, a epigenética tem uma história maldita, poluída por inanição, doenças e suicídio. Mas nenhum outro campo oferece a promessa de atingir o objetivo final da biologia humana ao dar o salto entre o minucioso PGH molecular e a compreensão de peculiaridades e individualidades dos seres humanos em escala abrangente.

Embora seja uma ciência avançada, a epigenética, na verdade, revive um antigo debate na biologia com os guerreiros que atacaram Darwin – o francês Jean-Baptiste Lamarck e seu conterrâneo, nosso velho amigo, o barão Cuvier.

Assim como Darwin construiu seu nome estudando espécies obscuras (cracas), Lamarck centrou fogo nos vermes. Naquela época, os vermes incluíam medusas, sanguessugas, lesmas, polvos e outras coisas escorregadias que os naturalistas não param de classificar. Mais atento e sensível que seus colegas, Lamarck resgatou essas criaturas da obscuridade taxonômica, destacando suas características específicas e separando-as em filos distintos. Logo inventaria o temo *invertebrado* para essa miscelânea. Em 1800, deu um salto adiante e cunhou a palavra *biologia* para todo o seu campo de estudo.

Lamarck se tornou *biólogo* por caminhos tortuosos. No momento em que seu autoritário pai morreu, ele deixou a escola do seminário, comprou uma casa velha e, com apenas dezessete anos, saiu a galope para se alistar na Guerra dos Sete Anos. Mais tarde sua filha diria que ele se destacara em combate e fora promovido a oficial no campo de batalha – embora ela costumasse superestimar os feitos do pai. De qualquer forma, a carreira militar de Lamarck acabou de maneira inglória, quando seus homens o feriram numa brincadeira que envolvia erguê-lo pela cabeça. A perda do Exército correspondeu a um ganho na biologia, pois ele logo se tornou um renomado botânico e especialista em vermes.

Não contente em dissecar vermes, Lamarck esboçou uma teoria grandiloquente – a primeira teoria científica – sobre a evolução, que tinha duas

Jean-Baptiste Lamarck pode ter vislumbrado a primeira teoria da evolução. Embora equivocada, de alguma forma ela remete à moderna ciência da epigenética.

partes. A mais abrangente explicava por que a evolução aconteceu, e ponto. Todas as criaturas, argumentava ele, eram dotadas de "desejos internos" de se "aperfeiçoar", tornando-se mais complexas, mais semelhantes aos mamíferos. A segunda lidava com a mecânica da evolução, a maneira como ela ocorria. É essa parte que se justapõe, ao menos conceitualmente, à epigenética moderna, pois Lamarck dizia que as criaturas mudavam de forma ou comportamento em resposta ao ambiente, e depois passavam adiante essas características adquiridas.

Lamarck sugeriu, por exemplo, que as aves que vadeavam as águas, na luta para manter seus traseiros secos, alongavam as pernas microscopicamente a cada dia, acabando por adquirir pernas mais longas, que eram herdadas pelas ninhadas. Da mesma forma, as girafas que chegavam ao topo das árvores em busca de folhas adquiriam pescoços longos e os passavam adiante. Isso deveria funcionar também com os seres humanos.

Os ferreiros, depois de manejar marretas ano após ano, transmitiriam sua forte musculatura aos filhos. Deve-se notar que Lamarck não dizia que criaturas *nascidas* com apêndices mais longos, pés mais ligeiros etc. tinham uma vantagem, mas que as criaturas trabalhavam para desenvolver essas características. Quanto mais trabalhassem com afinco, maior a vantagem transmitida aos filhos. (Laivos de Weber e da ética protestante do trabalho.) Como nunca foi um tipo modesto, Lamarck anunciou a "perfeição" de sua teoria já em 1820.

Depois de duas décadas explorando essas grandes noções metafísicas sobre a vida em abstrato, a vida física real de Lamarck começou a se descortinar. Sua posição acadêmica sempre foi precária, pois a teoria das características adquiridas jamais impressionou alguns colegas. (Uma das mais fortes refutações, embora superficial, era de que os garotos judeus ainda precisavam ser circuncidados depois de três milênios de peles aparadas.) Lamarck também estava ficando cego, e, pouco depois de 1820, precisou se afastar do cargo de professor de cursos sobre "insetos, vermes e animais microscópicos". Sem fama e sem rendimentos, logo se tornou um pobretão, totalmente dependente dos cuidados da filha. Quando morreu, em 1829, ela só conseguiu pagar uma "cova alugada" – os restos mortais de Lamarck, comidos pelos vermes, só ficariam enterrados por cinco anos, antes de serem jogados nas catacumbas de Paris, a fim de ceder lugar a outro cliente.

Mas havia um insulto póstumo ainda maior à espera de Lamarck, cortesia do barão. Cuvier e Lamarck, na verdade, haviam colaborado quando se conheceram na Paris pré-revolucionária, se não como amigos, ao menos como colegas afáveis. Em termos de temperamento, contudo, Cuvier era o oposto a Lamarck. Ele queria fatos, fatos e fatos, desconfiando de qualquer coisa que recendesse a especulação – basicamente, todo o trabalho final de Lamarck. Cuvier também rejeitava totalmente a evolução. Seu patrono, Napoleão, tinha conquistado o Egito e levado de volta à França toneladas de butins científicos, inclusive pinturas com animais e múmias de gatos, crocodilos, macacos e outros. Cuvier descartava a evolução porque aquelas espécies nitidamente não haviam mudado em milhares de anos, o que na época parecia uma boa fração do tempo de existência da Terra.

Não se limitando a refutações científicas, Cuvier usou seu poder político para descreditar Lamarck. Em um dos muitos papéis que desempenhou, ele compôs loas à Academia de Ciências da França, tendo criado os *éloges* para solapar sutilmente colegas falecidos. Usando o encômio como veneno, abriu o obituário de Lamarck enaltecendo sua dedicação aos vermes. Além disso, a honestidade compeliu Cuvier a apontar as muitas e muitas vezes que seu caro amigo Jean-Baptiste tinha se perdido em inúteis especulações sobre a evolução. O barão Cuvier também distorceu os dons inegáveis do ex-colega tecendo analogias contra ele, adornando o ensaio com as caricaturas de girafas elásticas e os papos de pelicanos que acabaram indelevelmente ligados ao nome de Lamarck. "Sistema apoiado em tais bases diverte a imaginação de um poeta", resumiu Cuvier, "mas nem por um momento resiste ao exame de alguém que tenha dissecado uma víscera, uma mão ou mesmo uma pena." De modo geral, o "elogio" merece o título de "obra-prima da crueldade" que o historiador da ciência Stephen Jay Gould lhe aplicou. Contudo, à parte a moralidade, é preciso reconhecer as qualidades do barão. Para a maioria dos homens, um elogio é algo mais que uma pedra no sapato. Cuvier percebeu que podia transformar essa pequena carga em algo poderoso, e foi inteligente ao fazer isso.

Depois da queda de Cuvier, alguns cientistas românticos se apegaram às visões lamarckianas de plasticidade ambiental, enquanto outros, como Mendel, achavam que as teorias lamarckianas deixavam a desejar. Muitos, porém, ficaram em dúvida sobre o caminho a seguir. Darwin reconheceu, por escrito, que Lamarck fora o primeiro a propor uma teoria da evolução, definindo-o como "naturalista celebrado com justiça". Darwin também acreditava que algumas características adquiridas (inclusive, em casos raros, pênis circuncidados) podiam ser transmitidas a futuras gerações. Ao mesmo tempo, em cartas a amigos, ele descartava a teoria de Lamarck como "verdadeira bobagem" e "extremamente pobre; não consigo extrair dela fatos ou ideias".

Uma das cismas de Darwin era sua convicção de que as criaturas haviam adquirido vantagens sobretudo através de traços hereditários, estabelecidos no nascimento, e não dos traços adquiridos de Lamarck.

Darwin enfatizava, ainda, o ritmo lento da evolução, o quanto tudo demorava, pois as características inatas só podiam se disseminar quando os seres com as vantagens se reproduziam. As criaturas de Lamarck, por sua vez, assumiam o controle da própria evolução; membros longos ou grandes músculos se espalhavam num átimo, em uma geração. Talvez o pior, para Darwin e os demais, era que Lamarck promovia exatamente o tipo de teleologia oca – noções místicas de animais que se aperfeiçoavam e se realizavam pela evolução – que os biólogos queriam banir para sempre de seu campo de estudos.[1]

Também prejudicou Lamarck o fato de a geração posterior a Darwin descobrir que o corpo traça uma linha estrita de demarcação entre as células normais e os óvulos e espermatozoides. Assim, mesmo que um ferreiro tivesse tríceps, bíceps e deltas do próprio Atlas, isso não significava coisa alguma. O espermatozoide independia das células dos músculos. Portanto, se o espermatozoide do ferreiro tivesse a fraqueza de 100mg em termos de DNA, seus filhos também seriam fracotes. Nos anos 1950, cientistas reforçaram essa ideia de independência ao provar que as células do corpo não podem alterar o DNA das células do espermatozoide ou do óvulo, o único DNA que conta para a hereditariedade. Parecia que Lamarck estava morto para sempre.

Nas últimas décadas, porém, os vermes se transformaram. Agora os cientistas veem a hereditariedade como algo mais fluido, e as barreiras entre genes e o ambiente são mais porosas. Nem tudo gira só em torno de genes, mas tem a ver com a expressão dos genes, de ligar ou desligá-los. Em geral, as células desligam o DNA pontilhando-o com pequenas saliências chamadas grupos metila, ou ligam o DNA usando grupos acetila, para desenrolar o DNA dos carretéis de proteína. Os cientistas sabem agora que as células transmitem esses exatos padrões de metila e acetila para as células-filhas sempre que se dividem – uma espécie de "memória celular". (Aliás, os pesquisadores já acharam que as metilas dos neurônios registravam fisicamente memórias no nosso cérebro. Não é assim, mas a interação com metilas e acetilas pode interferir na formação da memória.) O ponto-chave é que esses padrões, ainda que basicamente estáveis, não são permanentes: certas experiências ambientais podem adicionar ou subtrair metilas e acetilas, alterando os padrões. Na verdade, isso é um registro da memória do que o organismo estava fazendo ou vivenciando em suas células – um primeiro passo crucial para qualquer hereditariedade lamarckiana.

Infelizmente, algumas experiências ruins podem ser gravadas nas células com a mesma facilidade que as boas. Uma intensa dor emocional às vezes inunda o cérebro de um mamífero com substâncias neuroquímicas que fixam grupos metila onde eles não deveriam estar. Ratos oprimidos por outros ratos quando pequenos (por mais contraditório que isso soe) costumam exibir estranhos padrões de metila no cérebro. O mesmo acontece com ratos bebês (sejam adotados ou biológicos) criados por mães negligentes, que se recusam a lamber e a acariciar o filhote e a cuidar dele. Quando adultos, esses ratos negligenciados não resistem a situações de estresse. Isso pode ser o resultado de genes frágeis, pois tanto os filhos biológicos quanto os adotados podem ser igualmente histéricos. Quando padrões de metila aberrantes são gravados desde cedo, os neurônios continuam a se dividir, e o cérebro continua a crescer, os padrões se perpetuam. De modo semelhante, os acontecimentos do 11 de Setembro de 2001 talvez tenham marcado o cérebro dos seres humanos ainda não nascidos. Algumas mulheres grávidas, em Manhattan, desenvolveram disfunções de estresse pós-traumático que podem ativar e desativar epigeneticamente ao menos uma dúzia de genes, inclusive cerebrais. Essas mulheres, em especial as afetadas durante o terceiro trimestre da gestação, tiveram filhos mais ansiosos e perturbados de forma aguda que outras crianças, quando confrontados com estímulos desconhecidos.

Deve-se notar que essas alterações do DNA não são *genéticas*, pois a fita A-C-G-T permanece a mesma durante o processo. Contudo, as alterações epigenéticas são de fato mutações; os genes podem também não funcionar. E, assim como as mutações, as alterações epigenéticas continuam vivas nas células dos descendentes. Na verdade, todos nós acumulamos cada vez mais alterações epigenéticas específicas, à medida que envelhecemos. Isso explica por que as personalidades e até a fisionomia de gêmeos idênticos, apesar do DNA idêntico, ficam diferentes a cada ano. Significa também que a história policial do gêmeo que comete um crime e se livra da acusação – porque os testes de DNA não conseguem diferençar os dois irmãos – não se sustenta sempre. O epigenoma de cada um pode condená-los.

Claro que todas essas evidências provam apenas que as células do corpo podem registrar fatores ambientais e transmiti-los a outras células, numa forma limitada de hereditariedade. Normalmente, quando o espermatozoide e o óvulo se juntam, os embriões apagam essa informação epigenética – fazendo com que você se torne *você*, isento do que seus pais tenham feito. Mas outras evidências sugerem que algumas alterações epigenéticas, por meio de enganos e subterfúgios, às vezes entram de contrabando na nova geração de pupas, filhotes, pintinhos ou crianças – um fenômeno tão lamarckiano que faria Cuvier e Darwin ranger os dentes.

A PRIMEIRA VEZ que os cientistas flagraram esse contrabando epigenético em ação foi em Överkalix, aldeia rural no joelho entre a Suécia e a Finlândia. Aquele era um lugar difícil para se crescer durante os anos 1800. Lá, 70% das famílias tinham cinco ou mais filhos – um quarto delas tinha dez ou mais –, e em geral todas as bocas deviam ser alimentadas com 4.000m² de solo pobre, que era o que a maioria das famílias conseguia juntar. O clima também não ajudava, nesse lugar que fica acima dos 66 graus de latitude norte, onde o frio devastava o milho e outras colheitas a cada cinco anos, ou algo assim. Durante certos períodos, como na década de 1830, as colheitas morriam quase todo ano. O pastor local registrou esses fatos nos anais de Överkalix com uma firmeza quase insana. "Nada de excepcional a observar", escreveu certa vez, "além do oitavo ano [consecutivo] de perda da colheita."

Nem todos os anos a ruína era total, claro. De tempos em tempos, a terra abençoava o povo com alimentos em abundância, e mesmo famílias com quinze filhos podiam se empanturrar e esquecer os períodos de escassez. Todavia, durante os invernos mais rigorosos, quando o milho ressecava e as densas florestas escandinavas e o gelo do Báltico impediam a chegada de suprimentos de emergência a Överkalix, as pessoas cortavam a garganta dos porcos e vacas e iam se mantendo a duras penas.

Essa história – mais ou menos comum na fronteira – talvez tivesse passado despercebida não fossem os cientistas suecos. Eles se interessaram por Överkalix porque desejavam saber se fatores ambientais, como a escassez de comida, predisporia o filho de uma mulher grávida a sofrer problemas de saúde a longo prazo. Os cientistas tinham razões para pensar dessa forma, baseados em estudos de 1.800 crianças nascidas durante e logo depois de um período de fome na Holanda ocupada pela Alemanha – o *Hongerwinter* de 1944-45. Aquele tenebroso inverno congelou os canais por onde passavam os navios de carga. E como um dos últimos favores prestados à Holanda, os nazistas destruíram pontes e estradas que trariam alívio por terra. A ração diária dos holandeses adultos caiu para quinhentas calorias no início da primavera de 1945. Alguns fazendeiros e refugiados (inclusive Audrey Hepburn e sua família, isoladas na Holanda durante a guerra) começaram a mastigar bulbos de tulipa.

Depois da libertação, em maio de 1945, a ração subiu para 2 mil calorias, e esse salto deu margem a um experimento natural: cientistas podiam comparar os fetos gestados durante a fome àqueles gerados depois e ver quais eram mais saudáveis. Como era previsível, os fetos famintos, em geral, eram menores e mais frágeis no nascimento, e nos anos subsequentes também apresentavam taxas mais altas de esquizofrenia, obesidade e diabetes. Como os bebês se originavam da mesma cepa genética básica, as diferenças deveriam ser causadas pela programação epigenética: a falta de alimento alterava a química do útero (o ambiente do bebê), portanto mudava a expressão de certos genes. Mesmo após sessenta anos, o epigenoma dos que tinham passado fome no pré-natal parecia marcadamente distinto, e as vítimas de outras fomes modernas – do cerco de Leningrado, da crise de Biafra na Nigéria, do Grande Salto da China maoista – mostraram efeitos semelhantes a longo prazo.

Mas como períodos de fome eram muito frequentes em Överkalix, os cientistas suecos perceberam a oportunidade de estudar algo ainda mais intrigante: se os efeitos epigenéticos poderiam persistir através de múltiplas gerações. Já havia algum tempo que os reis da Suécia exigiam registros das colheitas em todas as paróquias (para evitar furtos da vassalagem), por isso havia informações sobre a agricultura de Överkalix desde antes de 1800. Assim, os pesquisadores compararam os dados com os meticulosos registros de nascimento, morte e saúde mantidos pela igreja luterana local. Como bônus, Överkalix tinha um fluxo genético muito pequeno. O risco de enregelamento e o extravagante sotaque local evitavam que a maioria dos suecos e lapões se mudasse para lá; dos 320 habitantes acompanhados pelos cientistas, só nove saíram de Överkalix em busca de pastagens mais verdes, por isso foi possível acompanhar as famílias ao longo de anos.

Parte do que a equipe sueca apurou – como o vínculo entre a nutrição materna e a saúde futura do filho – fazia sentido, porém, muitas outras coisas, não. O mais notável foi que eles descobriram uma forte relação entre a saúde futura de um filho e a dieta do *pai*. Os pais não geram os filhos no corpo, portanto o efeito devia ter escorregado pelo espermatozoide. Ainda mais estranho, a criança gozava de saúde melhor se o pai tivesse passado fome. Se o pai tivesse se empanturrado, o filho vivia menos e tinha mais doenças.

A influência dos pais acabou se mostrando tão forte que os cientistas conseguiam rastreá-la até o pai do pai também – se o vovô Harald tivesse passado fome, o neto bebê Olaf seria beneficiado, e os efeitos não eram sutis. Se Harald gostasse de encher a cara, o risco de diabetes aumentava quatro vezes em Olaf. Se Harald apertasse o cinto, Olaf vivia uma média de trinta anos a mais (depois de ajustadas as disparidades sociais). Deve-se notar que esse era um efeito bem maior que o exercido pela fome ou a glutonaria sobre o próprio vovô. Os vovôs que passavam fome, os vovôs que se empanturravam e os vovôs que comiam a quantidade certa, todos viviam até a mesma idade, setenta anos.

Essa influência do pai/avô não fazia sentido em termos genéticos. A fome não poderia ter mudado a sequência do DNA dos pais ou dos filhos, já que isso era estabelecido no nascimento. O ambiente tampouco era o vilão. Homens que passaram fome acabaram se casando e se reproduzindo em épocas diferentes, por isso os filhos e netos cresceram em décadas diferentes, em Överkalix, algumas boas, outras más – mas todos se beneficiavam se o pai ou o pai do pai tivessem passado necessidade.

No entanto, a influência poderia fazer sentido em termos epigenéticos. Mais uma vez, o alimento é rico em acetilas e metilas que podem ligar e desligar genes. Por isso, beber ou passar fome mascaram ou desmascaram o DNA que regula o metabolismo. Quanto à explicação de como essas alterações epigenéticas se inseriram entre gerações, os cientistas encontraram uma pista nos períodos de fome. Passar fome durante a puberdade, a infância ou os anos de pico de fertilidade, nada disso importava para a saúde do filho ou do neto de um homem. O que contava era se ele se empanturrava ou passava fome ao longo de seu "lento período de crescimento", um intervalo entre os nove e os doze anos de idade, pouco antes da puberdade. Durante essa fase, os homens começam a pôr de lado um estoque de células que se tornarão espermatozoides. Assim, se o lento período de crescimento coincidia com fome ou banquetes, o pré-espermatozoide seria marcado com padrões incomuns de metila e acetila, padrões que com o tempo marcavam os próprios espermatozoides.

Os cientistas continuam trabalhando nos detalhes moleculares do que deve ter acontecido em Överkalix. Mas um punhado de outros estudos sobre hereditariedade "*soft*" paterna entre seres humanos apoia a ideia de que a epigenética do espermatozoide tem efeitos profundos e transmissíveis. Homens que começaram a fumar antes dos onze anos terão filhos mais rechonchudos (principalmente os meninos) que homens que começaram a fumar mais tarde, mesmo que os fumantes mais precoces abandonem esse hábito mais cedo. Da mesma forma, as centenas de milhões de homens na Ásia e na África que mastigam a polpa da noz-de-areca – um estimulante com a potência de um cappuccino – têm filhos com o dobro de risco de doenças cardíacas e indisposições metabólicas. Embora nem sempre consigam identificar diferenças anatômicas entre cérebros saudáveis e cérebros com doenças mentais, os neurocientistas conseguem detectar diferentes padrões de metila no cérebro dos esquizofrênicos e dos maníaco-depressivos, assim como em seus espermatozoides. Esses resultados obrigaram os cientistas a revisar suas suposições de que um zigoto elimine toda a borra ambiental das células do espermatozoide (e do óvulo). Parece que, assim como Jeová, a culpa biológica dos pais pode ser transmitida aos filhos e aos filhos de seus filhos.

A primazia do espermatozoide na determinação da saúde do filho, a longo prazo, talvez seja o aspecto mais curioso de toda a questão da hereditariedade "*soft*". A sabedoria popular afirmava que as impressões maternas, tal como a exposição a um monstro, seriam devastadoras; a ciência moderna diz que as impressões paternas contam tanto ou mais. De qualquer maneira, esses efeitos específicos dos pais não eram totalmente inesperados, pois os cientistas já sabiam que os DNAs materno e paterno não contribuem do mesmo modo para as características dos filhos. Se um leão se acasalar com uma tigresa, os dois produzem um ligre – um felino de 4m e duas vezes mais pesado que a média do rei da selva. Mas se um tigre transar com uma leoa, o tileão resultante não será tão forte. (Outros mamíferos mostram discrepâncias semelhantes. Isso significa que as tentativas de Ilya Ivanov de engravidar chimpanzés fêmeas e fêmeas humanas não seriam tão simétricas quanto ele esperava.) De vez em quando o DNA materno e paterno chegam a se engajar em combate direto pelo controle do feto. Considere o gene *IGF* (por favor).

Às vezes, as letras do nome de um gene ajudam a entendê-lo: *IGF* representa "insulin-like growth factor" (fator de crescimento semelhante à insulina), e faz os bebês atingirem um determinado tamanho no útero muito antes que o tempo normal. Mas se os pais querem os dois genes *IGF* dos filhos no máximo, para produzir um bebê grande e saudável, que cresça rápido e transmita seus genes depressa e com frequência, as mães desejam temperar o *IGF* de modo que o filho número um não esmague suas entranhas nem a mate durante o trabalho de parto antes de ter outros filhos. Assim, a exemplo de um casal brigando por causa do termostato, o espermatozoide tende a ligar seu *IGF* em posição de destaque, enquanto o óvulo desliga os dele.

Centenas de outros genes "*imprinted*" ligam e desligam dentro de nós, baseados no que foi vivido pelos pais. No genoma de Craig Venter, 40% dos genes apresentavam diferenças maternas/paternas. A eliminação do mesmo trecho exato de DNA pode levar a diferentes doenças, se o cromossomo deficiente for da mãe ou do pai. Alguns genes "*imprinted*" chegam até a mudar de lado com o tempo. Nos camundongos (e talvez nos humanos), os genes maternos mantêm o controle do cérebro da criança, enquanto os genes paternos assumem o comando depois. Na verdade, é provável que não conseguíssemos sobreviver sem o "*imprinting*" genômico adequado do "epigene". É fácil para os cientistas produzir embriões de camundongos com dois conjuntos de cromossomos machos ou dois conjuntos de cromossomos fêmeas. De acordo com a genética tradicional, isso não seria grande coisa. Mas esses embriões de gênero duplo expiram no útero. Quando os cientistas misturaram algumas células do sexo oposto para ajudar os embriões a sobreviver, os machos² se tornaram bebês gigantes (graças ao *IGF*), mas com cérebros insignificantes. As fêmeas² tinham o corpo pequeno, porém cérebros desproporcionalmente grandes. Portanto, a variação entre o tamanho do cérebro de Einstein e o de Cuvier pode não passar de uma peculiaridade das linhagens sanguíneas dos pais, como a calvície paterna nos homens.

Os chamados efeitos de origem dos pais também reacenderam o interesse por uma das mais egrégias fraudes científicas já perpetradas. Dada a sutileza da epigenética – os cientistas mal tocaram no assunto, nos últimos vinte anos –, imagina-se que um cientista que examinasse esses padrões, tempos atrás, teria dificuldade para interpretar os resultados, e mais ainda para convencer os colegas a esse respeito. Mas o biólogo austríaco Paul Kammerer foi à luta na ciência, no amor, na política e em tudo o mais. Alguns epigeneticistas atuais veem sua história talvez (apenas talvez) como a torturante lembrança do perigo de uma descoberta antes do tempo.

PAUL KAMMERER TINHA a ambição de um alquimista para recriar a natureza, combinada a um talento adolescente de atormentar pequenos animais. Ele afirmava mudar a cor das salamandras – ou pintá-las com bolinhas ou listras – simplesmente inserindo-as em paisagens de matizes incomuns. Obrigava os louva-deus, que amavam o sol, a jantar no escuro e amputava probóscides de caramujos marinhos só para ver o efeito sobre os futuros filhotes. Chegava a dizer que conseguia criar certos anfíbios com ou sem olhos, dependendo de quanta luz de sol recebessem quando novos.

O triunfo de Kammerer, e também sua queda, foi uma série de experimentos realizados com o sapo-parteiro, uma espécie bastante peculiar. A maioria dos sapos se acasala na água, deixando os ovos fertilizados flutuarem livremente. O sapo-parteiro faz amor no solo, mas, como os girinos são mais vulneráveis em terra, o sapo macho amarra uma carga de ovos nas patas traseiras, como um cacho de uvas, e fica com eles até chocarem. Insensível a esse hábito encantador, em 1903, Kammerer resolveu obrigar sapos parteiros a se acasalar na água elevando muito a temperatura do aquário. A tática funcionou – os sapos teriam enrugado como figos secos se não passassem o tempo todo submersos –, e os que sobreviveram se tornaram mais aquáticos a cada nova geração. Tinham guelras mais longas, produziam uma gelatina escorregadia para proteger os ovos na água e (lembre-se disso) desenvolviam "asperidades nupciais" – apêndices pretos e calosos nos membros frontais, para ajudar os sapos machos a agarrar suas escorregadias parceiras durante o coito aquático. Mais intrigante, quando Kammerer punha de volta esses sapos maltratados em tanques menos aquecidos e os deixava reproduzir, os *descendentes* (que nunca haviam passado pela experiência de calor) herdavam a preferência de reprodução na água e a transmitiam aos descendentes.

Kammerer anunciou esses resultados por volta de 1910. Na década seguinte, usou este e outros experimentos (e parece que nenhum de seus experimentos falhou) para argumentar que os animais podiam ser moldados para fazer quase qualquer coisa, dado o ambiente adequado. Na época, dizer algo assim tinha profundas implicações marxistas, uma vez que, segundo essa doutrina, a única coisa que mantinha as infelizes massas oprimidas era o terrível ambiente em que viviam. Como era um socialista engajado, Kammerer logo estendeu seus argumentos à sociedade humana: no seu modo de ver, ambiente *era* natureza, num conceito unificado.

De fato, enquanto a própria biologia se envolvia numa séria confusão, na época – o darwinismo continuava controverso, o lamarckismo estava morto e as leis de Mendel ainda não tinham triunfado –, Kammerer apregoava que o ambiente adequado podia provocar o surgimento de genes vantajosos. Em vez de provocar galhofas, as pessoas aclamaram essas teorias. Os livros de Kammerer se tornaram best-sellers, ele dava palestras para plateias do mundo todo. (Nesses "grandes programas de entrevistas", também sugeriu a "cura" de homossexuais com transplantes de testículos e aplicar a Lei Seca, implantada nos Estados Unidos, ao resto do mundo, pois a proibição, sem dúvida, daria origem a uma geração de *Übermenschen* (super-homens) americanos, uma raça "nascida sem desejo de destilados".)

Infelizmente, quanto mais Kammerer se destacava – ele chegou a se denominar "segundo Darwin" –, mais frágil parecia sua ciência. Perturbador era o fato de que Kammerer havia omitido detalhes cruciais sobre os experimentos com anfíbios em seus artigos científicos. Em decorrência da posição ideológica que assumia, muitos biólogos desconfiavam de que ele só fazia uma cortina de fumaça. O principal deles era William Bateson, fiel defensor de Mendel na Europa.

Impiedoso, Bateson nunca hesitou em atacar outros cientistas. Durante o eclipse do darwinismo, por volta de 1900, entrou numa disputa especialmente feia com seu ex-mentor, um defensor de Darwin chamado Walter Weldon. Bateson deu uma de Édipo, conseguiu participar da junta de uma sociedade científica que concedia fundos de pesquisas em biologia e boicotou Weldon. As coisas pioraram depois, quando este último morreu, em 1906, e a viúva culpou o rancor de Bateson pelo falecimento do marido, embora este tenha sucumbido a um ataque cardíaco enquanto andava de bicicleta. Nesse meio-tempo, um aliado de Weldon, Karl Pearson, impedia que os artigos de Bateson fossem aceitos pelas publicações científicas e o atacava em sua (de Pearson) revista especializada, a *Biometrika*. Quando Pearson recusou a Bateson a cortesia do direito de resposta, este imprimiu falsos exemplares da *Biometrika*, inclusive com fac-símiles das capas, inseriu sua resposta e distribuiu-os em bibliotecas e universidades sem qualquer indicação de que eram falsos. Um poema satírico da época resu-

Paul Kammerer, atormentado biólogo austríaco que cometeu uma das maiores fraudes da história da ciência, talvez tenha sido o involuntário pioneiro da epigenética.

miu as coisas da seguinte maneira: "Karl Pearson is a biometrician/ and this, I think, is his position./ Bateson and co./ [I] hope they may go/ to monosyllabic perdition."*

Bateson queria examinar os sapos de Kammerer. Este o confrontou e se recusou a fornecer os espécimes. Os críticos continuaram a acossar Kammerer, sem se deixar impressionar com suas desculpas. O caos provocado pela Primeira Guerra Mundial interrompeu o debate por um tempo, além de reduzir o laboratório de Kammerer a escombros e matar

* Karl Pearson é um biometrista,/ e essa, acho, é sua posição./ Bateson e Cia./ [Eu] espero que possam ir/ a uma perdição monossilábica. (N.T.)

seus animais. Mas, como observou um escritor: "Se a Primeira Guerra Mundial não tivesse arruinado a Áustria, e Kammerer com ela, Bateson agiria depois do conflito para pôr fim ao trabalho." Sob tremenda pressão, em 1926, Kammerer afinal permitiu que um aliado americano de Bateson examinasse o único sapo-parteiro que tinha preservado. O biólogo e especialista em répteis Gladwyn Kingsley Noble relatou à revista *Nature* que o sapo parecia totalmente normal, a não ser por uma coisa: as asperidades nupciais estavam ausentes. Contudo, alguém havia injetado tinta preta por baixo da pele do animal para parecer que estavam lá. Noble não usou a palavra *fraude*, mas nem precisava.

A biologia entrou em erupção. Kammerer negou qualquer fraude, atribuindo aquilo à sabotagem e a inimigos políticos não nomeados. Mas o alarido de outros cientistas aumentou, e Kammerer ficou desesperado. Pouco antes do condenatório artigo da *Nature*, ele aceitara um cargo na União Soviética, Estado que favorecia suas teorias neolamarckianas. Seis semanas depois, escreveu a Moscou dizendo que não podia mais assumir o emprego. Toda a atenção negativa sobre ele refletiria mal sobre o grande Estado soviético.

Em seguida, a carta de renúncia tomava um caminho sinistro. "Espero reunir coragem e força suficientes", escreveu Kammerer, "para pôr fim, amanhã, [à] minha vida arruinada." E foi o que fez, suicidando-se com um tiro na cabeça em 23 de setembro de 1926, numa trilha de montanha perto de Viena. Parecia uma clara admissão de culpa.

Ainda assim, Kammerer tinha seus adeptos, e alguns historiadores montaram um caso não de todo incoerente acerca de sua inocência. Alguns peritos acreditam que as asperidades nupciais realmente apareceram, e que Kammerer (ou um assistente demasiado zeloso) injetou a tinta apenas para "ressaltar" a evidência. Outros acreditam que adversários políticos conspiraram contra Kammerer. O Partido Nacional-Socialista local (precursor do Partido Nazista) talvez quisesse macular Kammerer, que era metade judeu, pois suas teorias lançavam dúvidas sobre a superioridade genética inata dos arianos. Ainda mais, o suicídio pode não ter sido necessariamente motivado pela denúncia de Noble. Kammerer tinha problemas financeiros crônicos e estava obcecado por certa Alma Mahler Gropius Werfel. Alma trabalhava ocasionalmente como assistente de laboratório de Kammerer, sem receber salário, mas é conhecida como a intempestiva ex-esposa do compositor Gustav Mahler (entre outros).[2] Ela teve um flerte com o aloprado Kammerer. Enquanto para Alma aquilo era apenas mais uma conquista, ele ficou obcecado. Chegou a ameaçar estourar os miolos sobre a tumba de Mahler se ela não se casasse com ele. Alma riu.

Por outro lado, qualquer promotor público no caso de Kammerer apontaria alguns fatos desconfortáveis. Primeiro, até a pouco científica Alma, socialite diletante, compositora de cantigas leves, reconhecia que Kammerer era desleixado no laboratório, que seus registros eram terríveis e que sempre ignorava (embora inconscientemente, ela acreditava) resultados que contrariavam suas teorias preferidas. Ainda mais indicativo, publicações científicas já haviam pilhado Kammerer alterando dados. Um cientista o definiu como "o pai da manipulação da imagem fotográfica".

Independentemente do motivo, o suicídio de Kammerer acabou, por osmose, maculando o lamarckismo, pois alguns desagradáveis políticos na União Soviética adotaram a causa de Kammerer. Funcionários do governo resolveram fazer um filme de agitação e propaganda a fim de defender a honra dele. *Salamandra* conta a história de um Kammerer transformado em herói (o professor Zange), prejudicado pelas maquinações de um padre reacionário (um representante de Mendel?). Uma noite, o padre e um assecla invadem o laboratório de Zange e injetam tinta numa salamandra. No dia seguinte, Zange é humilhado quando alguém joga o espécime numa banheira, diante de outros cientistas, e a tinta vaza, manchando a água. Depois de perder o emprego, o cientista acaba mendigando comida na rua (acompanhado, estranhamente, por um macaco resgatado de um dos laboratórios do mal). Contudo, quando ele resolve se matar, uma mulher o salva e o leva consigo para o paraíso soviético. Por mais risível que isso pareça, Trofim Lysenko, que logo seria o czar da agricultura na União Soviética, acreditava no mito. Considerava Kammerer um mártir da biologia socialista e começou a defender suas teorias.

Ou, ao menos, parte das teorias. Com Kammerer convenientemente morto, Lysenko podia enfatizar apenas suas ideias neolamarckianas, que combinavam melhor com a ideologia soviética. E foi com um ardente zelo lamarckiano que Lysenko subiu ao poder, nos anos 1930, e começou a liquidar inúmeros geneticistas não adeptos de Lamarck (inclusive um protegido de Bateson), mandando matá-los ou deixando-os para morrer de fome no Gulag. Infelizmente, quanto mais pessoas desapareciam, mais os biólogos soviéticos tinham de prestar lealdade às distorcidas ideias de Lysenko. Na ocasião, um cientista britânico relatou que falar sobre genética com Lysenko "era como tentar explicar cálculo diferencial a um homem que não sabia a tabuada. Ele era ... uma quadratura do círculo ambulante". Não surpreende que Lysenko tenha destruído a agricultura soviética – milhões morreram durante as épocas de fome –, mas os funcionários do governo se recusaram a abandonar o que viam como o espírito de Kammerer.

Por maior que seja a injustiça, nas décadas seguintes, a associação com o Kremlin arruinou tanto a reputação de Kammerer quanto o lamarckismo, ainda que os defensores de Kammerer continuassem a defender o seu caso. É notável (e irônico, dadas suas denúncias do comunismo em outras partes) que, em 1971, o romancista Arthur Koestler tenha escrito um livro de não ficção chamado *The Case of the Midwife Toad*, para resgatar o prestígio de Kammerer. Entre outras coisas, Koestler desenterrou um artigo de 1924 sobre a descoberta de um sapo-parteiro silvestre *com asperidades nupciais*. Isso não necessariamente inocenta Kammerer, mas indica que o sapo-parteiro tem genes latentes para asperidades nupciais. Talvez uma mutação tenha ressurgido durante os experimentos do austríaco.

Ou talvez fosse a epigenética. Alguns cientistas têm observado que, entre outros efeitos, os experimentos de Kammerer mudaram a espessura da camada gelatinosa que envolve os ovos do sapo-parteiro. Como essa gelatina é rica em metila, alterações na espessura podem ligar ou desligar genes, inclusive genes atávicos para asperidades nupciais e outras características. Também é intrigante que Kammerer tenha insistido em que a preferência do sapo pai pela procriação na terra ou na água tenha dominado "incontestavelmente" na fêmea das gerações seguintes. Se o pai gostava de sexo no seco, o mesmo acontecia com filhos e netos, e também se mostrava válido caso o pai preferisse sexo na água. Tais efeitos originários dos pais têm um papel importante na hereditariedade "*soft*". Essas tendências nos sapos ecoam as de Överkalix.

A bem da verdade, mesmo que tenha tropeçado nos efeitos epigenéticos, Kammerer não os compreendeu – e ainda assim é provável (a não ser que se acredite numa conspiração protonazista) que tenha cometido fraude ao injetar a tinta. Porém, de alguma forma isso torna Kammerer ainda mais fascinante. O registro de bazófias, propaganda e escândalos ajuda a explicar por que muitos cientistas, mesmo durante o caótico eclipse do darwinismo, se recusaram a aceitar teorias epigenéticas como a hereditariedade "*soft*". Mas Kammerer pode ter sido ao mesmo tempo um impostor e um pioneiro involuntário: alguém que, afinal, pode não ter mentido. De qualquer forma, ele lidou com as mesmas questões que os geneticistas hoje debatem – como ambiente e genes interagem, qual deles, se é que algum, afinal, domina. Aliás, é comovente imaginar como Kammerer teria reagido se tivesse conhecido o caso de Överkalix, por exemplo. Ele vivia e trabalhava na Europa exatamente quando alguns efeitos transgeracionais estavam surgindo no vilarejo sueco. Fraude ou não, se ao menos tivesse presenciado indícios de seu adorado lamarckismo, Kammerer talvez não se sentisse tão desesperado a ponto de dar fim à vida.

A EPIGENÉTICA SE EXPANDIU tão depressa na última década que é bem estafante tentar catalogar todos os seus avanços. Mecanismos epigenéticos fazem coisas tão frívolas quanto dar rabos com bolinhas a camundongos ou tão sérias quanto levar pessoas ao suicídio (talvez uma ironia final no caso de Kammerer). Drogas como a cocaína e a heroína parecem enrolar e desenrolar o DNA que regula neurotransmissores e neuroestimulantes (o que explica por que fazem as pessoas se sentirem tão bem), mas, se você continuar cavalgando o dragão, o DNA pode se tornar permanentemente dissociado, o que leva à dependência. A restauração de grupos de acetila nas células do cérebro de fato reviveu memórias esquecidas em camundongos, e a cada dia surgem novos trabalhos mostrando que células tumorosas podem manipular grupos de metila para desligar os reguladores genéticos que normalmente impediriam o crescimento. Alguns cientistas acham que um dia será possível extrair informações sobre a epigenética do homem de Neandertal.

Dito isso, se você quiser irritar um biólogo, comece a falar sobre como a epigenética vai reescrever a evolução ou nos ajudar a escapar de nossos genes, como se eles fossem correntes. A epigenética, de fato, altera a maneira como os genes funcionam, mas não os corrompe. Embora haja efeitos epigenéticos nos seres humanos, muitos biólogos suspeitam que eles vêm fácil, mas também se vão com a mesma facilidade: metilas, acetilas e outros mecanismos podem muito bem se dissipar em poucas gerações se o ambiente acionar alguma mudança. Simplesmente não sabemos ainda se a epigenética pode alterar nossa espécie de forma *permanente*. Talvez a subjacente sequência A-C-G-T sempre se imponha, como uma parede de granito que surge quando a pichação de metila e acetila se esvai.

Na verdade, esse pessimismo desconsidera o fato e a promessa da epigenética. A baixa diversidade genética e a baixa contagem de genes dos seres humanos parecem incapazes de explicar nossa complexidade e variedade. As milhares de milhares de diferentes combinações de epigenes poderiam fazer isso. Mesmo que a hereditariedade "*soft*" se dissipe depois de, digamos, meia dúzia de gerações, cada um de nós vive somente ao longo de duas ou três gerações – e nesse tipo de escala temporal a epigenética faz uma grande diferença. É muito mais fácil reescrever o software epigenético que reescrever os próprios genes. Se a hereditariedade "*soft*" não levar a uma verdadeira evolução genética, ela ao menos permite que nos adaptemos a um mundo que muda depressa. Aliás, graças aos novos conhecimentos produzidos pela epigenética – sobre câncer, clonagem e engenharia genética –, é provável que nosso mundo mude cada vez mais depressa no futuro.

16. A vida tal como a conhecemos (ou não a conhecemos)

Que diabo vai acontecer agora?

No fim dos anos 1950, um bioquímico estudioso do DNA (e membro do RNA Tie Club) chamado Paul Doty caminhava por Nova York, pensando na vida, quando os artigos de um camelô chamaram sua atenção e fizeram com que parasse, perplexo. O vendedor oferecia broches, e um dos mais comuns dizia "DNA". Poucas pessoas no mundo sabiam mais a respeito de DNA que Doty, mas ele imaginava que o público conhecia pouco seu trabalho, e que tampouco se interessava por ele. Convencido de que as iniciais significavam outra coisa, Doty perguntou ao camelô o que seria D-N-A. O vendedor mirou o grande cientista de cima a baixo. "Se liga, cara", respondeu com seu sotaque nova-iorquino. "Isso é o gene!"

Vamos saltar quatro décadas, para o verão de 1999. O conhecimento do DNA tinha se disseminado, e os legisladores da Pensilvânia, ruminando sobre a iminente revolução que ele representava, pediram a um perito em biotécnica (e membro da diretoria da Celera) chamado Arthur Caplan que os assessorasse, para determinar como os formuladores de leis regulamentariam a genética. Caplan aceitou, mas as coisas começaram de forma estranha. Para cativar sua plateia, Caplan abriu com uma pergunta: "Onde estão os seus genes?" Onde eles estão localizados no corpo? As melhores e mais brilhantes cabeças da Pensilvânia não sabiam. Sem embaraço ou ironia, um quarto da plateia associou os genes às gônadas. Muito autoconfiante, um quarto achou que eles moravam no cérebro. Outros haviam visto imagens de hélices, ou coisa assim, mas não sabiam o que aquilo significava. No fim dos anos 1950, o termo *DNA* já fazia parte do espírito da época a ponto de adornar broches oferecidos por um camelô. *Isso é o gene.* Desde então, a percepção por parte do público se estabilizou. Caplan depois decidiu, por causa dessa ignorância, "pedir a políticos que elaborem regras e regulamentações sobre genética é perigoso". Claro, confusão e perplexidade a respeito da tecnologia dos genes e do DNA não impedem ninguém de ter opiniões firmes sobre o assunto.

Isso não deveria nos surpreender. A genética tem fascinado as pessoas desde que Mendel cultivou sua primeira ervilha. Mas o parasita da reação e da barafunda se alimenta desse fascínio, e o futuro da genética vai depender de conseguirmos resolver esse cabo de guerra entre a certeza e a ambivalência. A impressão é de que nos sentimos, ao mesmo tempo, fascinados e horrorizados com a engenharia genética (inclusive a clonagem) e com as tentativas de explicar o comportamento diverso e complexo dos seres humanos em termos de "meros" genes – duas ideias em geral mal-entendidas.

Embora os homens venham alterando geneticamente plantas e animais desde o advento da agricultura, 10 mil anos atrás, a primeira engenharia genética explícita teve início nos anos 1960. Basicamente, os cientistas começaram a jogar ovos de moscas-das-frutas numa gosma de DNA, esperando que os ovos porosos absorvessem alguma coisa. De modo surpreendente, esses experimentos rudimentares funcionaram; as asas e os olhos das moscas mudaram de forma e cor, e essas alterações se tornaram hereditárias. Uma década depois, já em 1974, um biólogo molecular desenvolveu ferramentas para trançar DNA de diferentes espécies, a fim de formar híbridos. Ainda que essa Pandora se limitasse a micróbios, alguns biólogos olharam para aquelas quimeras e estremeceram – quem sabia o que viria a seguir? Eles decidiram que os cientistas estavam andando depressa demais, e convocaram uma moratória nessa pesquisa de recombinação do DNA. De forma espantosa, a comunidade biológica (inclusive Pandora) concordou e cessou os experimentos voluntariamente, para debater regras de conduta e de segurança, num evento quase singular na história da ciência. Em 1975, os biólogos decidiram, afinal, que entendiam o suficiente para prosseguir, mas essa demonstração de prudência tranquilizou o público.

A paz não durou. Ainda em 1975, um entomologista especializado em formigas, ligeiramente disléxico, nascido no ambiente evangélico do Alabama, e que trabalhava em Harvard, publicou um livro de 3kg e 697 páginas chamado *Sociobiologia: a nova síntese.* Edward O. Wilson tinha trabalhado por décadas com suas adoradas formigas, tentando descobrir como reduzir as interações sociais bizantinas de operárias, soldados e rainhas em leis comportamentais simples, e até em equações precisas. Em *Sociobiologia*, o ambicioso Wilson estendeu suas teorias para outras classes, famílias e até filos, ascendendo a escada evolutiva, degrau por degrau, até peixes, anfíbios, pequenos mamíferos, mamíferos carnívoros e primatas. Em seguida, Wilson passou para chimpanzés e gorilas, até chegar ao conhecido 27º capítulo, "Homem". Nele, sugeriu que os cientistas podiam basear a maior parte ou até todo o comportamento humano – arte, ética, religião e as mais feias agressões – no DNA. Isso implicava dizer que os seres humanos não eram infinitamente maleáveis, mas tinham uma natureza fixa. O trabalho de Wilson também sugeria que algumas diferenças sociais e de temperamento (entre, digamos, homens e mulheres) talvez tivessem raízes genéticas.

Depois, Wilson admitiu que fora politicamente idiota por não antecipar a tempestade de fogo, a catástrofe, o furacão e a praga de gafanhotos que essas sugestões causariam no mundo acadêmico. De fato, alguns colegas de Harvard, incluindo o paparicado Stephen Jay Gould, criticaram *Sociobiologia*, definindo o trabalho como tentativa de racionalizar o racismo, o sexismo, a pobreza, a guerra, a falta de tortas de maçã e tudo o mais que as pessoas decentes abominavam. Wilson foi também explicitamente relacionado a campanhas eugênicas e pogroms nazistas por alguns, que depois se mostraram surpresos quando outras pessoas aderiram ao ataque. Em 1978, ele defendia seu trabalho numa conferência científica quando alguns ativistas bobalhões invadiram o palco. Sentado numa cadeira de rodas, com o tornozelo fraturado, Wilson não pôde fugir nem reagir, e eles tiraram o microfone de suas mãos. Depois de acusá-lo de "genocida", despejaram água gelada em sua cabeça e gritaram: "Você está todo molhado."

Nos anos 1990, graças à disseminação promovida por outros cientistas (em geral, de formas mais sutis), a ideia de que o comportamento humano tem raízes genéticas firmes quase já não chocava ninguém. Do mesmo modo, hoje acatamos outra doutrina sociobiológica, de que nosso antepassado caçador/coletor nos legou um DNA que ainda interfere em nosso pensamento. Mas assim que a brasa da sociobiologia começou a esfriar, cientistas escoceses jogaram querosene nos temores populares da genética, ao anunciar, em fevereiro de 1997, o nascimento do que talvez tenha sido o mais famoso animal não humano de todos os tempos. Depois de injetar DNA de uma ovelha adulta em quatrocentos óvulos de ovelhas, e em seguida eletrocutar todos eles, no estilo Frankenstein, os cientistas conseguiram produzir vinte embriões viáveis – clones dos doadores adultos. Esses clones passaram seis dias em tubos de ensaio, depois 145 dias em úteros. Nesse período, houve dezenove abortos espontâneos, mas Dolly sobreviveu.

Na verdade, todo o espanto dos seres humanos diante daquela ovelhinha não tinha nada a ver com Dolly como tal. O Projeto Genoma Humano trovejava ao fundo, prometendo aos cientistas um mapa da humanidade, e Dolly provocou temores de que os pesquisadores tentassem clonar um de seus pares – e sem nenhuma moratória à vista. Isso realmente apavorou quase todo mundo, embora Arthur Caplan tenha recebido entusiásticos telefonemas para saber da possibilidade de se clonar Jesus Cristo. (Os que ligaram planejavam extrair DNA do Santo Sudário. Caplan lembra-se de ter pensado: "Vocês estão tentando trazer uma das poucas pessoas que já estão destinadas a voltar.")

As colegas de estábulo aceitaram Dolly sem se importar com seu status ontológico de clone. Nem seus namorados – ela teve seis carneirinhos (concebidos naturalmente), todos sadios. Mas, por alguma razão, os seres humanos sentem um medo quase instintivo de clones. Na esteira de Dolly, pessoas criaram fantasias sensacionais a respeito de exércitos de clones marchando sobre as capitais, em passo de ganso, ou ranchos onde se criariam clones para colher órgãos. Menos fantasiosos, alguns temiam que os clones pudessem ser portadores de doenças ou de profundas de-

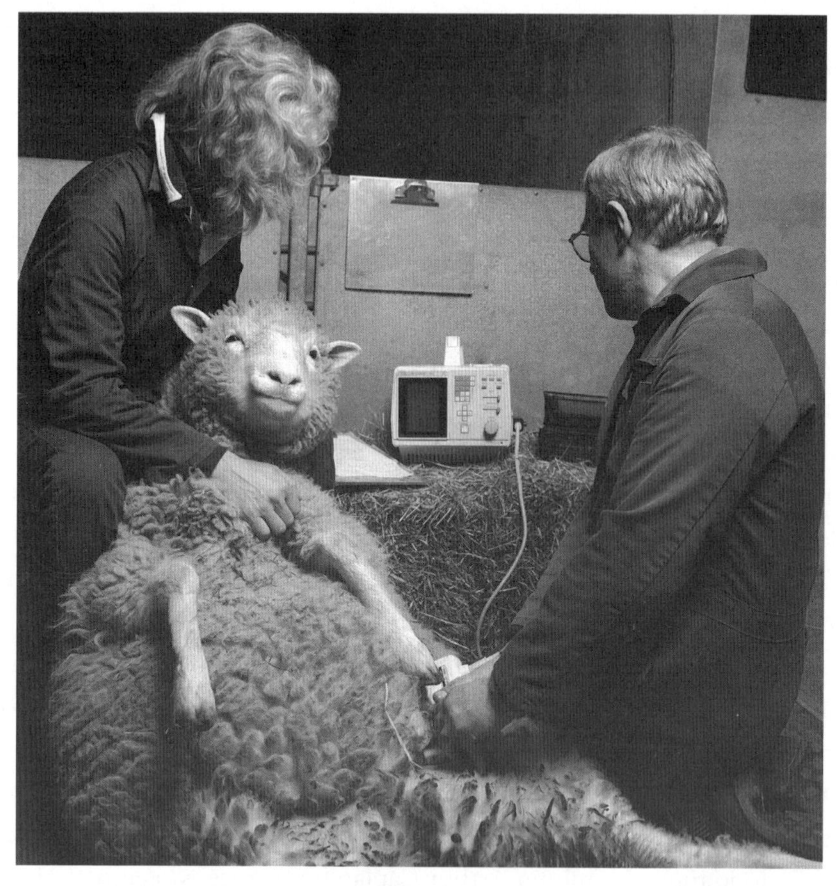

Dolly, o primeiro mamífero clonado, passa por um checkup.

ficiências moleculares. A clonagem de um DNA adulto requer despertar genes adormecidos e forçar as células a se dividir, dividir, dividir. Isso parece demais com o que acontece no caso do câncer, e tudo indica que os clones têm uma tendência a desenvolver tumores. Muitos cientistas concluíram também (embora os parteiros de Dolly ainda discordem a respeito) que Dolly nasceu geneticamente idosa, com células velhas e decrépitas. De fato, a artrite enrijeceu as patas de Dolly em idade precoce, e ela morreu aos seis anos (metade da média de vida de uma ovelha), ao contrair um vírus *à la* Peyton Rous, que lhe causou um câncer no pulmão. O DNA adulto usado para clonar Dolly – como qualquer DNA adulto – foi salpicado de mudanças epigenéticas e retorcido por mutações com freios malremendados. Essas deficiências podem ter corrompido seu genoma antes do nascimento.[1]

Mas, já que estamos brincando de ser Deus, podemos também fazer o papel do advogado do diabo. Vamos supor que os cientistas superem todas as limitações médicas e produzam clones com saúde perfeita. Muitos, por princípio, continuariam contrários à clonagem humana. Parte desse raciocínio se baseia em suposições compreensíveis, mas felizmente errôneas, sobre o determinismo genético: a noção de que o DNA dita de maneira rígida nossa biologia e nossa personalidade. A cada novo genoma que os cientistas sequenciam, torna-se mais claro que os genes lidam com probabilidades, não com certezas. Uma *influência* genética é apenas isso, uma influência. Igualmente importante, as pesquisas epigenéticas mostram que o ambiente muda a forma como os genes funcionam e interagem, portanto, clonar alguém fielmente pode exigir a preservação de todas as etiquetas epigenéticas para cada refeição perdida ou cigarro fumado. (Boa sorte!) A maioria das pessoas também esquece que já é tarde demais para evitar a exposição a clones humanos. Eles estão entre nós neste exato momento, as monstruosidades chamadas gêmeos idênticos. Um clone e seu genitor não seriam muito diferentes de dois gêmeos, com toda a diversidade epigenética, e temos razões para acreditar que haveria ainda menos semelhanças entre eles.

Considere isso: os filósofos gregos debatiam a ideia de um navio cujos casco e tombadilho fossem gradualmente apodrecendo, tábua por tábua; no final, depois de décadas, todas as partes do navio original teriam sido substituídas. Ainda seria o mesmo navio? Por que sim ou por que não? Os seres humanos representam enigma semelhante. Os átomos do nosso corpo se reciclam muitas e muitas vezes antes de morrermos, e nós mantemos o mesmo corpo ao longo da vida. Ainda assim, nos sentimos a mesma pessoa. Por quê? Porque, ao contrário dos navios, cada ser humano tem um estoque ininterrupto de pensamentos e lembranças. Se houver uma alma humana, ela será o repositório mental da memória. Mas um clone teria memórias diferentes das de seu genitor – cresceria com músicas e heróis diferentes, estaria exposto a alimentos e substâncias químicas distintos, teria um cérebro ligado a novas e diversificadas tecnologias. A soma dessas diferenças resultaria em gostos e inclinações distintos – levando a temperamentos diversos e a uma alma diferente. Por isso a clonagem não produziria uma contraparte, a não ser em termos de superficialidades literais. Nosso DNA não nos circunscreve, mas esse lugar onde entramos no campo das suas probabilidades – nossa estatura, que doenças vamos contrair, como nosso cérebro vai equacionar o estresse, as tentações e os reveses – depende de elementos outros que não apenas o DNA.

Não se engane, não estou argumentando a favor da clonagem. Aliás, seria até um argumento em contrário – pois qual seria o sentido disso? Pais aflitos poderiam desejar clonar o Júnior e amenizar aquela dor que sentem ao passar diante do quarto vazio; psicólogos talvez quisessem clonar Ted Kaczynski ou Jim Jones para saber como desfazer um sociopata. Contudo, se a clonagem não vai atender a essas demandas – e é quase certo que não vai –, por que se dar ao trabalho de praticá-la?

A CLONAGEM NÃO SÓ ASSUSTA as pessoas por causa dos horrores improváveis, ela também as distrai de outras controvérsias sobre a natureza humana a que a pesquisa genética pode nos arrastar (e tem arrastado). Por mais que tentemos fechar os olhos a essas disputas, é pouco provável que elas desapareçam.

A orientação sexual tem certa base genética. Abelhas, pássaros, besouros, caranguejos, peixes, lagartos, cobras, sapos e mamíferos de todos os padrões (bisontes, leões, guaxinins, golfinhos, ursos, macacos) podem se divertir muito com o próprio sexo, e em geral essa tendência tem a ver com os genes. Cientistas descobriram que a desativação de um só gene no camundongo – o famoso e sugestivo gene *fucM* – pode tornar lésbicas as camundongos fêmeas. A sexualidade humana é mais gradativa, contudo, os gays masculinos (que têm sido mais estudados que as gays femininas) têm mais parentes gays que heterossexuais masculinos criados em circunstâncias similares, e os genes parecem ser um forte diferencial.

Isso apresenta um enigma darwinista. Ser gay diminui a probabilidade de ter filhos e, assim, de passar adiante qualquer "gene gay", mas o homossexualismo vem persistindo em todos os cantos do mundo ao longo da história, apesar das perseguições violentas. Uma teoria argumenta que talvez os genes gays sejam, na verdade, genes que "amam o homem" – um DNA andrófilo que faz os homens amarem outros homens, mas que também faz as mulheres portadoras se sentirem atraídas por homens, aumentando suas chances de ter filhos. (Vice-versa para o DNA ginófilo.) Ou talvez a homossexualidade apareça como efeito colateral de outras interações genéticas. Diversos estudos já mostraram proporções mais altas de canhotos e ambidestros entre gays masculinos, que também costumam ter dedos mais longos. Ninguém realmente acredita que segurar um garfo com uma das mãos ou com a outra produza o homossexualismo, mas algum gene de longo alcance poderia influenciar as duas características, talvez manipulando o cérebro.

Essas descobertas têm dois gumes. O descobrimento de relações genéticas validaria o fato de ser gay como algo inato e intrínseco, e não como "escolha" ou desvio. Assim, as pessoas já tremem de pensar na possibilidade de busca e identificação de homossexuais, mesmo em potencial, em idade mais jovem. E esses resultados podem não ser representativos. Um dos fortes sinais de homossexualidade é o número de irmãos biológicos mais velhos: cada irmão aumenta a probabilidade de 20% a 30%. A explicação mais usual é que o sistema imunológico da mãe acumula uma resposta cada vez mais forte a cada cromossomo Y "estrangeiro" no útero, e essa resposta imunológica de alguma forma induz o homossexualismo no cérebro do feto. Mais uma vez, esta seria uma base biológica para a homossexualidade – porém, é possível ver como um observador ingênuo, ou malicioso, distorceria retoricamente esse vínculo imunológico e definiria o homossexualismo como doença a ser erradicada. Essa é uma imagem carregada.

A raça também provoca um bocado de desconforto entre os geneticistas. De saída, a existência de raças faz pouco sentido. Os seres humanos têm menos diversidade genética que quase qualquer outro animal. Todavia, cores, proporções e aspectos fisionômicos dos homens variam tanto quanto os finalistas anuais de Westminster. Uma teoria sobre a raça argumenta que ameaças de extinção isolaram bolsões dos primeiros humanos com pequenas diferenças; quando esses grupos migraram para além da África e cruzaram com homens de Neandertal, homens de Denisova e sabe-se lá mais quem, essas variações se tornaram exageradas. De qualquer maneira, algum DNA deve diferir entre os grupos étnicos. Um casal de aborígenes da Austrália nunca produzirá um irlandês de sardas e cabelo ruivo, mesmo que se mudasse para Dublin e se reproduzisse até o fim dos tempos. A cor está codificada no DNA.

O que isso ressalta, obviamente, não são as variações cosméticas, como o tom da pele, mas outras diferenças em potencial. Bruce Lahn, geneticista da Universidade de Chicago, começou sua carreira catalogando palíndromos e inversões dos cromossomos Y, mas em 2005 passou a estudar os genes da microcefalia e *ASPM* do cérebro, que influenciam o crescimento de neurônios. Embora haja diversas versões nos humanos, uma versão de cada gene tinha inúmeros caronas e parecia ter se espalhado pelos nossos ancestrais com a velocidade da luz. Isso implicava uma forte vantagem para a sobrevivência. Baseado nessa capacidade de produzir neurônios, Lahn deu um pequeno salto e argumentou que esses genes concederam aos humanos um impulso cognitivo. Intrigado, ele percebeu que as versões da microcefalia e do *ASPM* que impulsionam o cérebro começaram a se difundir, respectivamente, entre 35000 a.C. e 4000 a.C., quando surgiram a primeira arte simbólica e as primeiras cidades. Com a trilha ainda quente, Lahn examinou diferentes populações vivas até hoje e determinou que as versões que impulsionam o cérebro apareceram diversas vezes com mais frequência entre asiáticos e caucasianos que entre nativos da África. Agora engula essa!

Outros cientistas disseram que as descobertas eram especulativas, irresponsáveis, racistas e errôneas. Esses dois genes exercem influência em muitas outras partes, além do cérebro, de modo que podem ter ajudado europeus e asiáticos em outras coisas. Os genes parecem auxiliar o espermatozoide a bater a cauda com mais velocidade, por exemplo, e pode ter equipado o sistema imunológico com novas armas. (Também já foram relacionados ao ouvido universal, assim como às linguagens tonais.) Complicando ainda mais, estudos posteriores determinaram que pessoas com esses genes se saem melhor em testes de QI que as que não os têm. Isso quase matou a hipótese do estímulo cerebral, e Lahn – que, só para deixar claro, é imigrante chinês – logo admitiu: "Em termos científicos, sinto-me um pouco desapontado. Porém, no contexto da controvérsia social e política, sinto-me um pouco aliviado."

E ele não foi o único. A raça realmente separa os geneticistas. Alguns juram para todos os lados que raça não existe. É "biologicamente insignificante", afirmam, uma construção social. De fato, *raça* é um termo carregado, e a maioria dos geneticistas prefere usar eufemismos e dizer "grupos étnicos" ou "populações". Mesmo assim, há geneticistas que desejam censurar as investigações sobre grupos étnicos e aptidões mentais como algo inerentemente danoso – eles querem uma moratória. Outros continuam confiantes em que um bom estudo ainda irá mostrar a igualdade racial. Por isso, qual é, vamos deixar que prossigam. (Claro que o próprio ato de falar sobre raça, até mesmo apontar sua não existência, talvez reforce a ideia. Rápido: nunca pense em girafas verdes.)

Enquanto isso, alguns pesquisadores especialistas em outros aspectos acham que essa história de "biologicamente insignificante" é bobagem. Uma das razões é que alguns grupos étnicos respondem muito mal – por motivos bioquímicos – a certos medicamentos para hepatite C e doenças cardíacas, entre outros males. Outros grupos, pelas condições de escassez em seus países de origem, tornaram-se vulneráveis a disfunções metabólicas dos tempos modernos de fartura. Uma controversa teoria argumenta que descendentes de pessoas capturadas em caçadas de escravos na África continuam a elevar as taxas de hipertensão até hoje, em parte porque os ancestrais daqueles cujos corpos acumulavam nutrientes, em particular o sal, sobreviviam com mais facilidade às terríveis viagens oceânicas até suas novas casas. Alguns poucos grupos étnicos apresentam mais imunidade ao HIV, porém, cada um deles por razões bioquímicas diferentes. Nestes e em outros casos – doença de

Crohn, diabetes, câncer de mama –, médicos e epidemiologistas que negam totalmente a existência de raça podem prejudicar seus pacientes.

Em sentido mais amplo, alguns pesquisadores argumentam que as raças existem porque cada população geográfica apresenta diferentes versões de certos genes. Se examinarmos algumas centenas de fragmentos de DNA de alguém, quase em 100% das vezes é possível localizar o doador dentre alguns grupos abrangentes de ancestrais. Gostemos ou não, esses grupos em geral correspondem à noção tradicional que as pessoas têm de raça – africanos, asiáticos, caucasianos (ou "porcos cor-de-rosa", como define um antropólogo), e assim por diante. Sim, é verdade que sempre há justaposições genéticas entre grupos étnicos, em especial em cruzamentos geográficos, como na Índia, coisa que torna o conceito de raça inútil – impreciso demais – para muitos estudos científicos. Mas a raça social com que as pessoas se identificam caracteriza muito bem seu grupo populacional biológico. E como não sabemos o que faz cada versão diferente de cada trecho de DNA, alguns cientistas polêmicos e teimosos que estudam raças, populações, ou o que seja, argumentam que explorar as diferenças em potencial do intelecto é um jogo de cartas marcadas – eles temem ser censurados. Como seria de se esperar, tanto os que afirmam quanto os que negam a existência das raças acusam o outro lado de tingir a ciência com coloração política.[2]

Além de raça e sexualidade, a genética recentemente vem debatendo temas que envolvem crime, relações entre gêneros, vícios, obesidade e muitos outros. Durante as próximas décadas, suscetibilidades e fatores genéticos irão surgir para explicar quase todas as características e todos os comportamentos humanos – pode acreditar. Mas, independentemente do que os geneticistas descubram sobre esses comportamentos e características, devemos ter em mente algumas diretrizes quando aplicarmos a genética às questões sociais. Deixando de lado as bases biológicas de uma característica, pergunte a si mesmo se realmente faz sentido condenar ou descartar alguém baseado no comportamento de alguns poucos genes. Lembre-se também de que a maior parte de nossas predileções genéticas de comportamento foi moldada pela savana africana, muitos milhares (ou até milhões) de anos atrás. Assim, ainda que sejam "naturais", em certo sentido, essas predileções não necessariamente continuam a nos servir hoje, pois vivemos num ambiente muitíssimo diferente. De qualquer forma, o que acontece na natureza é um modelo fraco para as tomadas de decisão. Um dos maiores enganos da filosofia ética é a falácia naturalista que equipara a natureza "ao que está certo", usando "o que é natural" para justificar ou desculpar um preconceito. Os seres humanos são *humanos* em grande parte porque enxergam além da própria biologia.

Em qualquer estudo que aborde temas sociais, devemos ao menos fazer uma pausa e não tirar conclusões sensacionais sem uma evidência razoável e completa. Nos últimos cinco anos, os cientistas têm pesquisado e sequenciado DNAs de um número cada vez maior de grupos étnicos de todo o mundo, a fim de expandir aquilo que continua a ser, até hoje, uma cepa de genomas sobretudo europeia, disponível para estudo. Alguns resultados preliminares, em especial do autoexplicativo Projeto 1.000 Genomas, indicam que os cientistas podem ter superestimado a importância das varreduras genéticas – as mesmas varreduras que acenderam os fogos de artifício da relação entre raça e inteligência estabelecida por Lahn.

Em 2010, os geneticistas já tinham identificado 2 mil versões de genes humanos, demonstrando sinais de que foram arrastados conosco; especificamente, graças à baixa diversidade em torno desses genes, parecia ter havido uma carona. E quando os pesquisadores procuraram o que diferenciava essas versões continuadas das versões não continuadas, encontraram casos em que uma trinca de bases tinha se alterado e agora requeria um novo aminoácido. Isso fazia sentido. Um novo aminoácido poderia alterar a proteína, e se essa alteração tornava alguém mais apto, a seleção natural realmente se disseminaria pela população. No entanto, quando examinaram outras regiões, os cientistas encontraram os mesmos sinais de disseminação em genes com mutações *silenciosas* – mutações que, em decorrência da redundância em seu código genético, não alteraram o aminoácido. A seleção natural não pode ter carregado essas alterações conosco, pois a mutação seria invisível e não significaria benefícios. Em outras palavras, muitos DNAs que parecem ter sido trazidos poderiam ser espúrios, artefatos de outros processos evolutivos.

Isso não quer dizer que as disseminações nunca tenham acontecido. Os pesquisadores ainda acreditam que os genes da tolerância à lactose, da estrutura de pelos e algumas outras características (inclusive, ironicamente, a cor da pele) de fato se espalharam por vários grupos étnicos, em diferentes pontos, quando os migrantes encontraram novos ambientes fora da África. Mas estes podem ser casos raros. A maioria das mudanças humanas se dissemina lentamente, e é provável que nenhum grupo étnico jamais tenha "saltado à frente" numa corrida genética, adquirindo genes do tipo arrasa quarteirões. Qualquer afirmação em contrário – em especial se considerarmos a frequência com que as supostas afirmações científicas sobre grupos étnicos têm desmoronado – deve ser examinada com cuidado. Como diz o velho ditado, não é o que não sabemos que causa problemas, é o que sabemos que não é.

Conhecer mais como opera a genética não exigirá apenas avanços na compreensão de como os genes funcionam, mas também o progresso da capacidade computacional. A lei de Moore para os computadores – segundo a qual os microprocessadores ficam cerca de duas vezes mais rápidos a cada dois anos – vem se confirmando há décadas, e isso explica por que computadores de bolso têm melhor desempenho que *mainframes* da Missão Apollo. Mas desde os anos 1900, a tecnologia genética tem sobrepujado até as projeções de Moore. Um moderno sequenciador de DNA pode gerar mais dados em 24 horas que o Projeto Genoma Humano em dez longos anos, e a tecnologia tornou-se disseminada, espalhando-se por laboratórios e campos de experimentação no mundo todo. (Quando Osama bin Laden foi morto, em 2011, técnicos do Exército dos Estados Unidos o identificaram – comparando seu DNA com amostras colhidas de parentes – em poucas horas, no meio do oceano, na calada da noite.) Ao mesmo tempo, o custo do sequenciamento de um genoma inteiro despenca em queda livre – de US$ 3 bilhões para US$ 10 mil, de US$ 1 por par de base para mais ou menos US$ 0,0003. Quando os cientistas querem estudar um único gene, em geral fica mais barato sequenciar o genoma inteiro do que se preocupar em isolar primeiro o gene e sequenciar só aquela parte.

Claro que os cientistas ainda precisam *analisar* os zilhões de As, Cs, Gs e Ts que estão reunindo. Depois da lição de humildade do PGH, eles sabem que não podem simplesmente olhar uma fileira de dados brutos e esperar que as sacações apareçam, como no filme *Matrix*. Eles precisam considerar como as células entrelaçam o DNA e acrescentar o efeito epigenético, processos muito mais complicados. Devem estudar como os genes funcionam em grupos e como o DNA se empacota em três dimensões dentro do núcleo. Igualmente importante, têm de determinar como a cultura – em si mesmo um produto parcial do DNA – rebate e também influencia a evolução genética. Aliás, alguns cientistas argumentam que o elo de retroalimentação entre o DNA e a cultura não somente influenciou, como também dominou diretamente a evolução humana ao longo dos últimos 60 mil anos, ou algo parecido. Para lidar com tudo isso será preciso um radical poder de computação. Craig Venter desejava um supercomputador, mas os geneticistas do futuro podem vir a apelar para o próprio DNA e desenvolver ferramentas baseadas na espantosa capacidade computacional.

No aspecto da base de dados, o chamado algoritmo genético talvez ajude a resolver complicados problemas, dominando o poder da evolução. Em resumo, os algoritmos genéticos lidam com os comandos do computador ajustados pelos programadores como "genes" individuais, entretecidos para formar "cromossomos" digitais. O programador pode começar com uma dúzia de programas diferentes para testar. Ele decodifica os comandos-genes em cada um como 0s e 1s binários, e os alinha numa longa sequência, como a dos cromossomos (0001010111011101010...). Aí vem a parte divertida. O programador roda cada programa, faz uma avaliação e seleciona os melhores programas para o "cruzamento" – alterar os fios de 0s e 1s, da mesma forma que os cromossomos trocam DNA. Depois roda esses programas híbridos e os avalia. A essa altura, o melhor cruzamento é o que altera mais 0s e 1s. O processo então se repete vezes e vezes, fazendo com que os programas evoluam. Ocasionais "mutações" – os adejando em

1s, e vice-versa – aumentam a variedade. Em geral, os algoritmos genéticos combinam os melhores "genes" de muitos diferentes programas num gene quase perfeito. Mesmo partindo de programas toscos, a evolução genética os aperfeiçoa automaticamente e converge para os melhores.

No aspecto hardware (ou "wetware") das coisas, o DNA poderá um dia substituir ou incrementar transistores de silício e realizar cálculos físicos. Numa famosa demonstração, um cientista usou DNA para resolver o problema clássico do caixeiro-viajante. (Nesse desafio mental, um vendedor precisa percorrer, digamos, oito cidades espalhadas num mapa. Tem de visitar cada cidade uma vez, e quando sair dela não poderá mais voltar nem passar por ela a caminho de outro local. Infelizmente, as cidades são ligadas por estradas labirínticas, por isso a forma de visitá-las não é óbvia.)

Para saber como o DNA resolveria esse problema, considere um exemplo hipotético. Primeiro, você faria dois conjuntos de fragmentos de DNA, todos de fita única. O primeiro conjunto consiste nas oito cidades a visitar, e esses fragmentos podem ser linhas aleatórias A-C-G-T: Sioux Falls pode ser AGCTACAT, Kalamazoo pode ser TCGACAAT. Para o segundo conjunto, use o mapa. Cada estrada entre duas cidades recebe um fragmento de DNA. Porém – e esta é a chave –, em vez de deixar esses fragmentos aleatórios, você faz algo mais inteligente. Vamos dizer que a Rodovia 1 comece em Sioux Falls e termine em Kalamazoo. Se você chamar a primeira metade do fragmento da rodovia de complemento A/T e C/G de metade das letras de Sioux Falls, e chamar a segunda metade do fragmento da rodovia de complemento A/T e C/G o complemento de metade das letras de Kalamazoo, o fragmento da Rodovia 1 pode ligar fisicamente duas cidades:

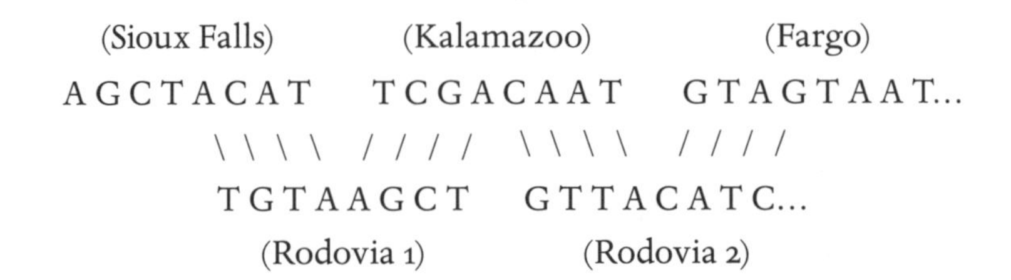

Depois de codificar todas as estradas e cidades de forma semelhante, começam os cálculos. Você mistura um bocado de todos esses fragmentos de DNA em um tubo de ensaio e pronto, uma boa sacudida realiza a computação da resposta. Em algum lugar no frasco haverá uma fileira mais longa de um (agora) DNA de fita dupla, com oito cidades ao longo de uma fita, na ordem que o vendedor seguiria, e todas as estradas de ligação na fita complementar.

Claro que essa resposta estará escrita no equivalente biológico do código da máquina (GCGAGACGTACGAATCC...), e tudo precisará ser decifrado. Mesmo que o tubo de ensaio contenha muitas cópias da resposta correta, o DNA flutuante livre é rebelde, e o tubo contém também trilhões de soluções erradas – percursos que saltaram cidades e passaram e repassaram infinitas vezes pelos mesmos lugares. Além disso, isolar a resposta exige um trabalho tedioso de purificar o segmento de DNA no laboratório. Então, sim, o computador de DNA não está pronto para participar do programa *Jeopardy*. Mas dá para entender o zumbido. Um grama de DNA pode armazenar o equivalente a 1 trilhão de CDs, o que faz nossos laptops parecerem do tamanho de um estádio de futebol. Mais ainda, esses "transistores de DNA" podem funcionar em cálculos múltiplos simultaneamente, com mais facilidade que circuitos de silício. Talvez melhor que tudo isso, os transistores de DNA podem se reunir e copiar a si mesmos a baixo custo.

Se o ácido desoxirribonucleico for mesmo capaz de substituir o silício nos computadores, os geneticistas estariam efetivamente usando o DNA para analisar seus hábitos e sua história. O DNA já pode reconhecer a si mesmo; é como as fitas se juntam. Portanto, computadores de DNA confeririam à molécula mais um nível de reflexividade e autoconsciência. Computadores de DNA poderiam até ajudar o DNA a se aprimorar e melhorar sua função. (Dá até para se perguntar quem está no comando.)

Que espécie de melhorias do DNA um computador de DNA significa? A mais óbvia é que poderíamos erradicar as disfunções e gagueiras sutis que levam a muitas doenças genéticas. Essa evolução controlada finalmente nos permitiria contornar o inflexível desperdício da seleção natural, que exige que muitos nasçam com defeitos genéticos para que poucos avancem de forma significativa. Poderíamos também incrementar nossa saúde cotidiana, apertando o cinto com a elaboração de um gene para queimar xarope de milho rico em frutose (uma resposta moderna ao antigo gene de comer carne *APOE*). Pensando com mais ousadia, talvez seja possível reprogramar nossas impressões digitais e nosso tipo de cabelo. Se as temperaturas globais continuarem a subir, seria útil aumentar nossa área de superfície para irradiar calor, já que corpos mais atarracados retêm mais calor. (Essa é uma das razões por que os homens de Neandertal na Europa da Era Glacial tinham tórax que pareciam barris de cerveja.) Além disso, alguns pensadores sugerem fazer ajustes no DNA não burilando os genes existentes, mas fazendo atualizações num par de cromossomos extra para inseri-lo em embriões[3] – um remendo no aplicativo. Isso evitaria a reprodução intergeracional, mas nos traria de volta o alinhamento com o padrão primata dos 48 cromossomos.

Essas mudanças tornariam o DNA no mundo todo ainda mais semelhante do que é agora. Se começarmos a alterar nosso cabelo e a cor de nossos olhos e silhuetas, acabaremos parecidos uns com os outros. Contudo, com base no padrão histórico de outras tecnologias, as coisas podem seguir na direção oposta: nosso DNA se tornaria tão diverso quanto nosso gosto por roupas, músicas ou comidas. Nesse caso, o DNA se tornaria pós-moderno, e a própria noção de um padrão para o genoma humano desapareceria. O texto genômico se tornaria um palimpsesto interminavelmente sobrescrito, e a metáfora do DNA como "o" mapa ou "o" livro da vida não resistiria mais.

Não que já tenha resistido, a não ser na nossa imaginação. Ao contrário de livros e mapas, que são criações humanas, o DNA não tem um significado fixo ou deliberado. Ou melhor, tem apenas o significado que atribuímos a ele. Por essa razão, é preciso interpretá-lo com cautela, menos como prosa, mais como os murmúrios solenes e complicados de um oráculo.

Assim como os cientistas que estudam o DNA, os peregrinos que iam ao oráculo de Delfos, na antiga Grécia, sempre aprendiam algo profundo sobre si mesmos – mas raramente o que supunham que iriam aprender ao iniciarem a viagem. O rei e general Creso certa vez perguntou a Delfos se entraria em batalha com outro império. O oráculo respondeu: "Você destruirá um grande império." Creso fez isso – com seu próprio império. O oráculo disse a Sócrates: "Ninguém é mais sábio." Sócrates duvidou, até examinar e interrogar todos os renomados sábios ao seu redor. Depois percebeu que, diversamente dos outros, ele ao menos admitia sua ignorância e não se fazia de tolo, "sabendo" coisas que na verdade desconhecia. Em ambos os casos, a verdade apareceu depois de algum tempo, com a reflexão, quando as pessoas reuniram todos os fatos e analisaram as ambiguidades. O mesmo se aplica ao DNA, que com muita frequência nos diz o que queremos ouvir. Qualquer dramaturgo teria alguma coisa a aprender sobre a ironia desse fato.

Ao contrário de Delfos, nosso oráculo continua a falar. Desde seu humilde começo, apesar de desvios e de quase extinções, nosso DNA (e RNA e outros NAs) conseguiu nos criar – criaturas com inteligência suficiente para descobrir e decifrar o DNA dentro delas. Contudo, com inteligência suficiente também para perceber quanto esse DNA as limita. O DNA revelou um baú de histórias sobre nosso passado que pensávamos ter perdido para sempre, e nos dotou de um cérebro e de uma curiosidade capazes de continuar a explorar esse baú por mais alguns séculos. Apesar desse cabo de guerra entre a certeza e a ambivalência, quanto mais aprendemos, mais tentador (e até mais desejável) é alterar esse DNA. O DNA nos dotou de imaginação, e podemos agora imaginar a libertação das difíceis e comoventes algemas que coloca em nossa vida. Podemos nos imaginar refazendo nossa própria essência química; podemos nos imaginar refazendo a vida tal como a conhecemos. Essa molécula oracular parece prometer que, se continuarmos adiante, se prosseguirmos explorando, sondando e esmiuçando nosso material genético, a vida tal como a conhecemos deixará de existir. Além de toda a beleza intrínseca da genética, de todos os entendimentos sóbrios e de todas as inesperadas risadas que ela propicia, é essa promessa que nos faz voltar à genética para aprender cada vez mais, e ainda um pouco mais, sobre nosso DNA e nossos genes, nossos genes e nosso DNA.

Epílogo
A genômica torna-se pessoal

MESMO QUE SAIBAM bastante, muitas pessoas versadas em ciência e até muitos cientistas ainda temem os próprios genes, no plano subliminar. Pois não importa quanto entendamos intelectualmente as coisas, e quantos exemplos em contrário apareçam, continua difícil aceitar o fato de que portar a assinatura do DNA de uma doença não condena a pessoa a desenvolver essa doença. Mesmo quando o fato se registra no cérebro, as vísceras resistem. Essa discórdia explica por que memórias da avó doente de Alzheimer convenceu James Watson a suprimir o status de seu *APOE*. Explica também, quando examino meus genes, por que as lembranças de fugir do meu avô me convenceram a esconder qualquer sugestão sobre a doença de Parkinson.

Enquanto escrevia este livro, no entanto, descobri que Craig Venter publicou tudo sobre o próprio genoma, sem qualquer censura. Mesmo que o lançamento público fosse meio amalucado, admirei seu desembaraço ao encarar o próprio DNA. Seu exemplo me fortaleceu. A cada dia que passava, a discrepância entre o que tinha concluído (que as pessoas devem, na verdade, encarar os próprios genes) e a forma como eu estava me comportando (escondendo meu status de candidato à doença de Parkinson) me atormentava cada vez mais. Acabei absorvendo aquilo, acessei a empresa de testes e cliquei para romper o selo eletrônico daquele resultado.

Tenho de admitir que se passaram alguns segundos até eu erguer os olhos do teclado do laptop para a tela. Assim que fiz isso, senti uma onda de alívio me percorrer. Senti os ombros e os braços relaxarem: segundo a empresa, afinal, eu não corria mais risco de desenvolver Parkinson.

Dei hurras. Fiquei eufórico – mas será que deveria? Definitivamente, havia ironia na minha felicidade. Genes não lidam com certezas, mas com probabilidades. Esse era o meu mantra antes de saber, a minha maneira de me convencer de que, mesmo se eu tivesse um DNA de risco, a devastação do meu cérebro não seria *inevitável* por causa disso. Porém, depois que as coisas pareciam menos funestas, de repente dispensei as incertezas com prazer, ignorando o fato de que DNA de baixo risco não significa que vamos escapar inevitavelmente de qualquer coisa. Os genes lidam com probabilidades, e algumas delas continuavam a existir. Eu sabia disso – e, mesmo assim, meu alívio foi muito real. É o paradoxo da genética pessoal.

Nos meses subsequentes, afastei essa pequena e inconveniente dissonância cognitiva e me concentrei na conclusão do livro, esquecendo que o DNA tem sempre a última palavra. No dia em que apliquei o pingo no último *i*, a empresa que fez o teste anunciou algumas atualizações para resultados antigos, baseadas em novos estudos científicos. Lancei mão do mouse e percorri a barra de rolagem. Já tinha visto outras rodadas de atualizações, e em todos os casos os novos resultados apenas corroboravam o que eu já sabia; meus riscos não mudavam muito. Por isso, mal hesitei quando vi uma atualização para Parkinson. Fortalecido e meio doido, cliquei e fui em frente.

Antes de minha mente registrar qualquer coisa, meus olhos se fixaram em algumas letras verdes em fonte graúda que reforçaram minha complacência. (Só letras vermelhas seriam sinal de *perigo*.) Por isso, precisei ler o texto que vinha abaixo algumas vezes para entender: "Probabilidade levemente mais elevada de desenvolver a doença de Parkinson."

Mais alta? Examinei melhor. Um novo estudo esmiuçara o DNA em um local diferente do genoma depois dos resultados que eu já conhecia. A maioria dos caucasianos, como eu, é portadora do CT ou TT na região em pauta, ou cromossomo 4. Eu tinha o CC ali (segundo as letras verdes e gordas). Isso significava, segundo o estudo, probabilidade mais elevada.

Eu fora traído. Uma coisa é aguardar um julgamento genético e ser condenado no devido curso. Mas esperar a pena, ser perdoado e ser condenado outra vez? A tortura era infinitamente maior.

Todavia, por alguma razão, receber essa sentença genética não apertou minha garganta como eu esperava. Não senti pânico, tampouco nenhuma turbulência nos neurotransmissores. Psicologicamente, teria sido a pior coisa a suportar – mas minha mente não entrara em erupção. Eu não estava exatamente animado com as notícias, mas me senti mais ou menos tranquilo, impassível.

Então, o que aconteceu entre a primeira revelação e a segunda, o estabelecido e o pretenso nocaute? Sem querer soar muito pomposo, acho que eu tinha adquirido conhecimentos. Agora eu sabia que numa doença complexa como Parkinson – sujeita ao enxame de muitos genes – é provável que qualquer gene contribua um pouco para o meu risco. Depois fiquei sabendo que um risco "levemente mais elevado" quer dizer coisa de 20%, isso para uma doença que afeta (segundo revelaram outras pesquisas) apenas 1,6% dos homens. O novo estudo, segundo a empresa admitia, era "preliminar", sujeito a correções e talvez até a reversões. Eu ainda estaria ameaçado pela doença de Parkinson na velhice; mas, em algum lugar no baralhamento dos genes entre gerações, em algum lugar entre vovô Kean, Gene e Jean, os pedacinhos perigosos poderiam ter sido descartados. Mesmo que continuem à espreita, não há garantia de que irão disparar. Não há razão para o garotinho dentro de mim continuar a fugir.

Finalmente tinha entrado na minha cabeça: probabilidades, não certezas. Não estou dizendo que genética pessoal é algo inútil. Fico contente em saber, por exemplo (como me disseram outros estudos), que tenho probabilidade mais elevada de desenvolver câncer de próstata; por isso, sempre me apresento a um médico que usa luvas de borracha para verificar isso, à medida que fico mais velho. (É uma orientação a seguir.) Contudo, na clínica, para determinado paciente, os genes são apenas mais uma ferramenta, como o exame de sangue ou de urina, ou o histórico familiar. Na verdade, as mudanças mais profundas que a ciência da genética nos traz não serão diagnósticos instantâneos ou panaceias medicinais, mas um enriquecimento mental e de espírito – um sentido mais ampliado do que somos nós, seres humanos, existencialmente, e como nos situamos em relação a outras formas de vida na Terra. Gostei de ter sequenciado meu DNA, e faria isso de novo. Não para ganhar alguma vantagem em termos de saúde, mais como "estou feliz porque eu estava aqui, eu estou aqui, no começo".

Notas

1. Genes, aberrações, DNA (p.19-35)

1. Esta nota oferece um lembrete das proporções mendelianas: Mendel trabalhava com características dominantes (como altura, com *A* maiúsculo) e características recessivas (como pequenez, com *a* minúsculo). Qualquer planta ou animal tem duas cópias de cada gene, uma da mamãe, outra do papai. Então, quando Mendel cruzava plantas *AA* com plantas *aa* (abaixo, à esquerda), a progênie resultava toda em *Aa*, portanto todas altas (já que *A* domina *a*):

	A	A
a	Aa	Aa
a	Aa	Aa

	A	a
A	AA	Aa
a	Aa	aa

Quando Mendel cruzava uma *Aa* com outra (acima, à direita), as coisas ficavam mais interessantes. Cada *Aa* pode transmitir *A* ou *a*, portanto, há quatro possibilidades para os descendentes: *AA*, *Aa*, *aA* e *aa*. Mais uma vez, as três primeiras são altas, mas a última será baixa, apesar de ter pais altos. Daí a proporção de 3:1. Só para esclarecer, essa proporção se mantém em plantas, animais, seja o que for; não há nada de especial nas ervilhas.

Outra proporção-padrão mendeliana acontece quando *Aa* cruza com *aa*. Nesse caso, metade da cria será de *aa* e não mostrará características dominantes. Metade será de *Aa* e mostrará essa característica.

	A	a
a	Aa	aa
a	Aa	aa

Esse padrão é especialmente comum em árvores genealógicas nas quais uma característica dominante *A* é rara ou surge espontaneamente por uma mutação, pois cada *Aa* rara terá de cruzar com a *aa* mais comum.

Em geral, as proporções 3:1 e 1:1 aparecem sempre na genética clássica. Se você estiver interessado, os cientistas identificaram o primeiro gene recessivo nos homens em 1902, numa disfunção que torna a urina escura. Três anos depois, identificaram o primeiro gene humano dominante em dedos excessivamente curtos e grossos.

2. A quase morte de Darwin (p.36-58)

1. Os detalhes sobre a vida particular de Bridges estão em *Os senhores da mosca*, de Robert Kohler.

2. Quando os dois eram jovens, nos anos 1830, Darwin convenceu seu primo-irmão Francis Galton a desistir da escola de medicina para cursar matemática. Os posteriores adeptos de Darwin devem ter lamentado muitas e muitas vezes esse conselho, pois foi o pioneiro trabalho estatístico de Galton sobre as curvas de sino – e os incansáveis argumentos de Galton, baseados nesse trabalho – que mais minaram a reputação de Darwin.

Como detalhado em *A Guinea Pig's History of Biology*, Galton reuniu parte de suas evidências da curva de sino, do seu jeito tipicamente excêntrico, na Exposição Internacional de Saúde de Londres, em 1884. A exposição era ao mesmo tempo um empreendimento científico e um evento social: enquanto apreciavam instalações sanitárias e esgotos, os frequentadores tomavam refresco de menta, aguardente de melado e *kumiss* (leite de égua fermentado produzido por animais no local), e de modo geral divertiam-se muito. Galton montou um estande na exposição e aferiu fielmente a estatura, a visão e a audição de 9 mil ingleses, às vezes bêbados. Testou também a força deles em jogos de salão que envolviam esmurrar e espremer diversas engenhocas, tarefa que se mostrou mais difícil do que Galton tinha previsto: brutamontes que não entendiam o equipamento quebravam os aparelhos, outros queriam demonstrar força para impressionar as garotas. Era uma atmosfera de festa, mas Galton não se divertiu muito. Depois descreveu "a estupidez e a cabeça obtusa" de seus companheiros de feira como "tão grande que mal se podia acreditar". Porém, tal como esperado, ele reuniu dados suficientes para confirmar que as características humanas também seguem curvas de sino. A descoberta aumentou sua confiança de que ele, e não o primo Charles, compreendia como ocorria a evolução, e que pequenas variações e pequenas mudanças não tinham nela papel importante.

Não foi a primeira vez que Galton se opôs a Darwin. Desde a publicação de *A origem das espécies* Darwin já tinha consciência de que faltava alguma coisa importante em sua teoria. A evolução por seleção natural exige que criaturas herdem características favoráveis, mas ninguém (a não ser um monge obscuro) tinha qualquer ideia de como aquilo funcionava. Por isso Darwin passou os últimos anos de vida elaborando uma teoria, a pangênese, para explicar o processo.

A pangênese afirmava que todos os órgãos e membros expeliam esporos microscópicos, chamados gêmulas. Estas circulavam dentro das criaturas, transportando informações sobre suas características inatas (sua natureza) e também quaisquer características adquiridas durante o ciclo de vida (ambiente ou nutrição). As gêmulas eram excretadas pelas zonas erógenas do corpo, e a copulação permitia que as gêmulas masculinas e femininas se misturassem como duas gotas de água quando os machos depositavam seu sêmen.

Embora totalmente errônea, a pangênese era uma teoria elegante. Assim, quando Galton criou um experimento também elegante para localizar gêmulas em coelhos, Darwin apoiou a tarefa com entusiasmo. Sua esperança logo ruiu por terra. Galton raciocinou que se as gêmulas circulavam, elas deviam fazer isso no sangue. Por isso começou a fazer transfusões de sangue em lebres pretas, brancas e prateadas, esperando produzir alguns mestiços pintados quando se reproduzissem. Contudo, depois de anos de reprodução, os resultados ficaram no preto e branco, não apareceu nenhum coelho mesclado. Galton publicou um apressado artigo científico sugerindo que as gêmulas não existiam, e nesse momento o normalmente gentil Darwin ficou apoplético. Os dois homens vinham trocando uma afetuosa correspondência durante anos sobre assuntos científicos e pessoais, em geral incentivando as ideias um do outro. Dessa vez, Darwin se enfureceu com Galton, esbravejando que nunca havia mencionado que as gêmulas circulavam no sangue, por isso a transfusão de sangue entre coelhos não provava absolutamente nada.

Além de ser parcial – Darwin nunca tinha dito nada sobre o sangue não ser um bom veículo para as gêmulas enquanto Galton fazia todo o trabalho –, ele estava enganando a si mesmo também. Galton tinha realmente destruído a pangênese e as gêmulas num só golpe.

3. Características relacionadas ao sexo, como esta, aparecem mais em machos que em fêmeas por uma simples razão. Uma fêmea XX com um raro gene branco de olho em um X quase certamente teria o gene de olho vermelho do outro X. Como o vermelho domina o branco, ela não teria olhos brancos. Mas um macho XY não terá uma cópia se tiver o gene de olho branco em seu X; e terá olho branco por uma falha. Os geneticistas chamam fêmeas com uma versão recessiva de "portadoras", e elas transmitem o gene para metade das crias do sexo masculino. Nos seres humanos, a hemofilia é um exemplo de característica relacionada ao sexo, a cegueira às cores vermelha e verde de Sturtevant é outra.

4. Vários livros falam um pouco sobre a sala das moscas, mas, para a história na íntegra, verifique *A Guinea Pig's History of Biology*, de Jim Endersby, um dos meus livros favoritos. Endersby também menciona as aventuras de Darwin com as gêmulas, Barbara McClintock (do Capítulo 5) e outras histórias fascinantes.

5. Um historiador observou certa vez com sabedoria que, "ao ler Darwin, assim como ao ler Shakespeare ou a Bíblia, é possível apoiar quase qualquer ponto de vista desejável concentrando-se em certas passagens isoladas". Por isso é preciso tomar cuidado ao tirar conclusões genéricas das citações de Darwin. Desse modo, a aversão de Darwin pela matemática parecia genuína, e alguns já sugeriram que mesmo equações elementares o deixavam frustrado. Em uma das ironias da história, Darwin fez experimentos em plantas do gênero da prímula, assim como De Vries, e chegou a nítidas proporções de 3:1 nas características dos descendentes. Obviamente ele não relacionou isso a Mendel, mas parece que não entendeu que essas proporções podiam ser importantes.

6. A drosófila passa por um estágio de pupa quando se encasula na saliva pegajosa. Para se obter o maior número possível de genes produtores de saliva, as células das

glândulas salivares dobram repetidamente seus cromossomos, o que cria enormes "puffs cromossômico", cromossomos de estatura realmente gigantesca.

3. A ruptura do DNA (p.59-75)

1. Apesar de seu nome régio, o dogma central tem um legado mestiço. De início, Crick pretendia que o dogma significasse algo genérico, como *DNA produz RNA, RNA produz proteínas*. Depois ele reformulou de maneira mais precisa, falando sobre como a "informação" fluía do DNA para o RNA e para a proteína. Mas nem todos os cientistas absorveram a segunda iteração, e, assim como os velhos dogmas religiosos, este acabou impedindo o pensamento racional entre alguns adeptos. "Dogma" implica uma verdade inquestionável, e Crick depois admitiu, rolando de rir, que nem sabia a definição de dogma quando definiu o seu – apenas lhe pareceu algo erudito. Outros cientistas prestaram atenção à Igreja, no entanto, e quando esse suposto dogma inviolável foi divulgado, transformou-se, inadequadamente, na cabeça de muita gente, como algo menos preciso, algo como o *DNA existe só para produzir RNA, RNA só para produzir proteínas*. Até hoje, livros-texto se referem a isso como o dogma central. Infelizmente, esse dogma abastardado deforma a verdade. Confundiu durante décadas (e ainda confunde às vezes) o reconhecimento de que o DNA, e especialmente o RNA, faz muito mais que produzir proteínas.

Realmente, embora a produção de proteína básica exija RNA mensageiro (mRNA), RNA transportador (tRNA) e RNA ribossômico (rRNA), há dezenas de outros tipos de RNA reguladores. Aprender sobre todas as diferentes funções do RNA é como fazer uma palavra cruzada em que você conhece as últimas letras de uma resposta, mas não as iniciais, e precisa percorrer o alfabeto em voz baixa. Já vi referências a aRNA, bRNA, cRNA, dRNA, eRNA, fRNA, e assim por diante, até os estrambóticos qRNA e zRNA. Existem ainda rasiRNA e tasiRNA, piRNA e snoRNA, além do RNAi de Steve Jobs e outros. Ainda bem que o mRNA, o rRNA e o tRNA abrangem toda a genética de que precisamos neste livro.

2. Para esclarecer, cada códon representa apenas um aminoácido. Mas o inverso *não* é verdade, pois alguns aminoácidos são representados por mais de um códon. Por exemplo, GGG só pode ser glicina. Mas GGU, GGC e GGA podem também codificar a glicina, e é aí que entra a redundância, porque realmente não precisamos dos quatro.

3. Alguns outros eventos na história expuseram muita gente à radioatividade, sendo que o mais notável foi o da usina nuclear de Chernobyl, na atual Ucrânia. O derretimento de 1986 em Chernobyl expôs pessoas a tipos de radiação diferentes das bombas de Hiroshima e Nagasaki – menos raios gama e mais versões radioativas de elementos como césio, estrôncio e iodo, que podem invadir o corpo e sobrecarregar o DNA a curta distância. Funcionários do governo soviético relataram perto de 7 mil casos de câncer na tireoide, e médicos do governo avaliam que haverá 16 mil

casos de mortes de câncer durante as próximas décadas, um aumento de 0,1% sobre os níveis habituais de câncer.

Ao contrário de Hiroshima e Nagasaki, o DNA dos filhos de vítimas de Chernobyl, em especial filhos de homens próximos do lugar, mostra sinais de aumento de mutações. Esses resultados permanecem discutíveis, mas, dados os diferentes padrões de exposição e níveis de dosagem – Chernobyl liberou centenas de vezes mais radioatividade que qualquer das bombas atômicas –, eles podem ser verdadeiros. Ainda não se sabe se essas mutações na verdade se traduzem ou não em problemas de saúde a longo prazo entre os filhos de Chernobyl. (Como comparação imperfeita, alguns pássaros e plantas nascidos depois de Chernobyl mostraram altas taxas de mutação, mas a maioria parecia sofrer pouco com isso.)

Infelizmente, o Japão terá agora de monitorar seus cidadãos, mais uma vez, por efeitos de longo prazo de precipitação radioativa por causa da rachadura na usina nuclear de Fukushima Daiichi, na primavera de 2011. Os primeiros relatórios do governo (alguns dos quais contestados) indicam que os prejuízos foram circunscritos a uma área igual a 1/10 do tamanho dos limites da exposição de Chernobyl, principalmente porque os elementos radioativos de Chernobyl foram liberados no ar, enquanto no Japão o solo e a água os absorveram. O Japão também interceptou em seis dias a maior parte dos alimentos e bebidas contaminados nas proximidades de Fukushima. Em consequência, peritos médicos imaginam que o número total de mortes por câncer no Japão será relativamente pequeno – cerca de mil mortes a mais durante as próximas décadas, comparado com os 20 mil que morreram no terremoto e no tsunami.

4. Para um relato completo da história de Yamaguchi – e de mais oito histórias igualmente empolgantes –, ver *Nine Who Survived Hiroshima and Nagasaki*, de Robert Trumbull. Altamente recomendável.

Para mais detalhes sobre Muller e muitas outras figuras que estão na origem da genética (inclusive Thomas Hunt Morgan), leia o maravilhoso e abrangente *Mendel's Legacy*, de Elof Axel Carlson, ex-aluno de Muller.

Para um detalhado, porém acessível, relato da física, da química e da biologia de como as partículas radiotaivas afetam o DNA, ver *Radiobiology for the Radiologist*, de Eric J. Hall e Amato J. Giaccia. Eles também debatem especificamente as bombas de Hiroshima e Nagasaki

Finalmente, para um exame das primeiras tentativas de decifrar o código genético, recomendo Brian Hayes em "The invention of the genetic code", na edição de jan-fev de 1998 da *American Scientist*.

4. A partitura musical do DNA (p.76-95)

1. O próprio Zipf acreditava que sua lei revelava algo universal sobre a mente humana: a preguiça. Quando falamos, queremos gastar o mínimo de energia possível

para comunicar nossas questões, argumentava ele, por isso usamos palavras comuns como *mau*, por serem curtas e surgirem logo na mente. O que nos impede de definir um covarde, patife, canalha, bastardo, imbecil, cretino, cabeça-oca e misantropo como "mau" é outra das preguiças das pessoas, pois elas não querem elaborar mentalmente todos os significados possíveis da palavra. Querem apenas precisão. Esse cabo de guerra de indolência resulta em linguagens em que as palavras comuns fazem a maior parte do trabalho, mas palavras mais raras e mais descritivas precisam aparecer de vez em quando para agradar aos leitores mais chatos.

Esse é um argumento inteligente até certo ponto, mas muitos pesquisadores afirmam que qualquer explicação "profunda" da lei de Zipf, para usar outra palavra comum, é bobagem. Explicam que algo semelhante a uma distribuição zipfiana pode surgir em quase qualquer situação caótica. Até programas de computadores que cospem letras e espaços aleatoriamente – orangotangos digitais martelando máquinas de escrever – podem mostrar distribuições zipfianas nas "palavras" resultantes.

2. A analogia entre linguagem genética e linguagem humana parece confusa para alguns, quase bonita demais para ser verdade. Analogias só podem ser feitas até certo ponto, mas acho que parte dessa resistência se origina da nossa tendência meio egoísta de achar que linguagem são só os sons produzidos por homens. A linguagem é mais ampla que nós; ela são as regras que governam qualquer comunicação. E as células podem recolher informação de seu ambiente tanto quanto os homens, e se ajustar ao que ele "diz" em resposta. O que elas fazem com as moléculas, em vez de ondas de pressão no ar (ou seja, som), não deve nos tornar preconceituosos. Reconhecendo isso, alguns textos recentes sobre biologia celular incluem capítulos sobre as teorias de Chomsky a respeito da estrutura subjacente das linguagens.

3. O palíndromo quer dizer algo como "o fazendeiro Arepo trabalha com seu arado", com *rotas*, literalmente, "rodas", referindo-se ao movimento para a frente e para trás que o arado faz durante o cultivo. Esse "quadrado mágico" deleitou os amantes de enigmas durante séculos, mas estudiosos têm sugerido que pode ter servido a outro propósito durante os reinados de terror do Império Romano. Um anagrama dessas 25 letras recita o *paternoster*, o "Pai-nosso", duas vezes, numa cruz entrelaçada. As quatro letras que sobram do anagrama, dois *a*s e dois *b*s, podiam se referir ao alfa e ômega (depois famoso pelo livro da Revelação). A teoria é de que, ao rabiscar esse palíndromo inócuo em suas portas, os cristãos trocavam sinais sem despertar a suspeita dos romanos. Consta também que o quadrado mágico espantava o demônio, que tradicionalmente (assim dizia a Igreja) se confundia ao ler os palíndromos.

4. O chefe de Friedman, "coronel" George Fabyan, tinha um vidão. O pai de Fabyan começou uma empresa de algodão chamada Bliss Fabyan e criou o filho para assumir o negócio. Mas o garoto sucumbiu à vontade de viajar e fugiu de casa para trabalhar como lenhador em Minnesota, e seu indignado pai o deserdou. Dois anos

depois, Fabyan cansou de brincar de Paul Bunyan e resolveu voltar para o negócio da família – candidatando-se a um emprego, com nome falso, num escritório da Bliss Fabyan em St. Louis. Logo batia recordes de vendas, e seu pai no QG corporativo em Boston chamou aquele jovem promissor para ir ao seu escritório conversar sobre uma promoção. Quem chegou foi seu filho.

Depois dessa reunião shakespeariana, Fabyan progrediu no negócio de algodão e usou sua fortuna para abrir um centro de estudos. Financiou vários tipos de pesquisa ao longo dos anos, mas continuou obcecado com códigos shakespearianos. Tentou publicar um livro sobre ter quebrado esse código, mas um cineasta que trabalhava numa adaptação de Shakespeare abriu um processo contra a publicação, argumentando que o conteúdo "destroçaria" a reputação de Shakespeare. Por alguma razão, o juiz local aceitou o caso – séculos de crítica literária caíram sob sua jurisdição – e, inacreditavelmente, ficou do lado de Fabyan. Sua decisão concluiu: "Francis Bacon é o autor dos trabalhos tão erroneamente atribuídos a William Shakespeare", e ordenou que o produtor do filme pagasse US$ 5 mil pelos prejuízos.

A maioria dos estudiosos vê os argumentos contra a autoria de Shakespeare com a mesma tolerância que os biólogos veem as teorias sobre impressões maternas. Porém, diversos juízes da Suprema Corte dos Estados Unidos, mais recentemente, em 2009, também expressaram opinião de que Shakespeare não teria escrito as peças. A verdadeira lição aqui é que parece que os advogados têm diferentes padrões de verdade e evidência que os cientistas e historiadores.

5. Golpes em cassinos nunca dão certo. A ideia começou com o engenheiro Edward Thorp, que em 1960 recrutou Shannon para ajudá-lo. Na mesa da roleta, os dois trabalhavam como equipe, ainda que fingissem não se conhecer. Um observava a bola da roleta girando e anotava o momento exato em que passava por certos pontos. Depois usava um sinalizador no sapato, acionado pelo dedão, para enviar sinais ao pequeno computador no bolso, que por sua vez transmitia sinais de rádio. O outro homem, usando um fone de ouvido, escutava os sinais como notas musicais e, baseado na melodia, sabia onde apostar. Pintavam os fios que apareciam (como o do fone de ouvido) da cor da pele e se disfarçavam com maquiagem.

Thorp e Shannon calcularam um rendimento projetado de 44% nesse esquema, mas Shannon se acovardou no primeiro teste no cassino, e fazia apenas apostas pequenas. Eles ganhavam mais que perdiam, mas, talvez depois de ter examinado os brutamontes que vigiavam as portas do cassino, Shannon perdeu o gosto pelo empreendimento. (Considerando que os dois mandaram fazer uma roleta de US$ 1.500 em Reno para praticar, o mais provável é que tenham *perdido* dinheiro na aventura.) Abandonado pelo parceiro, Thorp publicou seu trabalho, mas ainda levou alguns anos para os cassinos vetarem dispositivos eletrônicos em suas dependências.

5. A defesa do DNA (p.99-120)

1. Para um relato do constrangimento e do desdém que Watson e Crick suportaram por causa desse estranho modelo do DNA, leia meu livro anterior, *A colher que desaparece*.

2. Para um relato mais completo da vida de Miriam, recomendo muito *The Soul of DNA*, de Jun Tsuji.

3. Usando essa lógica, os cientistas sabem também que a Eva Mitocondrial teve um parceiro. Todos os machos herdam os cromossomos Y só dos pais, já que as fêmeas não têm o Y. Por isso, todos os homens podem seguir linhas paternas no tempo até encontrar o Adão de cromossomo Y. A complicação é que, se, por um lado, leis matemáticas demonstram que esses Adão e Eva devem ter existido, as mesmas leis revelam que Eva viveu dezenas de milhares de anos antes de Adão. Então, o casal do Éden não poderia jamais ter se conhecido, mesmo levando em conta a extraordinária expectativa de vida da Bíblia.

Na verdade, se desprezarmos o aspecto estritamente patrilinear ou matrilinear e procurarmos pelo último ancestral que – através de homens *ou* mulheres – transmitiram pelo menos algum DNA para todos os que estão vivos hoje, essa pessoa viveu apenas há cerca de 5 mil anos, bem depois que os humanos se disseminaram pelo planeta todo. Os humanos são fortemente tribais, mas os genes sempre encontram um jeito de se espalhar.

4. Alguns historiadores argumentam que Barbara McClintock lutou para comunicar suas ideias em parte porque não sabia desenhar, ou pelo menos não desenhava. Mas nos anos 1950, os biólogos moleculares e geneticistas tinham desenvolvido gráficos em cartolina altamente estilizados para descrever processos genéticos. Barbara McClintock, de uma geração mais velha, nunca aprendeu as notações convencionais, deficiência que – combinada à complexidade original do milho – teriam tornado suas ideias confusas demais. Na verdade, alguns alunos de Barbara McClintock dizem não se lembrar de ela ter desdenhado nenhum diagrama para explicar qualquer coisa. Era simplesmente uma pessoa verbal, enraizada no *logos*.

Compare essa atitude com a de Albert Einstein, ao afirmar que sempre pensava em imagens, mesmo sobre os fundamentos do espaço e do tempo. Charles Darwin era da estirpe de Barbara McClintock. Incluiu uma única imagem, de uma árvore da vida, nas centenas de páginas de *A origem das espécies*; um dos historiadores que estudaram o caderno de esboços originais de plantas e animais de Darwin admitiu que ele era "péssimo desenhista".

5. Se estiver interessado em saber mais sobre a recepção ao trabalho de McClintock, Nathaniel Comfort é o estudioso mais apropriado para contestar a versão canônica da história da vida dela.

6. Os sobreviventes, os longevos (p.121-40)

1. A maioria das crianças nascidas com ciclopia (o termo médico) não vive muito depois do parto. Porém, uma menina nascida com ciclopia na Índia, em 2006, surpreendeu os médicos ao sobreviver duas semanas, o suficiente para os pais a levarem para casa. (Não houve informações sobre sua sobrevivência depois das notícias iniciais.) Em vista dos sintomas clássicos da garota – o cérebro não dividido, sem nariz e um olho só –, é quase certo que o *sonic hedgehog* estava disfuncional. Realmente, as notícias divulgaram que a mãe havia tomado uma droga experimental contra o câncer que bloqueia o *sonic*.

2. O príncipe Mo pertencia à casa de Orange, da Holanda, família com uma lenda incomum (e possivelmente apócrifa) ligada a seu nome. Séculos atrás, as cenouras silvestres eram predominantemente púrpuras. Mas, por volta de 1600, fazendeiros holandeses plantadores de cenouras, tomando liberdades com técnicas genéticas antiquadas, começaram a criar e cultivar algumas espécies mutantes que por acaso tinham altas concentrações da variante betacaroteno da vitamina A – e, ao fazer isso, desenvolveram as primeiras cenouras alaranjadas. Não se sabe até hoje se realizaram o feito por conta própria ou (como dizem certos historiadores) para homenagear a família de Maurício, mas os fazendeiros mudaram para sempre a textura, o sabor e a cor dessa raiz.

3. Embora tenha sido biólogo excepcional e famoso, Weismann certa vez afirmou – o que é risível, dado o tamanho do livro – ter lido *A origem das espécies* de uma assentada.

4. Alguns cientistas chegaram a expandir o alfabeto para seis, sete ou oito letras, baseados em variações químicas da citosina metilada. Essas letras são chamadas (se você é ligado em abreviaturas) de hmC, fC e caC. Não está claro, porém, se essas "letras" funcionam de maneira independente ou são apenas passos intermediários no confuso processo pelo qual as células retiram o m da mC.

5. A história do fígado do husky é dramática, envolvendo uma fatídica exposição para chegar ao polo sul. Não vou me estender na história, mas escrevi algo a respeito e postei on-line em http://samkean.com/thumb-notes. Meu site contém ainda links para toneladas de fotos (http://samkean.com/thumb-pictures), bem como outras notas um pouco digressivas demais para se incluir aqui. Assim, se estiver interessado em ler sobre o papel de Darwin na música, um bilhete suicida, uma fraude científica infame ou ver o pintor Henri Toulouse-Lautrec nu em uma praia, dê uma olhada.

6. Os europeus não viram mais Huys até 1871, quando uma expedição de exploradores refez seu trajeto. As vigas brancas estavam esverdeadas de musgo, e a cabana estava vedada hermeticamente pelo gelo. Os exploradores recuperaram, entre ou-

tros detritos, espadas, livros, um relógio, uma moeda, utensílios, "mosquetes, uma flauta, os pequenos sapatos do grumete do navio que tinha morrido ali e a carta que Barentsz deixou na chaminé, por segurança", para justificar o que alguém poderia considerar uma decisão covarde de abandonar seu navio no gelo.

7. O micróbio maquiavélico (p.141-59)

1. Embora o mais provável seja que o RNA tenha precedido o DNA, outros ácidos nucleicos – como GNA, PNA ou TNA – podem ter precedido os dois. O DNA forma sua estrutura principal a partir do açúcar desoxirribose de estrutura cíclica, que é mais complicado que os blocos estruturais possivelmente disponíveis na terra primordial. O ácido glicol nucleico e o peptídio nucleico são melhores candidatos, pois nenhum usa açúcares com estrutura cíclica em sua estrutura (o PNA não usa nem fosfatos). O ácido nucleico da treose usa açúcares com estrutura cíclica, mas são açúcares mais simples que os do DNA. Os cientistas desconfiam que estruturas mais simples se mostraram mais robustas também, dando às NAs uma vantagem sobre o DNA na terra primordial causticada pelo sol, quase toda formada de lava e bombardeada com muita frequência.

2. A noção de parasitas se banqueteando com outros parasitas sempre me lembra um trecho dos versos de Jonathan Swift: "So nat'ralists observe, a flea/ Hath smaller fleas that on him prey,/ And these have smaller fleas that bite 'em,/ And so proceed ad infinitum" ("Como os naturalistas observam, uma pulga/ Tem pulgas menores que a assolam,/ E estas têm pulgas menores que as picam,/ E assim segue *ad infinitum*").

Para minha satisfação, um matemático chamado Augustus de Morgan superou Swift no tema: "Great fleas have little fleas upon their backs to bite 'em,/ And little fleas have lesser fleas, and so ad infinitum./ And the great fleas themselves, in turn, have greater fleas to go on,/ While these again have greater still, and greater still, and so on" ("Grandes pulgas têm pequenas pulgas nas costas para picá-las,/ E pequenas pulgas têm pulgas menores, e assim *ad infinitum.*/ E as grandes pulgas elas mesmas, por sua vez, têm pulgas maiores para assolar,/ Enquanto estas, por sua vez, têm outras maiores ainda, maiores ainda, e assim por diante").

3. Uma amostra: Stinky, Blindy, Sam, Pain-in-the-Ass, Fat Fuck, Pinky, Tom, Muffin, Tortoise, Stray, Pumpkin, Yankee, Yappy, Boots the First, Boots the Second, Boots the Third, Tigger e Whisky.

4. Além dos US$ 111 mil por ano, havia despesas ocasionais inesperadas, como quando um defensor da liberdade dos animais fez um buraco na cerca para soltar o maior número de gatos possível. Jack disse que havia tantos gatos que eles nem perceberam as dezenas que fugiram, até uma freira bater na porta e perguntar se os gatos que estavam subindo nos telhados da vizinhança eram deles.

5. Sendo escrupuloso: os cientistas ainda não realizaram estudos controlados sobre a relação entre níveis de toxo no cérebro e o hábito de ter gatos. Então, é possível que a ligação entre toxo, a dopamina e colecionar gatos não existia. Nem toxo consegue explicar tudo sobre esse comportamento, pois às vezes as pessoas também colecionam cães.

Mas a maioria dos colecionadores de animais prefere os felinos, e cientistas envolvidos em estudos do toxo encontraram relações plausíveis e anunciaram isso em público. Simplesmente viram muitas evidências de como o toxo muda o comportamento dos roedores e de outras criaturas. E, independentemente do poder de sua influência, o toxo infiltra dopamina no nosso cérebro.

6. Ao longo dos anos, Jack e Donna deram muitas entrevistas sobre sua vida e suas batalhas. Algumas fontes incluem: *Cats I Have Known and Loved,* de Pierre Berton; "No room to swing a cat!", de Philip Smith, *The People,* 30 jun 1996; "Couple's cat colony makes record books – and lots of work!", de Peter Cheney, *Toronto Star,* 17 jan 1992; *Current Science,* 31 ago 2001; "Kitty fund", *Kitchener-Waterloo Record,* 10 jan 1994; "$10,000 averts ruin for owners of 633 cats", de Kellie Hudson, *Toronto Star,* 16 jan 1992; e *Scorned and Beloved: Dead of Winter Meetings with Canadian Eccentrics,* de Bill Richardson.

8. Amor e atavismo (p.160-79)

1. Em um exemplo radical, as moscas-das-frutas fazem do gene *Dscam* 38.016 diferentes produtos – mais ou menos o triplo do número de genes que a mosca-das-frutas tem. Isso é que é uma teoria de um gene/uma proteína!

2. A natureza adora pregar peças, e para quase tudo o que chamamos de característica "específica" dos mamíferos há uma exceção: répteis com uma placenta rudimentar, por exemplo, ou insetos que dão à luz sua prole. Mas, no geral, são características de mamíferos.

3. Nos humanos, o MHC costuma ser chamado de HLA, mas, como estamos falando aqui de mamíferos, vou usar o termo genérico.

4. Embora mais bem conhecido pelo telefone, Alexander Graham Bell se interessava muito por genética e sonhava com o desenvolvimento de homens mais aptos. Para saber mais sobre biologia, ele criou ovelhas com mamilos extras e estudou padrões de hereditariedade.

5. Para saber mais sobre caudas humanas, ver o maravilhoso *A Cabinet of Medical Curiosities,* de Jan Bondeson. O livro tem também um surpreendente capítulo sobre

impressões maternas (como as do Capítulo 1), além de muitas outras histórias horríveis da história da anatomia.

6. O cientista acabou não obtendo financiamento para essa pesquisa. E, para ser justo, ele não pretendia gastar os US$ 7,5 milhões só para desenvolver as bombas gay. Parte desse dinheiro seria destinado a outros projetos, entre eles uma bomba que provocaria um mau hálito épico ao inimigo, a ponto de induzir a náusea. Ninguém comentou se o cientista chegou a perceber que poderia combinar as duas bombas em uma das armas mais frustrantes da história.

9. Humanzés e outros quase acertos (p.180-200)

1. Na verdade, foi assim que os cientistas determinaram que os chimpanzés, não os gorilas, são nossos parentes vivos mais próximos. Pesquisadores fizeram os primeiros experimentos de hibridização de DNA, nos anos 1980, misturando DNA de chimpanzés, gorilas e homens num banho quente e espumante. Quando as coisas esfriaram, o DNA humano ligava-se ao DNA do chimpanzé com mais facilidade do que com o DNA do gorila. CQD (Como Queríamos Demonstrar).

2. Aqui não é o lugar para tentar resolver esse debate, mas os cientistas que propuseram pela primeira vez a teoria de reprodução entre espécies tentaram, claro, contrariar essa suposta refutação. E os cientistas originais têm certa razão: no artigo que anunciou a teoria, em 2006, eles realmente anteciparam essa crítica sobre o X parecer mais uniforme, em razão das taxas de produção de espermatozoide. Especificamente, eles notaram que, enquanto os cromossomos X deveriam mesmo ser mais parecidos por essa razão, os cromossomos X que estudaram eram ainda mais parecidos do que o cenário poderia justificar.

Naturalmente, os cientistas que refutaram estavam ocupados se defendendo das contrarrefutações. Tudo é muito técnico e um pouco antigo, mas empolgante, dado o que está em questão...

3. Além dos detalhes lascivos, a reportagem do *Times* incluiu também a seguinte frase bizarra – e bizarramente igualitária: um cientista estava convencido de que "se o orangotango for hibridizado com a raça amarela, o gorila com a raça negra e os chimpanzés com a raça branca, os três híbridos se reproduzirão". O mais surpreendente, em especial pela época, é a insistência em que todos os seres humanos, independentemente de cor, eram parentes de feras.

4. Para antecipar essa questão, sim, os cromossomos podem se dividir também, por um processo chamado fissão. Na linhagem dos primatas, o número atual dos nossos cromossomos 3 e 21 já formaram um time, e foram o nosso mais longo cromossomo por milhões de anos. Os números 14 e 15 também se separaram antes do surgimento dos grandes macacos, muito tempo atrás, e os dois mantêm um formato engraçado

como legado, descentralizado até hoje. Por alguma razão, então, a fusão do 14 com o 15 nos chineses foi um atavismo genético definitivo, retornando ao estado ancestral anterior ao macaco!

5. Para saber mais sobre a vida de Ivanov, a referência de maior autoridade e menos sensacionalismo é o artigo de Kirill Rosiianov, publicado em *Science in Context*, na edição do verão de 2002: "Beyond species: Ilya Ivanov and his experiments on cross-breeding humans with anthropoid apes".

10. As, Cs, Gs e Ts escarlates (p.203-24)

1. A coleção de anedotas sobre Buckland é praticamente infindável. Uma das favoritas entre seus amigos conta de uma ocasião em que ele e um estranho, sentados frente a frente numa longa viagem de trem, adormeceram. Buckland acordou e percebeu que algumas lesmas vermelhas que havia guardado nos bolsos tinham escapado e agora subiam na careca de seu companheiro de viagem. Buckland desceu discretamente na estação seguinte. Buckland também inspirou Frank, seu filho também excêntrico, que herdou sua predileção por zoofilia e lançou alguns dos mais extravagantes pratos ingeridos pela família Buckland. Frank tinha um acordo estável com o Zoológico de Londres para receber a canela de qualquer animal que morresse nas dependências.

Apesar de ser insultuoso com Buckland, Darwin também tinha seu lado zoófilo, tendo inclusive participado do Glutton Club de Cambridge, onde ele e amigos jantavam falcões, corujas e outros animais. Na viagem a bordo do *Beagle*, Darwin comeu omelete de avestruz e tatu assado no casco, e depois experimentou uma paca, roedor amarronzado que pesa 10kg, definida por ele como "a melhor carne que já comi".

Para mais detalhes sobre vida, trabalho, família e excentricidades de Buckland, recomendo *The Heyday of Natural History*, de Lynn Barber, e *Bones and Ochre*, de Marianne Sommer.

2. Depois veio à luz que outro cientista havia descoberto ossos de megalossauro nos anos 1600, inclusive um fêmur do tamanho de um tronco de árvore. Mas ele classificou os ossos como de seres humanos gigantes, decisão que o trabalho de Buckland refutou. Estranhamente, duas cabeças daquele fêmur pareciam remeter à verossimilhança de Michelangelo à metade inferior do "pacote" masculino. Pode-se dizer, então, baseado na prioridade científica da nomenclatura, que a primeira espécie de dinossauro conhecida deveria ser chamada de *Scrotum humanum*. Mas o nome dado por Buckland, mais apropriado, pegou.

3. O professor que identificou o suposto cossaco decidiu que o cenho tinha aquele formato porque a vítima passara muitos dias franzindo o cenho por causa da dor. Parece que o professor acreditou também que o cossaco tinha escalado 20 metros

de rocha escarpada mortalmente ferido, se despido completamente e se enterrado em 60 centímetros de argila.

4. Posteriormente, etiquetas de DNA (vulgo marcas-d'água de DNA) ficaram mais elaboradas, decodificando nomes, endereços de e-mail ou citações famosas – coisas que a natureza não poderia ter inserido por acaso. Uma equipe de pesquisadores liderada por Craig Venter codificou as seguintes citações em As, Cs, Gs e Ts, e teceu-as num genoma sintético que criaram do zero e inseriram numa bactéria: "Viver, errar, cair, triunfar e recriar a vida a partir da vida" (James Joyce, *Retrato do artista quando jovem*); "Ver as coisas não como elas são, mas como poderiam ser" (de *American Prometeus*, livro sobre Robert Oppenheimer); "O que eu não consigo construir não consigo entender" (Richard Feynman, palavras escritas em seu quadro-negro no dia em que morreu).

Infelizmente, Venter fez confusão com a última citação. Na verdade Feynman escreveu: "O que não consigo criar, eu não entendo." Venter também teve problemas com a citação de Joyce. A família de Joyce (que controla seu espólio) é conhecida pela severidade na permissão de qualquer um (inclusive uma bactéria) de citar o autor sem permissão por escrito.

5. Comparado com o monte Saint Helens, o Toba cuspiu 2 mil vezes mais porcaria no ar. Dos vulcões ao redor do planeta, o Toba é um dos poucos comparáveis ao gigavulcão efervescendo atualmente no Wyoming, que um dia explodirá e mandará pelos ares o parque de Yellowstone e tudo ao seu redor.

11. Tamanho é documento (p.225-43)

1. Stephen Jay Gould faz um relato muito divertido da história da autópsia de Cuvier em *The Panda's Thumb*. Gould escreveu também um artigo genial em duas partes sobre a vida de Jean-Baptiste Lamarck – que encontraremos no Capítulo 15 – em sua coleção *The Lying Stones of Marrakech*.

2. Em parte para determinar como e por que os hobbits encolheram, agora estão abrindo um dente de hobbit para extrair o DNA. É um procedimento incerto, pois os hobbits (ao contrário dos homens de Neandertal) viviam num tipo de clima tropical que deteriora o DNA mais depressa. Até agora, todas as tentativas de extrair DNA de um hobbit falharam.

O estudo do DNA do hobbit deve ajudar os cientistas a determinar se ele realmente pertence ao gênero *Homo*, um ponto discutível. Até 2010, cientistas sabiam de somente duas outras espécies de *Homo* – o Neandertal e talvez o hobbit – ainda vivos quando o *Homo sapiens* começou a tomar o planeta. Mas, recentemente, os cientistas tiveram de acrescentar mais um à lista, o Homem de Denisova, que recebeu o nome de uma caverna na gelada Sibéria, em que uma garota de cinco anos morreu dezenas de milhares de anos atrás. Os ossos pareciam de Neandertal quando os cientistas os descobriram em meio a camadas antigas de terra e fezes de bode, em 2010, mas o DNA extraído de uma junta óssea mostra diferenças significativas, indicando uma linhagem separada de *Homo* – a primeira espécie antiga descoberta apenas via evidência genética (não anatômica).

Vestígios de DNA do Denisova são encontrados hoje nos melanésios, os povos que originalmente se estabeleceram nas ilhas entre Fiji e Nova Guiné. Aparentemente os melanésios se encontraram com o Denisova em algum ponto da grande jornada desde a África aos mares do Sul, e, assim como ocorreu entre seus ancestrais e o Neandertal, se misturaram. Hoje os melanésios têm até 8% de DNA não *Homo sapiens*. Mas, além desses indícios, o Denisova continua um mistério.

3. Quer mais? O dedo de Galileu, o crânio de Oliver Cromwell e a cabeça inteira decapitada de Jeremy Bentham (inclusive sua pele estranhamente encolhida) ficaram em exposição póstuma durante séculos. Consta que o coração de Thomas Hardy foi comido por um gato. Frenologistas roubaram a cabeça de Joseph Haydn logo depois do enterro, e os funcionários do cemitério roubaram os cabelos "cheios de larvas" de Franz Schubert quando o transferiram para outra cova. Alguém chegou a roubar um jarro que serviu a Thomas Edison em suas últimas convulsões, para recolher seu último alento. O jarro foi posto imediatamente em exposição num museu.

Eu poderia preencher mais uma página listando partes de corpos de gente famosa que encontraram nova vida – o coração de Percy Bysshe Shelley, a mandíbula cancerosa de Grover Cleveland, supostos pedaços do prepúcio de Jesus (o Divino Prepúcio) –, mas vou concluir afirmando que não há fundamento no persistente boato de que o Simithsonian Institute tem o pênis de John Dillinger.

4. O algoritmo genético geral para acrescentar volume e densidade ao cérebro pode ser surpreendentemente simples. O biólogo Harry Jerison propôs o seguinte exemplo: imagine uma célula-tronco cujo DNA a programa para "dividir 32 vezes e depois parar". Se nenhuma célula morrer, você vai ter 4.294.967.296 neurônios. Agora, imagine alterar esse código para "dividir 34 vezes e depois parar". Isso levaria a dois dobros a mais, ou 17.179.869.184 neurônios.

A diferença entre 4,3 bilhões de neurônios e 17,2 bilhões de neurônios, observou Jerison, seria mais ou menos a diferença entre a população do córtex do chimpanzé e a população do córtex humano. "O código pode parecer simples", diz Jerison, mas "as instruções são muito mais complexas, e podem estar além da capacidade de os genes codificarem a informação."

5. Não está claro se Peek, mórmon devoto, sabia sobre o cisma que a arqueologia genética havia aberto recentemente com a Igreja dos Santos dos Últimos Dias. Tradicionalmente, os mórmons acreditavam – desde que Joseph Smith, de apenas catorze anos, copiou as palavras do próprio Jeová, em 1820 – que os polinésios e ame-

ríndios descendiam de um intrépido profeta judeu, Lehi, que navegou de Jerusalém para a América em 600 a.C. Mas todos os testes de DNA conduzidos nesses povos discordaram desse ponto: eles não têm nada de povos do Oriente Médio. E essa contradição não apenas invalida o aspecto literal dos livros santos dos mórmons, como também perturba a complicada escatologia mórmon sobre quais povos serão salvos no fim dos tempos e quais grupos precisam de proselitismos, enquanto isso. Essa descoberta causou muita aflição espiritual entre alguns mórmons, principalmente entre cientistas de universidades. Para alguns, acabou com a própria fé. A maioria dos adeptos habituais da Igreja dos Santos dos Últimos Dias não sabe, ou não absorveu, essa contradição e seguiu em frente.

6. Para um relato que retrata bem os talentos de Peek, ver "Inside the mind of a *savant*", de Donald Treffert e Daniel Christensen, *Scientific American*, dez 2005.

12. A arte do gene (p.244-65)

1. O modelo do zíper torcido com suas hélices alternando-se em esquerda e direita na verdade estreou duas vezes em 1976 (mais uma descoberta simultânea). Primeiro, uma equipe da Nova Zelândia publicou a ideia. Pouco depois, um grupo trabalhando de forma independente na Índia apareceu com dois modelos de zíper torcido, um idêntico ao dos neozelandeses e outro com algumas As, Cs, Gs e Ts viradas de cabeça para baixo. Fiel ao clichê de rebeldes intelectuais por toda parte, quase todos os integrantes das duas equipes eram marginais da biologia molecular e não tinham noções preconcebidas de que o DNA tinha dupla-hélice. Um dos neozelandeses nem era cientista profissional, e um dos indianos nunca tinha ouvido falar de DNA!

2. Os macacos costumam ignorar a música humana ou considerá-la irritante, porém, recentes estudos com saguis-cabeça-de-algodão, da América do Sul, confirmaram que eles respondem bem a músicas feitas especialmente para eles. David Teie, violoncelista de Maryland, trabalhou com primatologistas na composição de música pautada nos sinais usados pelos saguis para transmitir medo ou alegria. Especificamente, Teie baseou seu trabalho nos tons ascendentes e descendentes dos chamados, bem como nas durações, e, quando tocou os vários opus, os saguis mostraram sinais visíveis de relaxamento ou inquietação. Mostrando bom senso de humor, Teie comentou para um jornal: "Eu posso ser apenas um boboca para vocês. Mas, cara, para os macacos eu sou o Elvis."

3. Já que você está morrendo de vontade de saber, a primeira vez que Rossini chorou foi quando sua primeira ópera foi um fracasso. O choro com Paganini foi o segundo. O terceiro, e último, foi quando Rossini, glutão assumido, estava andando de barco

com amigos quando – horror dos horrores – sua cesta de piquenique caiu na água com um magnífico peru trufado.

4. São poucas as biografias de Paganini em inglês. Uma introdução curta e vívida à sua vida – com vários detalhes sobre suas doenças e problemas póstumos – é *Paganini*, de John Sugden.

5. Por alguma razão, alguns escritores americanos clássicos atentaram para os debates do início dos anos 1900 sobre seleção sexual e seu papel na sociedade humana. F. Scott Fitzgerald, Ernest Hemingway, Gertrude Stein e Sherwood Anderson, todos abordaram aspectos animais de namoro, paixão masculina e ciúme, ornamentação sexual, e assim por diante. De forma similar, a própria genética abalou alguns desses escritores. Em seu fascinante *Evolution and the "Sex Problem"*, Bert Bender escreve que, "embora a genética mendeliana fosse uma descoberta bem-vinda a Jack London, que a abraçou com entusiasmo como um rancheiro praticando reprodução seletiva, outros, como Anderson, Stein e Fitzgerald, ficaram profundamente perturbados". Fitzgerald em especial parecia obcecado com a evolução, a eugenia e a hereditariedade. Bender mostra que ele faz constantes referências a ovos em seu trabalho (Ovo Ocidental e Ovo Oriental são apenas dois exemplos). O romancista certa vez escreveu sobre "sistema lavrado nas danças, que favorece os mais aptos". Até o "bom companheiro" de Gatsby, seu apelido para Nick Carraway, o narrador de *O grande Gatsby*, pode ter raízes no antigo hábito entre os geneticistas de chamar os mutantes de "*sports*".

6. *Mutants*, de Armand Leroi, explora com mais detalhes a doença específica que Toulouse-Lautrec poderia ter, e também os efeitos na sua arte. Aliás, recomendo o livro principalmente pelas inúmeras e fascinantes histórias, como as anedotas sobre o defeito de nascença tipo garra de lagosta, mencionado no Capítulo 1.

7. O lábio ficava mais óbvio em fotos de homens, mas as mulheres não escaparam desses genes. Maria Antonieta, parte de outro ramo da família, tinha sinais marcantes do lábio dos Habsburgo.

13. O passado é um prólogo... às vezes (p.269-89)

1. Curiosamente, o assassino de Lincoln foi apanhado num contratempo genético nos anos 1990. Na época, dois historiadores estavam apregoando uma teoria de que John Wilkes Booth não fora o autor do crime, mas sim um espectador inocente, capturado pelos soldados da União e morto em Bowling Green, na Virgínia, em 1865, doze dias depois do assassinato. A dupla afirmava que Booth tinha escapado dos soldados e fugido para o leste, onde viveu 38 anos em Enid, Oklahoma, cada vez mais desgraçado, antes de se suicidar, em 1903. A única maneira de saber era exumando o corpo na cova

de Booth, extrair o DNA e comparar com o de parentes vivos. Os coveiros do cemitério se recusaram, mas a família de Booth (estimulada pelos historiadores) abriu processo. Um juiz negou a petição, em parte porque a tecnologia da época provavelmente não resolveria o mistério; mas, em teoria, o caso poderia ser reaberto agora.

Para mais detalhes sobre o DNA de Booth e de Lincoln, ver *Abraham Lincoln's DNA and Other Adventures in Genetics*, de Philip R. Reilly, que instituiu o primeiro comitê para estudar a viabilidade de realizar testes em Lincoln.

2. Acima de tudo, porém, o povo judeu era um observador atento dos fenômenos da hereditariedade. Já em 200 d.C., o Talmude incluía uma isenção para não circuncidar um garoto se os dois irmãos mais velhos tivessem morrido de hemorragia quando foram circuncidados. Mais ainda, a lei judaica depois isentou meios-irmãos do falecido também – mas só se tivessem a mesma mãe. Se o meio-irmão tivesse o mesmo pai, a circuncisão poderia ser realizada. Os filhos de mulheres cujos filhos das irmãs tivessem morrido de hemorragia também ficaram isentos, mas não os filhos de homens cujos filhos dos irmãos tivessem morrido durante o mesmo procedimento. Claramente, o povo judeu entendeu muito tempo atrás que a doença em questão – provavelmente hemofilia, uma incapacidade de o sangue coagular – é uma doença ligada ao sexo que afeta principalmente homens, mas que é transmitida pela mãe.

3. Se o mundo fosse justo, nós não chamaríamos essa condição de "intolerância à lactose", mas de "tolerância à lactose", pois a capacidade de digerir leite é uma raridade que só ocorreu por uma recente mutação. Na verdade, duas mutações recentes, uma na Europa e outra na África. Nos dois casos, a mutação desabilitou uma região no cromossomo 2, que, nos adultos, deveria deter a produção da enzima que digere a lactose, um açúcar no leite. Embora a mutação europeia tenha acontecido primeiro, em termos históricos (cerca de 7000 a.C.), um cientista disse que o gene africano se disseminou de forma muito rápida: "Basicamente, é o mais forte sinal de seleção já observado em qualquer genoma, em qualquer estudo, em qualquer população do mundo." A tolerância à lactose é também um maravilhoso exemplo de coevolução genética e cultural, pois a capacidade de digerir leite não teria beneficiado ninguém antes da domesticação do gado e outros animais, que possibilitou um fornecimento estável de leite.

14. Três bilhões de pedacinhos (p.290-308)

1. Se você gosta de sujar as mãos, pode visitar http://samkean.com/thumb-notes para os detalhes escabrosos do trabalho de Sanger.

2. Não foi um professor de biologia, mas um professor de inglês que inspirou essa devoção em Venter. E que professor de inglês! Foi Gordon Lish, o famoso editor de Raymond Carver.

3. O pessoal da Celera era chegado a um aspecto kitsch do DNA de celebridades. Segundo o interessante livro de James Shreeve, *The Genome War*, o principal arquiteto do engenhoso programa do supercomputador da Celera mantinha em seu escritório um "esparadrapo sujo de pus" num tubo de ensaio – uma homenagem a Friedrich Miescher. A propósito, se estiver interessado em um longo relato interno do PGH, o livro de Shreeve é o mais bem escrito e o mais divertido que conheço.

4. Na verdade, essa declaração também foi arbitrária. O trabalho em algumas partes do genoma humano – como a hipervariável região MHC – continuou por anos, e o trabalho de depuração continua até hoje, com cientistas ajustando pequenos erros e segmentos de sequências que, por razões técnicas, não podem ser sequenciadas pelas formas convencionais. (Por exemplo, os cientistas, em geral, usam bactérias no estágio da "fotocópia". Mas alguns trechos do DNA humano às vezes envenenam as bactérias, e por isso a bactéria os apaga, em vez de copiá-los, e eles desaparecem.) Finalmente, os cientistas ainda não abordaram os telômeros e centrômeros, segmentos que, respectivamente, formam os cintos das pontas e centrais dos cromossomos, pois essas regiões são repetitivas demais para ser captadas pelos sequenciadores convencionais.

Então, por que os cientistas declararam o trabalho terminado em 2003? O sequenciamento na época chegou ao ponto final por definição: menos de um erro por 10 mil bases em mais de 95% das regiões do DNA que contêm genes. Igualmente importante, porém, em termos de RP, o início de 2003 marcou o 15º aniversário da descoberta da dupla-hélice por Watson e Crick.

5. Por outro lado, isso poderia ter *fortalecido* a reputação de Venter de uma maneira abstrusa, se ele tivesse perdido o Nobel. A perda confirmaria seu status como outsider (o que o valorizaria para muita gente) e daria aos historiadores algo para debater durante gerações, transformando Venter em figura central (e talvez trágica) da história do PGH.

O nome de Watson não aparece com muita frequência nos debates sobre o Nobel, mas pode-se dizer que ele o merecia por convencer o Congresso – sem mencionar a maioria dos geneticistas do país – a dar uma oportunidade ao sequenciamento. Desse modo, as recentes gafes de Watson, em especial seu disparatado comentário sobre a inteligência dos africanos (mais sobre isso adiante), podem ter eliminado suas chances. Soa cruel dizer isso, mas o comitê do Nobel poderia esperar Watson bater as botas antes de conferir qualquer prêmio relacionados ao PGH.

Se Watson ou Sulston vencessem, seria o segundo Nobel dos dois, equiparando-os a Sanger como os únicos vencedores duplos em medicina/psicologia. (Sulston recebeu seu prêmio pelo trabalho com vermes, em 2002.) Assim como Watson, Sulston emaranhou-se em questões políticas controversas. Quando Julian Assange, fundador do Wikileaks, foi preso em 2010 – acusado de agressão sexual na Suécia, a pátria do Nobel –, Sulston ofereceu milhares de libras para pagar sua fiança. Parece que o compromisso de Sulston com o fluxo livre e desimpedido de informação não para na porta do laboratório.

6. Um cientista amador chamado Mike Cariaso revelou o status do *APOE* de Watson tirando vantagem do efeito carona. Mais uma vez, por causa da carona, cada versão diferente de um gene terá, puramente por acaso, certas versões de outros genes associados a ela – genes que viajam juntos por gerações. (Ou, se não existirem genes por perto, cada versão do gene terá ao menos certo lixo DNA associado a ela.) Assim, se você quisesse saber qual versão do *APOE* alguém possui, pode procurar somente no *APOE*, ou, com o mesmo resultado, procurar nos genes que o flanqueiam. Os cientistas encarregados de filtrar essa informação do genoma de Watson sem dúvida sabiam disso e apagaram a informação perto do *APOE*. Mas não apagaram o bastante. Cariaso percebeu o erro e, ao observar o DNA de Watson disponível para o público, desvendou o status de seu *APOE*.

Como foi descrito em *Here Is a Human Being*, de Misha Angrist, a revelação de Cariaso foi um choque, não menos por ele ser uma espécie de vagabundo errante: "Os fatos eram inescapáveis: o vencedor do Prêmio Nobel [Watson] pediu que, de seus mais de 20 mil genes, apenas um maldito gene – um! – não fosse tornado público. Essa tarefa foi deixada em confiança ao banco de cérebros da Universidade Baylor, um dos mais destacados centros genômicos do mundo. ... Mas a equipe da Baylor foi ludibriada por um autodidata de trinta anos, com um diploma de bacharel, que passava a maior parte do tempo na fronteira entre Taiti e Burma distribuindo laptops e ensinando a garotada a programar e fazer buscas no Google."

15. O que vem fácil vai fácil? (p.309-29)

1. A história tem um senso de humor peculiar. O avô de Darwin, o médico Erasmus Darwin, publicou uma teoria da evolução independente e um tanto bizarra (em versos, imagine) que se assemelhava à de Lamarck. Samuel Taylor Coleridge chegou a cunhar a palavra "darwinismo" para debochar dessa especulação. Erasmus também iniciou a tradição da família de provocar a turma da religião, pois seu trabalho foi listado no índex papal de livros banidos.

Em outra ironia, logo após a morte de Cuvier, ele próprio foi maculado da mesma forma como maculou Lamarck. Com base em seus pontos de vista, Cuvier ficou ligado de maneira indelével ao catastrofismo e à visão antievolutiva na história natural. Assim, quando a geração de Charles Darwin precisou de uma vítima para representar o velho pensamento idiota, o francês "cabeça de abóbora" se mostrou perfeito, e a reputação de Cuvier sofre até hoje por causa disso. A vingança é uma coisa terrível.

2. Alma Mahler teve também o bom gosto de se casar com o pintor Gustav Klimt e com o designer da Bauhaus Walter Gropius, entre outros. Tornou-se uma vampe tão conhecida em Viena que Tom Lehrer escreveu uma canção sobre ela. O refrão é o seguinte: "Alma, tell us!/ All modern women are jealous./ Which of your magical wands/ Got you Gustav and Walter and Franz?" ("Alma, diga para nós!/ Todas as mulheres modernas são ciumentas./ Com qual de suas varinhas de condão/ Você conseguiu Gustav e Walter e Franz?") Há um link com a letra completa no meu site.

16. A vida tal como a conhecemos (ou não a conhecemos) (p.330-47)

1. Desde Dolly, os cientistas já clonaram gatos, cães, búfalos aquáticos, camelos, cavalos e ratos, entre outros mamíferos. Em 2007, cientistas criaram clones embrionários de células de macacos adultos e deixaram elas se desenvolverem até conseguirem diferentes tecidos. Mas eliminaram os embriões antes da conclusão, por isso não ficou claro se os clones dos macacos teriam se desenvolvido normalmente. Os primatas são mais difíceis de clonar que outras espécies porque a remoção do núcleo do óvulo do doador (para abrir espaço para os cromossomos clones) elimina alguns aparatos especiais que as células dos primatas precisam para se dividir de forma apropriada. Outras espécies têm mais cópias desse aparato do que os primatas, chamadas fibras de fuso. Isso ainda é um grande obstáculo técnico à clonagem humana.

2. Pode psicanalisar do jeito que você quiser, mas tanto James Watson quanto Francis Crick queimaram a língua com comentários públicos imprudentes sobre raça, DNA e inteligência. Crick apoiou uma pesquisa, nos anos 1970, para saber por que alguns grupos raciais apresentavam – ou, na verdade, foram testados por isso – QI mais alto ou mais baixo que outros. Crick achou que poderíamos elaborar políticas sociais melhores se soubéssemos que certos grupos tinham tetos intelectuais mais baixos. Disse também, mais abertamente: "Acho provável que mais da metade da diferença entre o QI médio dos americanos brancos e negros se deve a razões genéticas."

A gafe de Watson aconteceu em 2007, quando estava em turnê para promover sua autobiografia, ironicamente intitulada *Avoid Stupid People*. A certa altura, ele proclamou: "Estou intimamente desanimado com a perspectiva da África", pois "as políticas sociais são baseadas no fato de que a inteligência deles é igual à nossa. De acordo com o que dizem todos os testes, na verdade não é." Depois de ser açoitado pela mídia, Watson perdeu o emprego (como chefe do Laboratório de Cold Spring Harbor, o antigo laboratório de Barbara McClintock) e mais ou menos se aposentou em desgraça.

É difícil saber quanto se pode levar Watson a sério nesse caso, dada sua história de afirmar coisas grosseiras e provocadoras – sobre cor da pele e preferência sexual, sobre mulheres ("As pessoas dizem que seria terrível fazermos todas as garotas bonitas. Eu acho que seria ótimo"), sobre aborto e sexualidade ("Se for possível encontrar o gene que determina a sexualidade e uma mulher resolver que não quer um filho homossexual, que seja"), sobre pessoas obesas ("Sempre que você entrevista gente gorda, se sente mal, porque sabe que não vai contratar aquela pessoa") etc. O pesquisador de estudos negros de Harvard Henry Louis Gates Jr. depois sondou Watson sobre seus comentários a respeito dos africanos, numa reunião particular, e concluiu que ele não era tão racista, mas "racialista" – alguém que vê o mundo em termos raciais e acredita que há hiatos genéticos entre grupos raciais. Contudo, Gates observou ainda que Watson acredita que, se tais hiatos existem, as diferenças de *grupo* não deveriam influenciar nossos pontos de vista em relação a *indivíduos* talentosos. (É análogo a dizer que os negros podem ser melhores no basquetebol, mas que Larry Bird pode dar certo.) Você pode ler as considerações de Gates em http://www.washingtonpost.com/wp-dyn/content/article/2008/07/10/AR2008071002265.html.

Como sempre, o DNA teve a última palavra. Com sua autobiografia, Watson apresentou seu genoma ao público em 2007, e alguns cientistas resolveram partir em busca de sinais de etnicidade. Pois vejam só, eles descobriram que Watson, dependendo da precisão de seu sequenciamento, devia ter dezesseis vezes mais genes de africanos negros que um caucasiano típico – o equivalente genético de um tataravô negro.

3. Entre outros, Nicholas Wade faz essa sugestão em *Before the Dawn*, excelente turnê por todos os aspectos das origens humanas – linguística, genética, cultural e outras.

Referências bibliográficas

A seguir, uma lista de livros e artigos que consultei enquanto escrevia *O polegar do violinista*. Recomendo especialmente os marcados com asterisco. Anotei os que recomendo com destaque para quem quiser ler mais sobre o assunto.

1. Genes, aberrações, DNA (p.19-35)

* Bondeson, Jan. *A Cabinet of Medical Curiosities*. W.W. Norton, 1999. Tem um assombroso capítulo sobre impressões maternas, incluindo o garoto-peixe de Nápoles.

Darwin, Charles. *On the Origin of Species*, com "Introdução" de John Wyon Burrow. Penguin, 1985.

______. *The Variation of Animals and Plants Under Domestication*. J. Murray, 1905.

* Henig, Robin Marantz. *The Monk in the Garden*. Houghton Mifflin Harcourt, 2001. Maravilhosa biografia geral de Mendel.

Lagerkvist, Ulf. *DNA Pioneers and Their Legacy*. Yale University Press, 1999.

* Leroi, Armand Marie. *Mutants: On genetic variety and the human body*. Penguin, 2005. Fascinante relato de impressões maternais, inclusive defeitos de nascença do tipo garra de lagosta.

2. A quase morte de Darwin (p.36-58)

* Carlson, Elof Axel. *Mendel's Legacy*. Cold Spring Harbor Laboratory Press, 2004. Um monte de anedotas sobre Morgan, Muller e muitos outros atores importantes dos primórdios da genética, contadas por um aluno de Muller.

* Endersby, Jim. *A Guinea Pig's History of Biology*. Harvard University Press, 2007. Maravilhosa história da sala das moscas. Um dos meus livros favoritos de todos os tempos. Endersby também aborda as aventuras de Darwin com gêmulas, Barbara McClintock e outras histórias.

Gregory, Frederick. *The Darwinian Revolution*. DVDs. Teaching Company, 2008.

Hunter, Graeme K. *Vital Forces*. Academic Press, 2000.

* Kohler, Robert E. *Lords of the Fly*. University of Chicago Press, 1994. Inclui detalhes sobre a vida privada de Bridges, como a anedota sobre sua "princesa" indiana.

Steer, Mark et al. (orgs.). *Defining Moments in Science*. Cassell Illustrated, 2008.

3. A ruptura do DNA (p.59-75)

* Hall, Eric J. e Amato J. Giaccia. *Radiobiology for the Radiologist*. Lippincott Williams and Wilkins, 2006. Relato detalhado, porém de fácil leitura, de como exatamente as partículas radioativas atacam o DNA.
* Hayes, Brian. "The invention of the genetic code." *American Scientist*, jan-fev 1998. Divertido apanhado das primeiras tentativas de decifrar o código genético.
* Judson, Horace F. *The Eighth Day of Creation*. Cold Spring Harbor Laboratory Press, 2004. Inclui a história de que Crick não sabia o significado de *dogma*.
Seachrist Chiu, Lisa. *When a Gene Makes You Smell Like a Fish*. Oxford University Press, 2007.
* Trumbull, Robert. *Nine Who Survived Hiroshima and Nagasaki*. Dutton, 1957. Para uma versão mais completa da história de Yamaguchi – e outras histórias igualmente fascinantes –, recomendo muito este livro.

4. A partitura musical do DNA (p.76-95)

Flapan, Erica. *When Topology Meets Chemistry*. Cambridge University Press, 2000.
Frank-Kamenetskii, Maxim D. *Unraveling DNA*. Basic Books, 1997.
Gleick, James. *The Information*. HarperCollins, 2011.
Grafen, Alan e Mark Ridley (orgs.). *Richard Dawkins*. Oxford University Press, 2007.
Zipf, George K. *Human Behavior and the Principle of Least Effort*. Addison-Wesley, 1949.
______. *The Psycho-biology of Language*. Routledge, 1999.

5. A defesa do DNA (p.99-120)

* Comfort, Nathaniel C. "The real point is control". *Journal of the History of Biology*, n.32, 1999, p.133-62. Comfort é o maior estudioso responsável pela contestação da versão mítica e de contos de fadas da vida e do trabalho de Barbara McClintock.
* Truji, Jan. *The Soul of DNA*. Llumina Press, 2004. Para um relato mais detalhado sobre irmã Miria recomendo muito este livro, que narra sua vida desde os primeiros dias até a morte.
* Watson, James. *The Double Helix*. Penguin, 1969. Watson rememora múltiplas vezes sua frustração com os diferentes formatos de cada base de DNA.

6. Os sobreviventes, os longevos (p.121-40)

Hacquebord, Louwrens. "In search of *Het Behouden Huys*". *Arctic*, n.48, set 1995, p.248-56.
Veer, Gerrit de. *The Three Voyages of William Barents to the Arctic Regions*. S.n., 1596.

7. O micróbio maquiavélico (p.141-59)

Berton, Pierre. *Cats I Have Known and Loved*. Doubleday Canada, 2002.
Dulbecco, Renato. "Francis Peyton Rous", in *Biographical Memoirs*, v.48. National Academies Press, 1976.
McCarty, Maclyn. *The Transforming Principle*. W.W. Norton, 1986.
Richardson, Bill. *Scorned and Beloved: Dead of Winter Meetings with Canadian Eccentrics*. Knopf Canada, 1997.
Villarreal, Luis. "Can viruses make us human?". *Proceedings of the American Philosophical Society*, n.148, set 2004, p.296-323.

8. Amor e atavismo (p.160-79)

* Bondeson, Jan. *A Cabinet of Medical Curiosities*. W.W. Norton, 1999. Maravilhosa seção sobre caudas humanas em um livro cheio de histórias chocantes e tenebrosas na anatomia.
Isoda, T., A. Ford et al. "Immunologically silent cancer clone transmission from mother to offspring". *Proceedings of the National Academy of Sciences of the United States of America*, v.106, n.42, 20 out 2009, p.17882-5.
Villarreal, Luis P. *Viruses and the Evolution of Life*. ASM Press, 2005.

9. Humanzés e outros quase acertos (p.180-200)

* Rossiianov, Kirill. "Beyond species". *Science in Context*, v.15, n.2, 2002, p.277-316. Para mais informações sobre a vida de Ivanov, esta é a fonte mais autêntica e menos sensacionalista.

10. As, Cs, Gs e Ts escarlates (p.203-24)

* Barber, Lynn. *The Heyday of Natural History*. Cape, 1980. Grande fonte de informações sobre os Buckland, *père* e *fils*.
Carroll, Sean B. *Remarkable Creatures*. Houghton Mifflin Harcourt, 2009.
Finch, Caleb. *The Biology of Human Longevity*. Academic Press, 2007.
Finch, Caleb e Craig Stanford. "Meat-adaptive genes involving lipid metabolism influenced human evolution". *Quarterly Review of Biology*, v.79, n.1, mar 2004, p.3-50.
Sommer, Marianne. *Bones and Ochre*. Harvard University Press, 2008.
* Wade, Nicholas. *Before the Dawn*. Penguin, 2006. Excelente turnê por todos os aspectos das origens humanas.

11. Tamanho é documento (p.225-43)

* Gould, Stephen Jay. "Wide hats and narrow minds". *The Panda's Thumb*. W.W. Norton, 1980. Divertidíssima interpretação da história da autópsia de Cuvier.
Isaacson, Walter. *Einstein: His Life and Universe*. Simon and Schuster, 2007.
Jerison, Harry. "On theory in comparative psychology". *The Evolution of Intelligence*. Psychology Press, 2001.
* Treffert, D. e D. Christensen. "Inside the mind of a *savant*". *Scientific American*, dez 2005. Adorável retrato de Peek feito pelos dois cientistas que melhor o conheceram.

12. A arte do gene (p.244-65)

* Leroi, Armand Marie. *Mutants: On Genetic Variety and the Human Body*. Penguin, 2005. Este maravilhoso livro debate em detalhes qual doença específica Toulouse-Lautrec teria, e também os efeitos em sua arte.
* Sugden, John. *Paganini*. Omnibus Press, 1986. Uma das poucas biografias de Paganini em inglês. Curta, porém muito bem-feita.

13. O passado é um prólogo... às vezes (p.269-89)

* Reilly, Philip R. *Abraham Lincoln's DNA and Other Adventures in Genetics*. Cold Spring Harbor Laboratory Press, 2000. Reilly baseou-se no comitê original que estudou a viabilidade de testar o DNA de Lincoln. Aborda também os testes de DNA do povo judeu, entre outras grandes seções.

14. Três bilhões de pedacinhos (p.290-308)

* Angrist, Misha. *Here Is a Human Being*. HarperCollins, 2010. Adorável e pessoal reflexão sobre futura era da genética.
* Shreeve, James. *The Genome War*. Ballantine Books, 2004. Se você estiver interessado numa visão interna do Projeto Genoma Humano, o livro de Shreeve é o mais interessante e o mais bem escrito que conheço.
Sulston, John e Georgina Ferry. *The Common Thread*. Joseph Henry Press, 2002.
* Venter, J. Craig. *A Life Decoded: My Genome – My Life*. Penguin, 2008. A história da vida toda de Venter, do Vietnã ao PGH e mais.

15. O que vem fácil vai fácil? (p.309-29)

Gliboff, Sander. "Did Paul Kammerer discover epigenetic inheritance? No and why not". *Journal of Experimental Zoology*, n.314, 15 dez 2010, p.616-24.

* Gould, Stephen Jay. "A division of worms". *Natural History*, fev 1999. Excelente artigo em duas partes sobre a vida de Jean-Baptiste Lamarck.

Koestler, Arthur. *The Case of the Midwife Toad*. Random House, 1972.

Serafini, Anthony. *The Epic History of Biology*. Basic Books, 2002.

Vargas, Alexander O. "Did Paul Kammerer discover epigenetic inheritance?". *Journal of Experimental Zoology*, n.312, 15 nov 2009, p.667-78.

16. A vida tal como a conhecemos (ou não a conhecemos) (p.330-47)

Caplan, Arthur. "What if anything is wrong with cloning a human being?". *Case Western Reserve Journal of International Law*, n.35, outono 2003, p. 69-84.

Segerstråle, Ullica. *Defenders of the Truth*. Oxford University Press, 2001.

* Wade, Nicholas. *Before the Dawn*. Penguin, 2006. Entre outros estudiosos, Nicholas Wade sugeriu o acréscimo de um par extra de cromossomos.

Créditos das ilustrações

p.26: Biblioteca da Universidade de Tübingen.
p.44: American Philosophical Society.
p.45: Cortesia da National Library of Medicine.
p.65: Cortesia de Alexander Rich.
p.79: John Tenniel.
p.102: Arquivos da Universidade de Siena Heights.
p.118: National Institutes of Health e Smithsonian Institution, National Museum of American History.
p.123: Detalhe da Carta Marina de 1539, mapa da Escandinávia, de autoria de Olaus Magnus.
p.131: Gerrit de Veer, *The Three Voyages of William Barents to the Arctic Regions.*
p.174: Jan Bondeson, *A Cabinet of Medical Curiosities*, reproduzido com permissão.
p.184: Tracy N. Brandon.
p.193: Instituto de História das Ciências Naturais e da Tecnologia, Academia de Ciências da Rússia.
p.204: Antoine Claudet.
p.208: MA5911, cortesia da Sociedade Histórica de Maryland.
p.227: James Thomson.
p.230: Getty Images.
p.256: Cortesia da Biblioteca do Congresso.
p.264: Henri Toulouse-Lautrec, litografia, *La loge au mascaron doré* (1893).
p.272: Museu Egípcio de Berlim, foto de Andreas Praefcke.
p.287: Cortesia da Biblioteca Nacional de Medicina.
p.311: Louis-Léopold de Boilly.
p.324: Cortesia da Biblioteca do Congresso.
p.334: Cortesia do Roslin Institute, Universidade de Edimburgo.

Agradecimentos

Em primeiro lugar, agradeço a meus entes queridos. A Paula, que uma vez segurou minha mão e riu comigo (e de mim, quando eu mereci). Aos meus dois irmãos, duas das melhores pessoas que conheço, felizes acréscimos à minha vida. A todos os meus amigos e família em Washington, em Dakota do Sul e por todo o país, que me ajudaram a manter as coisas em perspectiva. E, finalmente, a Gene e Jean, cujos genes tornaram tudo isso possível.

Agradeço também a meu agente, Rick Broadhead, por ter embarcado em outro livro comigo. E obrigado também a John Parsley, meu editor na Little, Brown, que me ajudou a dar forma e melhorar muito o trabalho. Foram também muito valiosas outras pessoas na Little, Brown e seu entorno, que trabalharam comigo neste livro e em *A colher que desaparece*, incluindo William Boggess, Carolyn O'Keefe, Morgan Moroney, Peggy Freudenthal, Bill Henry, Deborah Jacobs, Katie Gehron e muitos outros. Agradeço ainda aos muitos, muitos cientistas e historiadores que contribuíram para capítulos ou passagens específicas, revelando histórias, me ajudando a sair à cata de informações ou oferecendo seu tempo para me explicar alguma coisa. Se deixei alguém de fora desta lista, peço desculpas. Continuo agradecido, ainda que envergonhado.

Índice remissivo

Os números de páginas *em itálico* referem-se às ilustrações.

1ª EDIÇÃO [2013] 2 reimpressões

ESTA OBRA FOI COMPOSTA POR MARI TABOADA EM DANTE PRO
E IMPRESSA EM OFSETE PELA GRÁFICA PAYM SOBRE PAPEL PÓLEN SOFT
DA SUZANO S.A. PARA A EDITORA SCHWARCZ EM JULHO DE 2021

A marca FSC® é a garantia de que a madeira utilizada na fabricação do papel deste livro provém de florestas que foram gerenciadas de maneira ambientalmente correta, socialmente justa e economicamente viável, além de outras fontes de origem controlada.